普通高等教育规划教材

化工原理实验与实训

任永胜　方　芬　段潇潇　主编

化学工业出版社

·北京·

内容提要

《化工原理实验与实训》介绍了化工原理实验与实训有关的实验方法论、实验数据的误差分析与数据处理、化工常见物理量的测量、化工单元操作实训与安全；精选了15个化工原理实验/实训，包括8个基础实验（流体力学综合实验、恒压过滤常数测定实验、传热综合实验、双效蒸发实验、吸收实验、精馏实验、萃取实验及流化床干燥实验）、4个演示实验（流线演示实验、离心泵汽蚀演示实验、非均相气-固分离演示实验及升-降膜蒸发演示实验）及3个实训项目（流体输送单元操作实训、精馏单元操作实训与吸收单元操作实训）。本书理论联系实际，强调工程观点和方法论。

本书可作为高等院校化学工程与工艺、应用化学、制药工程及相关专业的化工原理实验和化工基础实验教学教材。

图书在版编目（CIP）数据

化工原理实验与实训/任永胜，方芬，段潇潇主编.—北京：化学工业出版社，2020.7（2024.1重印）
普通高等教育规划教材
ISBN 978-7-122-36709-9

Ⅰ.①化… Ⅱ.①任…②方…③段… Ⅲ.①化工原理-实验-高等学校-教材 Ⅳ.①TQ02-33

中国版本图书馆CIP数据核字（2020）第082184号

责任编辑：旷英姿　　文字编辑：王云霞　陈小滔
责任校对：宋　玮　　装帧设计：王晓宇

出版发行：化学工业出版社（北京市东城区青年湖南街13号　邮政编码100011）
印　　装：北京科印技术咨询服务有限公司数码印刷分部
787mm×1092mm　1/16　印张12　字数281千字　2024年1月北京第1版第2次印刷

购书咨询：010-64518888　　售后服务：010-64518899
网　　址：http://www.cip.com.cn
凡购买本书，如有缺损质量问题，本社销售中心负责调换。

定　　价：38.00元

前言

化工原理实验与实训属于工程实验范畴，工程实验的研究方法与基础科学实验是完全不同的，工程实验是针对复杂的工程实际问题而设计的。 通过化工原理实验与实训教学，使学生掌握工程实验的方法和技术，加深对化工专业理论知识的理解，从而培养学生的工程理念，提高学生的专业应用能力和工程实践水平。 本书作为化工原理实验与实训教材，突出工程观念，注重理论联系实际，强调实验实训安全。 全书主要包括七部分：第 1 章为工程实验及处理工程问题的实验方法论，主要介绍研究工程问题的实验方法，即实验法、量纲分析法与数学模型法；第 2 章主要介绍实验数据的误差分析及数据处理（包括实验数据的整理方法、计算机在数据处理中的应用）；第 3 章为化工常见物理量的测量，包括流体压力、流量及温度的测量；第 4 章为化工原理基础实验，主要介绍 8 个化工原理基础实验；第 5 章为化工原理演示实验，主要包括流线、离心泵汽蚀、非均相气-固分离、升-降膜蒸发演示实验；第 6 章为化工单元操作实训，主要介绍了流体输送、精馏、吸收等综合工艺过程的开车、停车、正常操作、事故处理；第 7 章为化工单元操作安全。

本书由任永胜统稿。 其中第 1 章，第 4 章的 4.1 节，第 5 章的 5.1 节、5.2 节及附录由任永胜编写；第 2 章由方芬编写；第 3 章、第 7 章由段潇潇编写；第 4 章的 4.2 节、第 5 章的 5.3 节由田永华编写；第 4 章的 4.3 节、4.7 节由于辉编写；第 4 章的 4.4 节、4.8 节，第 5 章的 5.4 节由王淑杰编写；第 4 章的 4.5 节由陈丽丽编写；第 4 章的 4.6 节由王焦飞编写；第 6 章由范辉编写。 本书中的部分图由李平负责绘制。 此外还得到了宁夏大学化学化工学院化工专业其他教师与实验技术人员的大力支持，在此表示衷心感谢。

本书的出版得到了宁夏大学“双一流”学科建设项目（化学工程与技术）、宁夏回族自治区一流基层教学组织（化学工程教研室）项目的资助，同时获得了化学国家基础实验教学示范中心（宁夏大学）、省部共建煤炭高效利用与绿色化工国家重点实验室、宁夏大学化学化工学院和化学工业出版社等单位的大力支持，在此致以诚挚的谢意。

由于编者水平有限，书中疏漏和不妥之处在所难免，恳请读者批评指正。

编　者

2020 年 3 月

目录

第1章 工程实验及处理工程问题的实验方法论

1.1 实验法

实验法是对研究对象进行直接的观察、实验，是解决工程问题最基本的方法。用这种方法所得到的结果是可靠的，但由于实验结果只能用到特定的实验条件和实验设备上，或者只能推广到实验条件全相同的现象上，以个别量之间的规律性关系去抓住现象的全部本质，因此有较大的局限性，同时也是耗时费力的方法。例如，过滤某种物料，已知滤浆的浓度和过滤压力，测定过滤时间和滤液量，从而得到过滤曲线，若滤浆浓度或过滤压力改变，所得的过滤曲线也将改变。

1.2 量纲分析法

实验法必须具有两个功能方有成效，其一是能由此及彼，其二是可以小见大。量纲分析法恰恰可以非常成功地使实验研究方法具有这两个功能，故赋予“量纲论指导下的实验方法”。在量纲论指导下的实验不需要对过程的深入理解，不需要采用真实物体、真实流体或实际的设备尺寸，只需借助模拟物体（如空气、水）在实验室规模的小设备中，由一些预备性的实验或理性的推断得出过程的影响因素，从而加以归纳和概括成经验方程。这种量纲论指导下的实验研究方法是解决难以作出数学描述的复杂问题的有效方法。

1.2.1 基本概念

量纲分析法是通过对描述某一过程或现象的物理量进行量纲分析，将物理量组合为无量纲变量，然后借助实验数据，建立这些无量纲变量间的关系式。

任何物理量都有自己的量纲，在量纲分析中必须把某些量纲定为基本量纲，而其他量纲则可由基本量纲来表示。在SI制中，将长度L、时间t和质量m的量纲作为基本量纲，分别以[L]，[T] 和 [M] 表示。与化工流体流动有关的一些重要物理量均可用L、T和M表示其量纲，如速度、压力、密度及黏度的量纲分别为LT^{-1}、$ML^{-1}T^{-2}$、ML^{-3}及$ML^{-1}T^{-1}$。

量纲分析法的基础是量纲一致性原则和π定理。

1.2.2 量纲一致性原则

不同种类的物理量不可相加减，不能列等式，也不能比较它们的大小。反之，能够相加减和列入同一等式中的各项物理量，必然有相同的量纲，也就是说一个物理方程，只要它是根据基本原理进行数学推演而得到的，它的各项在量纲上必然是一致的，称为物理方程的量纲一致性（或均匀性）。

1.2.3 π 定理及量纲分析

许多化工实际问题并没有恰当的控制微分方程可以直接使用。在此情况下，可以应用伯金汉提出的 π 定理。

设影响某一复杂现象的物理变量有 n 个，x_1，x_2，…，x_n，则表达为一般的函数关系式为

$$f(x_1,x_2,\cdots,x_n)=0 \tag{1-1}$$

经过量纲分析和适当的组合，式(1-1) 可写成以无量纲变量表示的关系式，则

$$F(\pi_1,\pi_2,\cdots,\pi_n)=0 \tag{1-2}$$

π 定理指出：由量纲分析所得的独立无量纲变量 π 的个数 N 等于影响该现象的物理量数 n 减去这些物理量的基本量纲数 m，即

$$N=n-m \tag{1-3}$$

本节通过湍流时直管阻力损失的实验研究，对量纲分析法的基本步骤进行介绍。

(1) 析因实验　找出影响过程的各种变量并对所研究的过程做初步的实验和经验的归纳，尽可能地列出影响过程的主要因素。根据对湍流时流动阻力性质以及对流体阻力实验的分析可知，影响湍流时流动阻力损失 h_f 的因素有：

流体流动的几何尺寸：管径 d、管长 l、管壁的粗糙度 ε（壁面凸出部分的平均高度）；

流体性质：流体密度 ρ、黏度 μ；

流动的条件：流速 u。

于是待求的关系式应为：

$$p_f=f(d,l,u,\rho,\mu,\varepsilon) \tag{1-4}$$

式中，各物理量的量纲为：$[\Delta p_f]=\dfrac{M}{LT^2}$，$[u]=\dfrac{L}{T}$，$[\mu]=\dfrac{M}{LT}$，$[\rho]=\dfrac{M}{L^3}$，$[l]=[d]=[\varepsilon]=L$。共有 7 个变量，即 $n=7$；而基本量纲数为 3 个，即 M、L 和 T，故 $m=3$。根据 π 定理，无量纲变量个数应为 $N=7-3=4$，即经过无量纲分析后，以无量纲变量表达的函数方程为

$$F(\pi_1,\pi_2,\pi_3,\pi_4)=0 \tag{1-5}$$

为求取这 4 个量纲为 1 的数群的具体形式，为量纲分析得方便，将式(1-4) 写成如下幂函数的形式：

$$\Delta p_f=Ku^a\mu^b\rho^c l^d d^e \varepsilon^f \tag{1-6}$$

式中，系数 K 和指数 a、b、c、d、e、f 均为待定值，将各物理量的量纲代入，得

$$\frac{M}{LT^2}=\left[\frac{L}{T}\right]^a\left[\frac{M}{LT}\right]^b\left[\frac{M}{L^3}\right]^c L^d L^e L^f \tag{1-7}$$

根据量纲一致性原则，式(1-7) 两侧各基本量纲的指数必相等，于是可得下列线性方程组：

L：$a+d+e-3c-b+f=-1$，M：$b+c=1$，T：$-a-b=-2$。

此方程组有 3 个方程，6 个未知量，无法求解。为此，可将其中的三个保留作为已知量处理，现保留 b、d、f，则由线性方程组可以解出其他的三个未知量为：

$a=2-b$，$c=1-b$，$e=-b-d-f$，

将该结果代入式(1-6)，得

$$\Delta p_{\mathrm{f}}=Ku^{2-b}\mu^{b}\rho^{1-b}l^{d}d^{-b-d-f}\varepsilon^{f} \tag{1-8}$$

将指数相同的物理量合并可得

$$\frac{\Delta p_{\mathrm{f}}}{\rho u^{2}}=K\left(\frac{l}{d}\right)^{d}\left(\frac{d\rho u}{\mu}\right)^{-b}\left(\frac{\varepsilon}{d}\right)^{f} \tag{1-9}$$

写成更一般的函数形式为

$$Eu=f\left(\frac{l}{d},Re,\frac{\varepsilon}{d}\right) \tag{1-10}$$

式中　$Eu=\frac{\Delta p_{\mathrm{f}}}{\rho u^{2}}$——欧拉数，阻力降与惯性力之比；

$Re=\frac{d\rho u}{\mu}$——雷诺数，惯性力与黏性力之比，反映流动特性对阻力的影响；

$\frac{l}{d}$——管子的长径比，反映管子几何尺寸对流动阻力的影响；

$\frac{\varepsilon}{d}$——相对粗糙度，反映管壁粗糙度对流动阻力的影响。

应当指出，在列出影响某一复杂现象的物理量时，需要对研究对象作详尽的分析考察。不要遗漏了必要的物理量，也不要引进无关的物理量。其次，最终所得的无量纲变量的形式与求解联立方程组的方法有关。例如，在上述推导过程中，若用a、c、e来表示b、d、f，就将得到不同的量纲为1的数群，亦即量纲为1的数群形式并不唯一。因此，所选择的数群应该代表一定的物理意义。

采用量纲分析将复杂过程的多变量方程转换成若干个无量纲变量所构成的物理方程，大幅减少实验工作量，同时使得实验结果又具有普遍的应用性。

同样的，以层流时的阻力损失计算式为例，式(1-9)可以写成式(1-11)形式：

$$\Delta p_{\mathrm{f}}=\frac{32\mu lu}{d^{2}}\quad \text{或}\quad h_{\mathrm{f}}=\frac{32\mu lu}{\rho d^{2}} \tag{1-11}$$

式中的每一项均为无量纲数群。未作无量纲处理前，层流时的阻力函数式为：

$$h_{\mathrm{f}}=f(d,l,u,\rho,\mu) \tag{1-12}$$

处理后可写成：

$$\left(\frac{h_{\mathrm{f}}}{u^{2}}\right)=f\left(\frac{l}{d},\frac{d\rho u}{\mu}\right) \tag{1-13}$$

由式(1-9)可知，通过量纲分析，当d、L、u和μ已知，则可以通过l/d和$d\rho u/\mu$确定$\Delta p_{\mathrm{f}}/(\rho u^{2})$，再进一步求出$\Delta p_{\mathrm{f}}$。根据式(1-9)进行实验及数据的关联，显示出了极大的优越性。它仅包括了4个量纲为1的数群，而式(1-6)却有7个变量，因此，根据式(1-9)进行实验的次数要少得多。

尤为重要的是，若按式(1-8)进行实验，为改变ρ、μ，实验中就必须更换多种流体；为改变d，必须改变实验装置。而用量纲分析法所得的式(1-9)指导实验时，要改变$d\rho u/\mu$，只需改变流速；要改变l/d，只需改变测量段的距离，即测量测压点的距离。这是一个极为重

要的特性，从而可将水、空气的实验结果推广应用于其他流体。量纲分析法在化工过程中的另一个重要应用是实验模型的放大问题。许多化工过程与设备的开发通常是先在实验室规模的小试设备（模型）上进行，然后再放大至工业规模。如果直接进行工业规模的实验，既困难又昂贵。由模型到工业规模的放大采用的是所谓的相似性原理。

（2）数据处理　获得无量纲数群后，各无量纲数群之间的关系仍需要由实验并经分析确定。方法之一是将各无量纲数群（π_1，π_2，π_3…）之间的函数关系近似地用幂函数的形式表达。

$$\pi_1=K(\pi_2^a,\pi_3^b) \tag{1-14}$$

此后将 π_1、π_2、π_3 的实验值，用线性回归的方法求出系数 K、a、b 的值，同时也检验了式(1-14) 的函数形式是否适用。

（3）摩擦系数　实验证明，对于均匀直管，流体阻力与管长 l 成正比，则 l/d 项的指数为 $d=1$，则式(1-9) 可改写成：

$$\frac{\Delta p_{\mathrm{f}}}{\rho u^2}=K\left(\frac{l}{d}\right)\left(\frac{d\rho u}{\mu}\right)^{-b}\left(\frac{\varepsilon}{d}\right)^{f} \tag{1-15}$$

对照范宁公式可得：

$$\lambda=f\left(Re,\frac{\varepsilon}{d}\right) \tag{1-16}$$

函数 $\lambda=f\left(Re,\frac{\varepsilon}{d}\right)$ 的具体关系可按实验结果用图线或方程式表达。通常，工程上为避免迭代和试差，也为了使得关系形象化，将实验获得的关系标绘在双对数坐标纸上，得到如图 1-1 所示的莫狄摩擦系数图。

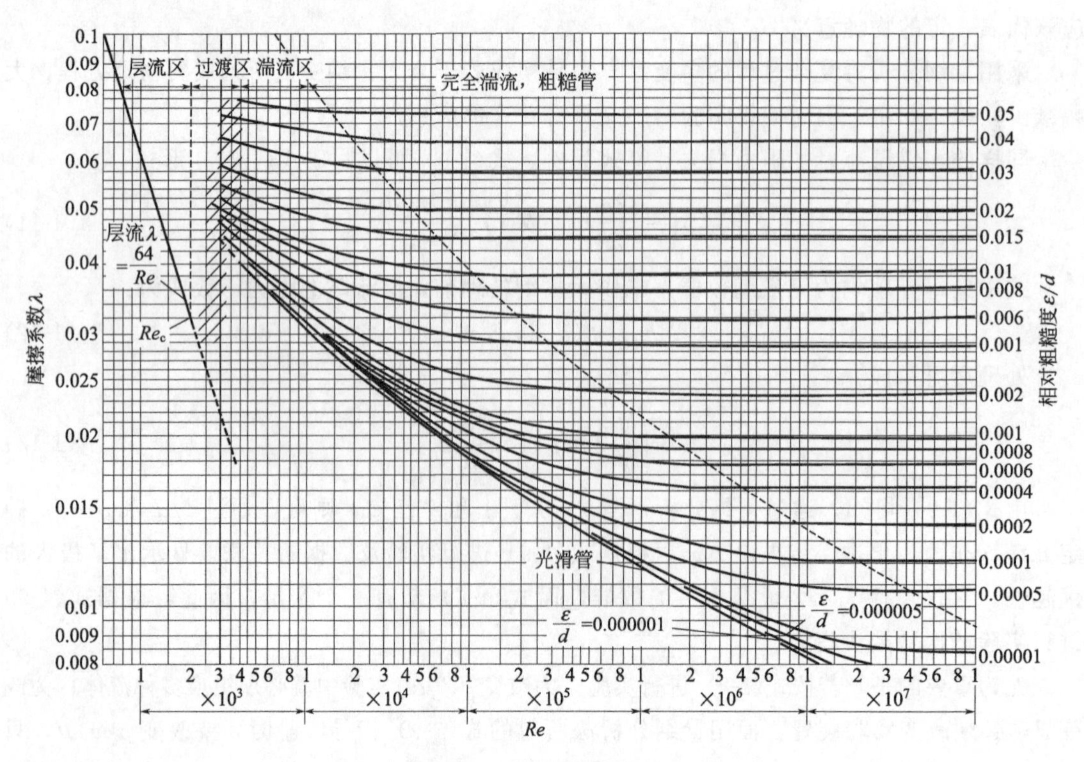

图 1-1　莫狄摩擦系数图

1.3　数学模型法

数学模型法是解决工程问题的另一种实验规划方法。数学模型法和量纲论指导下的实验研究方法的最大区别在于，后者并不要求研究者对过程的内在规律有任何认识。因此，对于十分复杂的问题，它都是有效的方法。而前者则要求研究者对过程有深刻的认识，能作出高度的概括，即能得出足够简化而又不过于失真的模型，然后获得描述过程的数学方程，做不到这一点，数学模型法也就不能奏效。

以解决流体通过床层的压力降计算问题为例，在保证单位床层体积表面积相等的前提下，将颗粒床层内实际流动过程大幅度加以简化，以便可以用数学方程式加以描述。

经简化而得到的等效流动过程称之为原真实流动过程的物理模型。

简化模型是将床层中不规则的通道假设成长度为 L，当量直径为 L_e 的一组平行细管，如图 1-2 所示，并且规定：

① 细管的全部流动空间等于颗粒床层的空隙容积；

② 细管的内表面积等于颗粒床层的全部表面积。

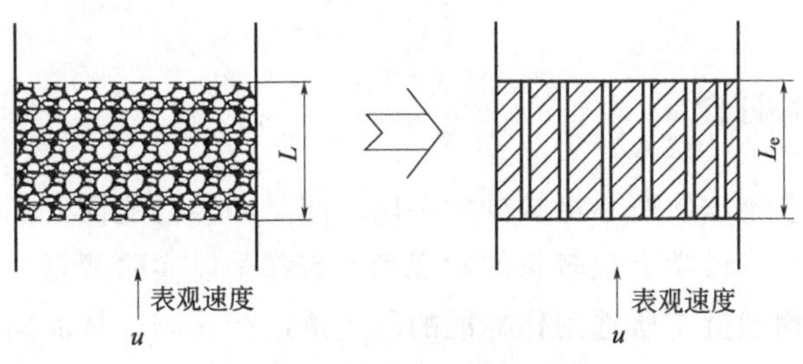

图 1-2　颗粒床层的简化模型

数学模型法处理工程问题，同样离不开实验。因为这种简化模型的来源在于对过程有深刻的评价，其合理性需要经实验的检验，其中引入的参数需由实验测定。

因此，数学模型法解决工程问题的方法大致步骤如下：

① 通过预习实验认识过程，设想简化模型；

② 通过实验检验简化模型的等效性；

③ 通过实验确定模型参数。

化工原理实验课程中，上述三种方法并重，学习时应仔细体会何时采用实验法，何时采用量纲分析或数学模型法。掌握这些方法，将有助于增强分析问题与解决复杂化学工程实际问题的能力。

第2章 实验数据的误差分析及数据处理

2.1 实验数据的误差分析

由于实验方法和实验设备的不完善，周围环境的影响，以及人的观察力、测量程序等限制，实验观测值和真值之间总是存在一定的差异。人们常用绝对误差、相对误差或有效数字来说明一个近似值的准确程度。为了评定实验数据的精确性或误差，认清误差的来源及其影响，需要对实验的误差进行分析和讨论。由此可以判定哪些因素是影响实验精确性的主要方面，从而在以后实验中，进一步改进实验方案，缩小实验观测值和真值之间的差值，提高实验的精确性。

2.1.1 误差的基本概念

测量是人类认识事物本质所不可缺少的手段。测量和实验能使人们对事物获得定量的概念和发现事物的规律性。科学上很多新的发现和突破都是以实验测量为基础的。测量就是用实验的方法，将被测物理量与所选用作标准的同类量进行比较，从而确定它的大小。

(1) 真值和平均值　真值是待测物理量客观存在的确定值，也称理论值或定义值。通常真值是无法测得的。若在实验中，测量的次数无限多时，根据误差的分布定律，正负误差的出现概率相等。再经过细致地消除系统误差，将测量值加以平均，可以获得非常接近于真值的数值。但是实际上实验测量的次数总是有限的。用有限测量值求得的平均值只能是近似真值，常用的平均值有下列几种：

① 算术平均值　算术平均值是最常见的一种平均值。

设 x_1、x_2、…、x_n 为各次测量值，n 代表测量次数，则算术平均值为

$$\overline{x}=\frac{x_1+x_2+\cdots+x_n}{n}=\frac{\sum_{i=1}^{n}x_i}{n} \tag{2-1}$$

② 几何平均值　几何平均值是将一组 n 个测量值连乘并开 n 次方求得的平均值。即

$$\overline{x}_{几}=\sqrt[n]{x_1\cdot x_2\cdots x_n} \tag{2-2}$$

③ 均方根平均值　均方根平均值是将 n 个测量值平方求和，然后求其均值，再开平方。即

$$\overline{x}_{均}=\sqrt{\frac{x_1^2+x_2^2+\cdots+x_n^2}{n}}=\sqrt{\frac{\sum_{i=1}^{n}x_i^2}{n}} \tag{2-3}$$

④ 对数平均值　在化学反应热量和质量传递中，其分布曲线多具有对数的特性，在这种情况下表征平均值常用对数平均值。

设两个量 x_1、x_2，其对数平均值为：

$$\overline{x}_{对}=\frac{x_1-x_2}{\ln x_1-\ln x_2}=\frac{x_1-x_2}{\ln\frac{x_1}{x_2}} \tag{2-4}$$

应指出，变量的对数平均值总小于算术平均值。当 $x_1/x_2\leqslant 2$ 时，可以用算术平均值代替对数平均值。当 $x_1/x_2=2$，$\overline{x}_{对}=1.443$，$\overline{x}=1.50$，$(\overline{x}_{对}-\overline{x})/\overline{x}_{对}=4.2\%$，即若 $x_1/x_2\leqslant 2$，引起的误差不超过 4.2%。

以上介绍各平均值的目的是要从一组测定值中找出最接近真值的那个值。在化工实验和科学研究中，数据的分布较多属于正态分布，所以通常采用算术平均值。

(2) 误差的分类　根据误差的性质和产生的原因，一般分为三类。

① 系统误差　系统误差是指在测量和实验中未发觉或未确认的因素所引起的误差，而这些因素影响结果永远朝一个方向偏移，其大小及符号在同一组实验测定中完全相同，当实验条件一经确定，系统误差就获得一个客观上的恒定值。当改变实验条件时，就能发现系统误差的变化规律。

系统误差产生的原因：测量仪器不良，如刻度不准、仪表零点未校正或标准表本身存在偏差等；周围环境的改变，如温度、压力、湿度等偏离校准值；实验人员的习惯和偏向，如读数偏高或偏低等引起的误差。针对仪器的缺点、外界条件变化的影响、个人的偏向，待分别加以校正后，系统误差是可以消除的。

② 偶然误差　在已消除系统误差的一切量值的观测中，所测数据仍在末一位或末两位数字上有差别，而且它们的绝对值和符号的变化，时大时小，时正时负，没有确定的规律，这类误差称为偶然误差或随机误差。偶然误差产生的原因不明，因而无法控制和补偿。但是，倘若对某一量值作足够多次的等精度测量后，就会发现偶然误差完全服从统计规律，误差的大小或正负的出现完全由概率决定。因此，随着测量次数的增加，随机误差的算术平均值趋近于零，所以多次测量结果的算数平均值将更接近于真值。

③ 过失误差　过失误差是一种显然与事实不符的误差，它往往是由实验人员粗心大意、过度疲劳和操作不正确等原因引起的。此类误差无规则可寻，只要加强责任感、多方警惕、细心操作，过失误差是可以避免的。

(3) 精密度、准确度和精确度　反映测量结果与真值接近程度的量，称为精度（亦称精确度）。它与误差大小相对应，测量的精度越高，其测量误差就越小。“精度”应包括精密度和准确度两层含义。

① 精密度　测量中所测得数值重现性的程度，称为精密度。它反映偶然误差的影响程度，精密度高就表示偶然误差小。

② 准确度　测量值与真值的偏移程度，称为准确度。它反映系统误差的影响程度，准确度高就表示系统误差小。

③ 精确度（精度）　它反映测量中所有系统误差和偶然误差综合的影响程度。

在一组测量中，精密度高的准确度不一定高，准确度高的精密度也不一定高，但精确度高，则精密度和准确度都高。

为了说明精密度与准确度的区别，可用下述打靶子例子来说明，如图 2-1 所示。

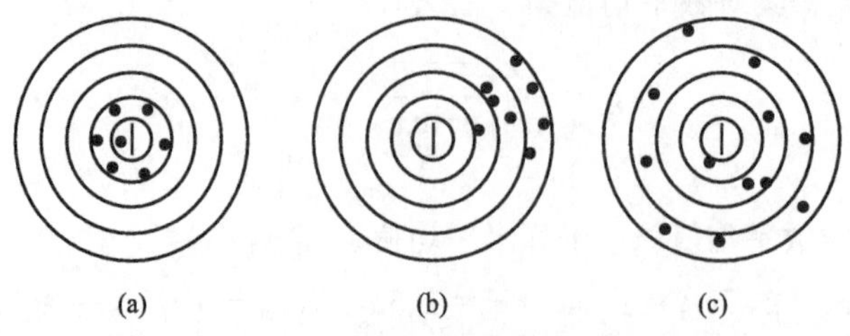

图 2-1 精密度和准确度的关系

图 2-1(a) 表示精密度和准确度都很好，则精确度高；图 2-1(b) 表示精密度很好，但准确度却不高；图 2-1(c) 表示精密度与准确度都不好。在实际测量中没有像靶心那样明确的真值，而是设法去测定这个未知的真值。

学生在实验过程中，往往满足于实验数据的重现性，而忽略了数据测量值的准确程度。绝对真值是不可知的，人们只能制订一些国际标准作为测量仪表准确性的参考标准。随着人类认识运动的推移和发展，可以逐步逼近绝对真值。

(4) 误差的表示方法　利用任何量具或仪器进行测量时，总存在误差，测量结果总不能准确地等于被测量的真值，而只是它的近似值。测量的质量高低以测量精确度作指标，根据测量误差的大小来估计测量的精确度。测量结果的误差愈小，则认为测量就愈精确。

① 绝对误差　测量值 X 和真值 A_0 之差为绝对误差，通常称为误差。记为

$$D=X-A_0 \tag{2-5}$$

由于真值 A_0 一般无法求得，因而上式只有理论意义。常用高一级标准仪器的示值作为实际值 A 以代替真值 A_0。由于高一级标准仪器存在较小的误差，因而 A 不等于 A_0，但总比 X 更接近于 A_0。X 与 A 之差称为仪器的示值绝对误差。记为

$$d=X-A \tag{2-6}$$

与 d 相反的数称为修正值，记为

$$C=-d=A-X \tag{2-7}$$

通过检定，可以由高一级标准仪器给出被检仪器的修正值 C。利用修正值便可以求出该仪器的实际值 A。即

$$A=X+C \tag{2-8}$$

② 相对误差　衡量某一测量值的准确程度，一般用相对误差来表示。示值绝对误差 d 与被测量的实际值 A 的百分比值称为实际相对误差。记为

$$\delta_A=\frac{d}{A}\times 100\% \tag{2-9}$$

以仪器的示值 X 代替实际值 A 的相对误差称为示值相对误差。记为

$$\delta_X=\frac{d}{X}\times 100\% \tag{2-10}$$

一般来说，除了某些理论分析外，用示值相对误差较为适宜。

③ 引用误差　为了计算和划分仪表精确度等级，提出引用误差概念。其定义为仪表示

值的绝对误差与量程范围之比。

$$\delta_A = \frac{\text{示值绝对误差}}{\text{量程范围}} \times 100\% = \frac{d}{X_n} \times 100\% \tag{2-11}$$

式中　d——示值绝对误差；

X_n——标尺上限值－标尺下限值。

④ 算术平均误差　算术平均误差是各个测量点的误差的平均值。

$$\delta_{\text{平}} = \frac{\sum |d_i|}{n} \tag{2-12}$$

式中　$i=1, 2, \cdots, n$；

n——测量次数；

d_i——第 i 次测量的误差。

⑤ 标准误差　标准误差亦称为均方根误差。其定义为

$$\sigma = \sqrt{\frac{\sum d_i^2}{n}} \tag{2-13}$$

标准误差不是一个具体的误差，σ 的大小只说明在一定条件下等精度测量集合所属的每一个观测值对其算术平均值的分散程度。如果 σ 的值愈小，则说明每一次测量值对其算术平均值分散度愈小，测量的精度愈高，反之精度愈低。

在化工原理实验中最常用的 U 形管压差计、转子流量计、秒表、量筒、电压表等仪表，原则上均取其最小刻度值为最大误差，而取其最小刻度值的一半作为绝对误差。

(5) 测量仪表精确度　测量仪表的精确等级是用最大引用误差（又称允许误差）来表示的。它等于仪表示值中的最大绝对误差与仪表的量程范围之比。

$$\delta_{max} = \frac{\text{最大绝对误差}}{\text{量程范围}} \times 100\% = \frac{d_{max}}{X_n} \times 100\% \tag{2-14}$$

式中　δ_{max}——最大引用误差；

d_{max}——最大绝对误差；

X_n——标尺上限值－标尺下限值。

通常情况下是用标准仪表校验较低级的仪表。所以，最大示值绝对误差就是被校表与标准表之间的最大绝对误差。

测量仪表的精度等级是国家统一规定的，把允许误差中的百分号去掉，剩下的数字就称为仪表的精度等级。仪表的精度等级常以圆圈内的数字标明在仪表的面板上。例如某台压力计的允许误差为 1.5%，这台压力计电工仪表的精度等级就是 1.5，通常简称 1.5 级仪表。

仪表的精度等级为 a，它表明仪表在正常工作条件下，其最大引用误差 δ_{max} 不能超过的界限，即

$$\delta_{max} \leqslant a\% \tag{2-15}$$

由式(2-15) 可知，在应用仪表进行测量时所能产生的最大绝对误差（简称误差限）为

$$d_{max} \leqslant a\% X_n \tag{2-16}$$

而用仪表测量的最大引用误差为

$$\delta_{\max}=\frac{d_{\max}}{X_n}\leqslant a\%\cdot\frac{X_n}{X} \tag{2-17}$$

由式(2-17) 可以看出，用仪表测量某一被测量所能产生的最大示值相对误差，不会超过仪表允许误差 $a\%$乘以仪表测量上限 X_n 与测量值 X 的比。

2.1.2 误差的传递

误差的计算方法主要用于实验直接测定量的误差估计。但是，在化工专业实验中，通常希望考察的并非直接测定量而是间接响应量。如反应动力学方程的测定实验中，速率常数 $k=k_0\mathrm{e}^{-E/RT}$ 就是温度的间接响应值。由于间接响应值是直接测定值的函数，因此，直接测定值的误差必然会传递给间接响应值。

(1) 误差传递的基本关系式　设间接响应值 y 是直接测量值 x_1，x_2，…，x_n 的函数，即

$$y=f(x_1,x_2,\cdots,x_n) \tag{2-18}$$

由于误差相对于测定量而言是较小的量，因此可将上式依泰勒级数展开，略去高阶导数，可得函数 y 的绝对误差 Δy 表达式：

$$\Delta y=\frac{\partial f}{\partial x_1}\Delta x_1+\frac{\partial f}{\partial x_2}\Delta x_2+\cdots+\frac{\partial f}{\partial x_n}\Delta x_n \tag{2-19}$$

式中　$\Delta x_1,\Delta x_2,\cdots,\Delta x_n$——直接测量值的绝对误差；

$\partial f/\partial x_i$——误差传递系数 ($i=1,2,3,\cdots,n$)。

此式即为误差的传递公式。

(2) 函数误差的表达　由式(2-19) 可见，函数的误差 Δy 不仅与各测量值的误差 Δx_i 有关，而且与相应的误差传递系数有关。为保险起见，不考虑各测量值的分量误差实际上有相互抵消的可能，将各分量误差取绝对值，即得到函数的最大绝对误差为：

$$\Delta y=\sum_{i=1}^{n}\left|\frac{\partial f}{\partial x_i}\Delta x_i\right| \tag{2-20}$$

据此，可求得函数的相对误差为：

$$\frac{\Delta y}{y}=\sum_{i=1}^{n}\left|\frac{\partial f}{\partial x_i}\frac{\Delta x_i}{y}\right| \tag{2-21}$$

各直接测定值对间接响应值的影响相互独立时，间接响应值的标准误差为：

$$\sigma_y=\sqrt{\sum_{i=1}^{n}\left(\frac{\partial f}{\partial x_i}\right)^2\sigma_i^2} \tag{2-22}$$

式中　σ_i——各直接测量值的标准误差；

σ_y——间接响应值的标准误差。

根据误差传递的基本公式，可求取不同函数形式的实验直接响应值的误差及其精度，以便对实验结果作出正确的评价。

2.2 实验数据的处理

实验中测量得到的许多数据需要处理后才能表示测量的最终结果。对实验数据进行记

录、整理、计算、分析、拟合等，从中获得实验结果和寻找物理量的变化规律或经验公式的过程就是数据处理。合理的实验数据处理可使得实验结果清晰而准确。实验数据处理常用的方法有三种：列表法、图示法和回归分析法。

2.2.1　实验数据及结果的列表

列表法就是将实验的原始数据、运算数据和最终结果直接列举在各类数据表中以展示实验成果的一种数据处理方法。设计表格时要做到：

① 表格设计要合理，以利于记录、检查、运算和分析。

② 表格中涉及的各物理量，其符号、单位及量值的数量级均要表示清楚。但不要把单位写在数字后。

③ 表中数据要正确反映测量结果的有效数字和不确定度。列入表中的除原始数据外，计算过程中的一些中间结果和最后结果也可以列入表中。

④ 表格要加上必要的说明。实验室所给的数据或查得的单项数据应列在表格的上部，说明写在表格的下部。

2.2.2　实验数据的图示

图示法是以曲线的形式简单明了地表达实验结果的常用方法。由于图示法能直观地显示变量间存在的极值点、转折点、周期性及变化趋势，尤其在数学模型不明确或解析计算有困难的情况下，如是求解是处理实验数据的有效手段。

图示法的关键是坐标的合理选择，包括坐标类型与坐标刻度的确定。坐标选择不当，往往会扭曲和掩盖曲线的本来面目，导致错误的结论。

坐标类型选择的一般原则是尽可能使函数的图形线性化。即线性函数：$y=ax+b$，选用直角坐标纸。指数函数：$y=a^{bx}$，选用半对数坐标纸。幂函数：$y=ax^{b}$，选用对数坐标纸。若变量的数值在实验范围内发生了数量级的变化，则该变量应选用对数坐标来标绘。

确定坐标分度标值可参照如下原则：

① 坐标的分度应与实验数据的精度相匹配。即坐标读数的有效数字应与实验数据的有效数字的位数相同。换言之，就是坐标的最小分度值的确定应以实验数据中最小的一位可靠数字为依据。

② 坐标比例的确定应尽可能使曲线主要部分的切线与 x 轴和 y 轴的夹角成 45°。

③ 坐标分度值的起点不必从零开始，一般取数据最小值的整数为坐标起点，以略高于数据最大值的某一整数为坐标终点，使所绘的图线位置居中。

2.2.3　实验数据的模型化

实验数据的模型化就是采用数学手段，将离散的实验数据回归成某一特定的函数形式，用以表达变量之间的相互关系，这种数据处理方法又称为回归分析法。

在化工过程开发的实验研究中涉及的变量较多，这些变量处于同一系统中，既相互联系又相互制约。但是，由于受到各种无法控制的实验因素（如随机误差）的影响，它们之间的关系不能像物理定律那样用确切的数学关系式来表达，只能从统计学的角度寻求其规律。变量间的这种关系称为相关关系。

回归分析是研究变量间相关关系的一种数学方法，是数理统计学的一个重要分支。用回归分析法处理实验数据的步骤是：a. 选择和确定回归方程的形式（即数学模型）；b. 用实验数据确定回归方程中的模型参数；c. 检验回归方程的等效性。

2.2.4 计算机在实验数据处理中的应用

以上化工实验数据的处理都可由计算机软件完成，下面就介绍 Excel 和 Origin 软件处理化工实验数据。

(1) Excel 处理化工实验数据　Microsoft Excel 是美国微软公司开发的 Windows 环境下的电子表格系统，该系统具有强大的数据库管理功能、丰富的宏命令和函数，以及具有强有力的决策支持工具、图表绘制功能、宏语言功能、样式功能、对象连接和嵌入功能、连接和合并功能，并且操作简捷。这些特性，已使 Excel 成为化工实验数据处理的利器。Microsoft Excel 拥有强大的数据计算和绘图分析功能，具有方便的表格式数据综合管理和分析系统；能提供丰富的函数，方便地绘出各种专业图表，并对数据进行运算，取代过去繁杂的公式重复运算和手工绘制实验曲线的工作。这里介绍 Microsoft Excel 应用于化工原理实验数据处理中的过程及方法，具体有以下几步。

① 建立 Excel 数据表格，输入原始数据　例如在流体流动阻力实验中，原始数据包括水温、管长、管径、流量、管路压差，其中流量和管路压差为变量，建立如图 2-2 中的表格。输入实验数据如图 2-3 所示。

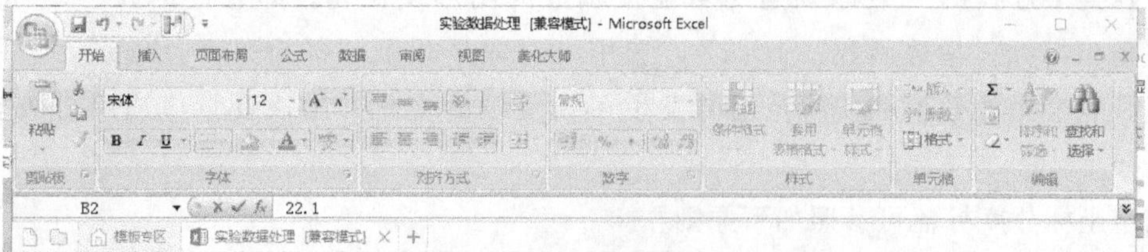

实验数据处理 [兼容模式] - Microsoft Excel
原始数据记录表
水温t/℃ 22.1 光滑管管长/m 1.6 粗糙管管长/m 1.6 局部阻力管长/m 1.6
光滑管管径/mm 20 粗糙管管径/mm 20 局部阻力管径/mm 20
序号 | 流量/(m³/h) | 光滑管压差计读数/kPa | 流量/(m³/h) | 粗糙管倒U形压差计读数/(kPa) | 流量/(m³/h) | 局部阻力管倒U形压差计读数/kPa
1
2
3
4
5
6
7
8
9
10
Sheet1 Sheet2 Sheet3

图 2-2　建立数据表格

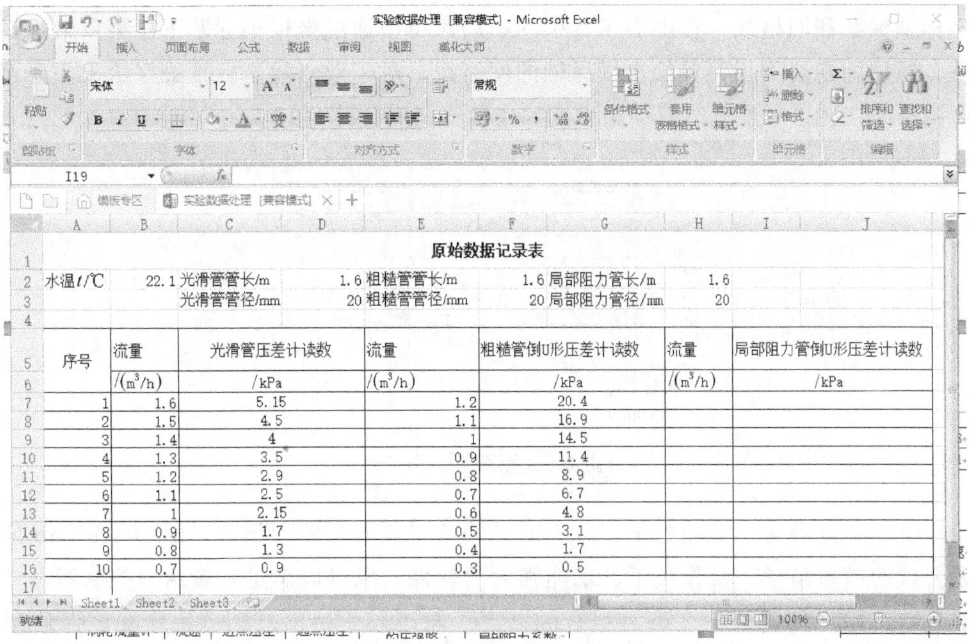

原始数据记录表

水温 t/℃	22.1	光滑管管长/m	1.6	粗糙管管长/m	1.6	局部阻力管长/m	1.6
		光滑管管径/mm	20	粗糙管管径/mm	20	局部阻力管径/mm	20

序号	流量 /(m^3/h)	光滑管压差计读数 /kPa	流量 /(m^3/h)	粗糙管倒U形压差计读数 /kPa	流量 /(m^3/h)	局部阻力管倒U形压差计读数 /kPa
1	1.6	5.15	1.2	20.4		
2	1.5	4.5	1.1	16.9		
3	1.4	4	1	14.5		
4	1.3	3.5	0.9	11.4		
5	1.2	2.9	0.8	8.9		
6	1.1	2.5	0.7	6.7		
7	1	2.15	0.6	4.8		
8	0.9	1.7	0.5	3.1		
9	0.8	1.3	0.4	1.7		
10	0.7	0.9	0.3	0.5		

图 2-3　输入数据表格

② 输入公式，进行数据计算处理　以流体流动阻力实验中的光滑管计算为例说明。需要用到的公式有 $u=4q_v/\pi d^2$、$Re=du\rho/\mu$ 和 $\lambda=(2\Delta p_r d)/(\rho l u^2)$，查得水在 22.1℃时的密度为 997.7kg/m^3，黏度为 0.0009635Pa・s。在单元格 C6 中输入"=B8/3600 * 4/3.14/POWER(0.02,2)"流速 u，在单元格 E6 中输入"=0.02 * C6 * 997.7/0.0009635"雷诺数 Re，在单元格 F6 中输入"=2 * D6 * 0.02/997.7/1.6/POWER(C6,2) * 1000"摩擦系数 λ，选定单元格 C6 使其在右下方出现"+"后，按住"+"向下拉可得到其他流量下的流速，同理可得其他流量下的雷诺数和直管摩擦系数，计算结果如图 2-4 所示。

数据计算结果表

序号	光滑管				
	流量 /(m^3/h)	流速 /(m/s)	压差 /kPa	雷诺数 Re	直管摩擦系数 λ
1	1.6	1.415428167	5.15	29313.39247	0.064412714
2	1.5	1.326963907	4.5	27481.30544	0.064037494
3	1.4	1.238499646	4	25649.21841	0.065344382
4	1.3	1.150035386	3.5	23817.13138	0.066311015
5	1.2	1.061571125	2.9	21985.04435	0.064482199
6	1.1	0.973106865	2.5	20152.95732	0.066154436
7	1	0.884642604	2.15	18320.87029	0.068840306
8	0.9	0.796178344	1.7	16488.78326	0.06719984
9	0.8	0.707714084	1.3	14656.69623	0.06503808
10	0.7	0.619249823	0.9	12824.60921	0.058809944

图 2-4　计算结果图

③ 绘制参数关系图　选定要绘图的数据，点击插入菜单，选择散点图中的"带平滑线和数据标记的散点图"，得到初步的曲线。若需要双对数坐标需要在图表工具中的布局菜单中通过坐标轴菜单中的设置坐标轴格式对对数刻度进行标记，并且根据具体数据固定最大值、最小值和坐标轴值（一般与最小固定值一致）。为了使关系图完整、直观和美观，必须

设置坐标轴标题和网格线，在图表工具中的布局菜单中通过坐标轴标题下拉菜单给出横纵轴的标题，通过网格线下拉菜单给出横纵轴的网格线，对于双对数坐标轴最好给出主要网格线和次要网格线。图 2-5 是流体流动阻力实验中的光滑管 λ-Re 图。

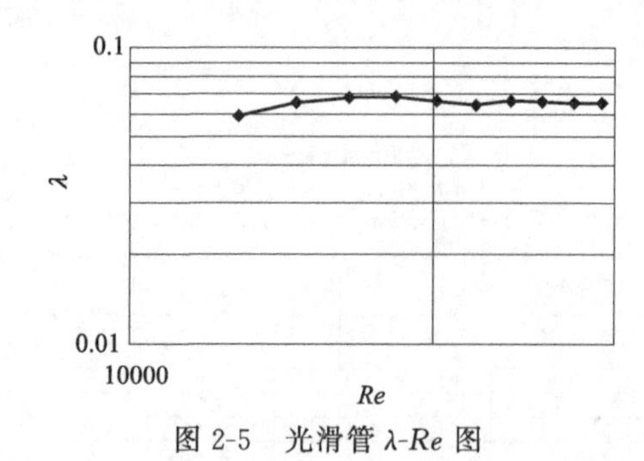

图 2-5　光滑管 λ-Re 图

（2）Origin 处理化工实验数据　Origin 是一款专业函数绘图软件，由 OriginLab 公司出品，是公认的简单易学、操作灵活、功能强大的软件，既可以满足一般用户的制图需要，也可以满足高级用户数据分析、函数拟合的需要。与 Excel 相比，Origin 具有更强的制图功能，尤其是曲线拟合更加灵活，但是其数据输入、电子表格的绘制没有 Excel 方便，不过如果电脑安装了 Excel97 或更高级别的版本，在 Origin 内也可以进行 Excel 操作，这样就充分地将 Excel 的电子表格功能和 Origin 强大的制图功能有机结合起来。下面主要介绍如何用 Origin8. 0 处理化工实验数据。

① 建立 Worksheet 输入原始数据　启动 Origin8. 0，界面自动建立新的 Worksheet，如图 2-6 所示。输入实验数据，若列数不够可通过单击 Standard 工具条上的添加列按钮添加一列或 Worksheet 右边空白处右击鼠标，选择快捷菜单命令 Add New Column。以离心泵特性曲线为例，输入原始实验数据如图 2-7。

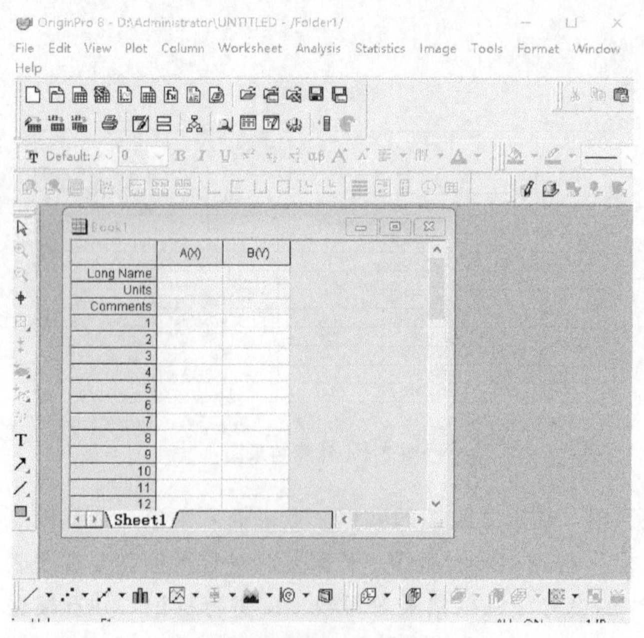

图 2-6　建立新的 Worksheet 图

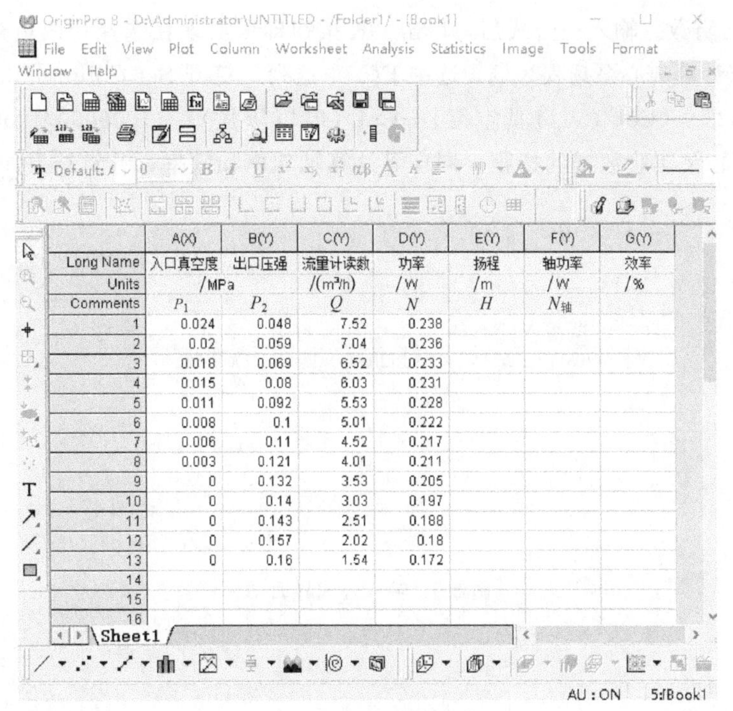

	A(X)	B(Y)	C(Y)	D(Y)	E(Y)	F(Y)	G(Y)
Long Name	入口真空度	出口压强	流量计读数	功率	扬程	轴功率	效率
Units	/MPa		/(m³/h)	/W	/m	/W	/%
Comments	P_1	P_2	Q	N	H	$N_{轴}$	
1	0.024	0.048	7.52	0.238			
2	0.02	0.059	7.04	0.236			
3	0.018	0.069	6.52	0.233			
4	0.015	0.08	6.03	0.231			
5	0.011	0.092	5.53	0.228			
6	0.008	0.1	5.01	0.222			
7	0.006	0.11	4.52	0.217			
8	0.003	0.121	4.01	0.211			
9	0	0.132	3.53	0.205			
10	0	0.14	3.03	0.197			
11	0	0.143	2.51	0.188			
12	0	0.157	2.02	0.18			
13	0	0.16	1.54	0.172			
14							
15							
16							

图 2-7　输入原始数据

② 使用函数设置数据（进行数据计算处理）　选中存放计算结果列，单击 Column 中的 Set Column Values，或选择鼠标右键的快捷菜单命令 Set Column Values，打开 Set Column Values 对话框，见图 2-8。在 Col(E)＝下方文本框内输入计算公式，如果需要引用其他列的数值可点击 Col(A)，在下拉菜单中选中该列，还可点击 F(x) 再其下拉列表中选择需要的

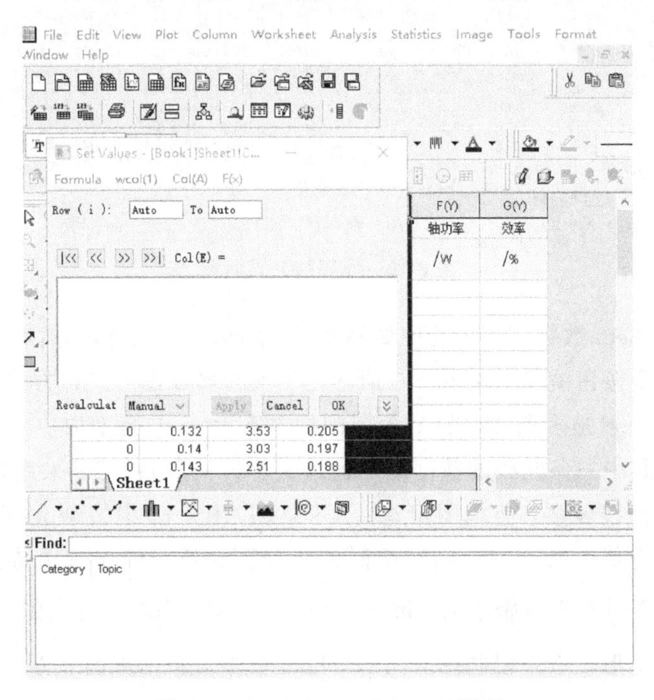

图 2-8　Set Column Values 对话框

函数后单击添加函数。输入完公式后，单击 OK 按钮即可实现在选择列内填充按输入的公式计算的结果。以计算离心泵扬程为例，选中 E(Y) 这列，打开 Set Column Values，如图 2-9 输入公式“0.325＋(Col（入口真空度)＋Col（出口压强)) * 1000000/1000/9.81”，点击 OK，可得该离心泵实验数据的扬程，同理可计算轴功率和效率，计算结果如图 2-10。

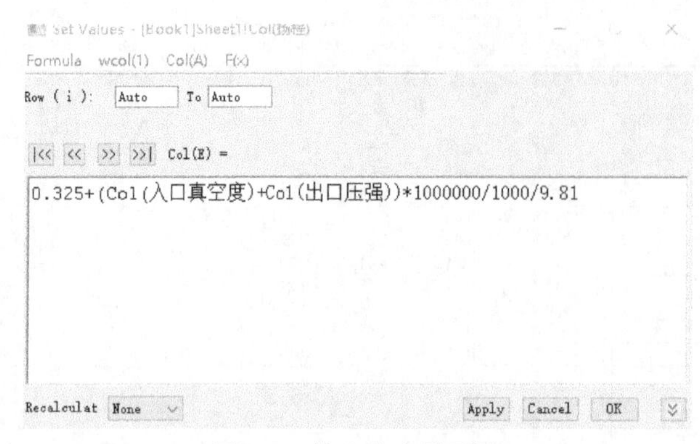

图 2-9 输入公式界面图

File Edit View Plot Column Worksheet Analysis Statistics Image Tools Format Window Help

A(X1)	B(Y1)	D(Y1)	C(X2)	E(Y2)	F(Y2)	H(Y2)	G(Y2)
入口真空度	出口压强	功率	流里计读数	扬程	轴功率	效率	有效功率
/MPa		/W	/(m³/h)	/m	/W	/%	/W
0.024	0.048	0.238	7.52	7.66445	19.04	82.43833	0.15696
0.02	0.059	0.236	7.04	8.37801	18.88	85.07633	0.16062
0.018	0.069	0.233	6.52	9.1935	18.64	87.57496	0.16324
0.015	0.08	0.231	6.03	10.009	18.48	88.94124	0.16436
0.011	0.092	0.228	5.53	10.82449	18.24	89.37274	0.16302
0.008	0.1	0.222	5.01	11.33417	17.76	87.07269	0.15464
0.006	0.11	0.217	4.52	12.14967	17.36	86.14905	0.14955
0.003	0.121	0.211	4.01	12.96516	16.88	83.87784	0.14159
0	0.132	0.205	3.53	13.78066	16.4	80.77894	0.13248
0	0.14	0.197	3.03	14.59615	15.76	76.42265	0.12044
0	0.143	0.188	2.51	14.90196	15.04	67.72775	0.10186

Sheet1

图 2-10 计算结果界面图

③ 使用 Worksheet 数据制图　选中要制图的 Worksheet 数据，然后单击界面下方工具条中相应的制图命令按钮就可以制图。一般的化工实验多线图有三种方式，一是多条曲线共用一个 Y 坐标轴（一般是多条曲线的 Y 值范围相差不大)；二是增加一个 Y 坐标轴（这种一般用于 2 条曲线，其中一条曲线的数据范围远远大于另一条)；三是采用多个 Y 轴，不同范围采用不同 Y 轴（曲线较多，且范围相差大)，本文以图 2-11 中的 Worksheet 表中后三列数据进行绘制二维图为例，对这三种图形绘制方法分别介绍。绘制选中待制图的 Worksheet 数据，然后单击界面下方工具条中的 Line＋Symbol 工具 即可得到图 2-11 中图形；要绘制 2 个 Y 坐标轴的图形，选中要制图的 Worksheet 数据，单击界面下方工具条中的按钮 ，并将图例移动到图中间后得到图 2-12 结果；要绘制 3 个 Y 坐标轴的图形，选中要制图的

Worksheet 数据，单击界面下方工具条中的 Template Library 按钮，打开 Template Library 对话框，在 Caregory 下选择 Multiple curve，打开后选 offsetY 项，然后单击 Plot 按钮即可，然后将图例移动合适位置得到图 2-13。

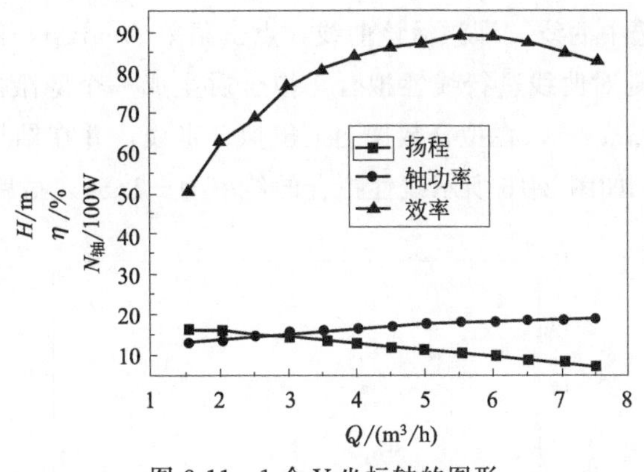

图 2-11　1 个 Y 坐标轴的图形

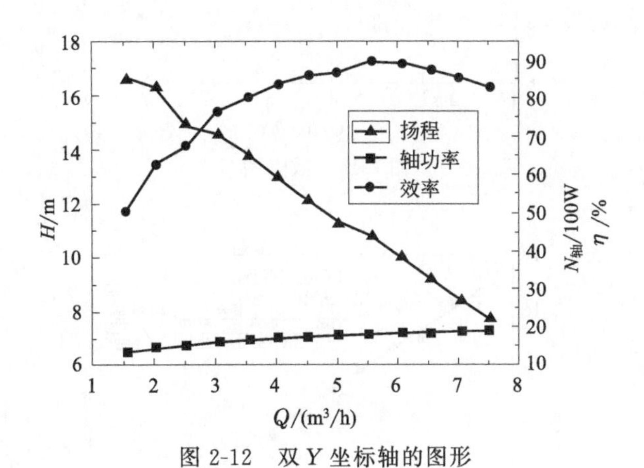

图 2-12　双 Y 坐标轴的图形

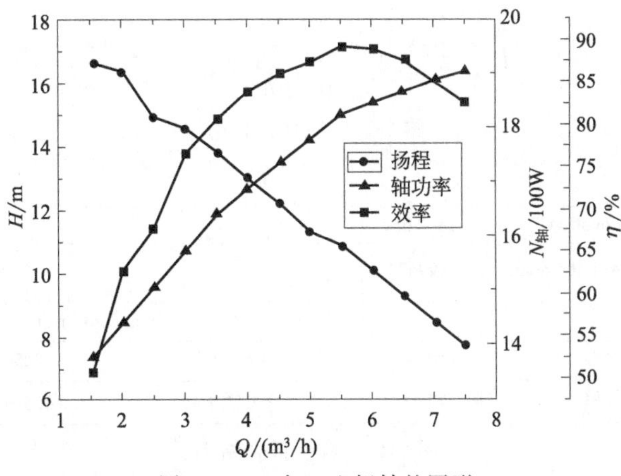

图 2-13　3 个 Y 坐标轴的图形

④ 曲线回归拟合　在恒压过滤常数测定实验、对流传热系数测定实验和精馏塔全塔效率测定实验等实验中需要对散点进行拟合。Origin 可进行线性拟合、多项式拟合和高级非线性拟合，化工实验数据拟合常用前两个，尤其是线性拟合用得更多。选择 Worksheet 表中要线性拟合的散点做散点图。以离心泵特性曲线实验数据中扬程一列的散点为例所做的散点图如图 2-14 所示。选中曲线，即激活该曲线，点击菜单 Analysis 相应下拉菜单，选择 Fit Linear 或 Linear Fit，则对曲线进行线性拟合，拟合后生成一个隐蔽的拟合数据 Worksheet 文件，默认名称为 FitLinear1，在拟合数据上汇出拟合直线，并在结果显示窗口输出方差分析表，如图 2-15 所示。如图 2-16 所示线性拟合的斜率为－1.51，截距为 19.06。

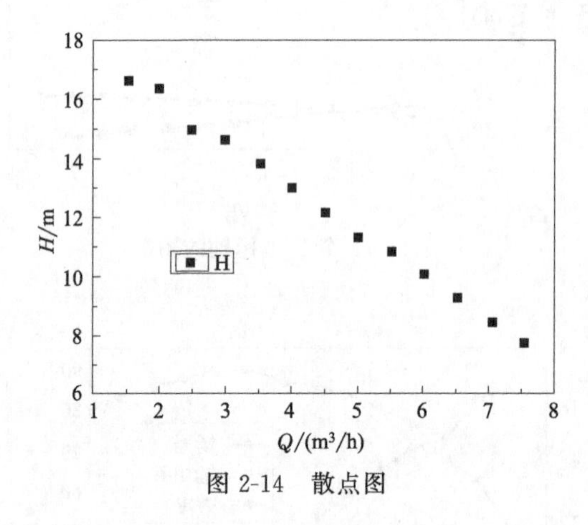

图 2-14　散点图

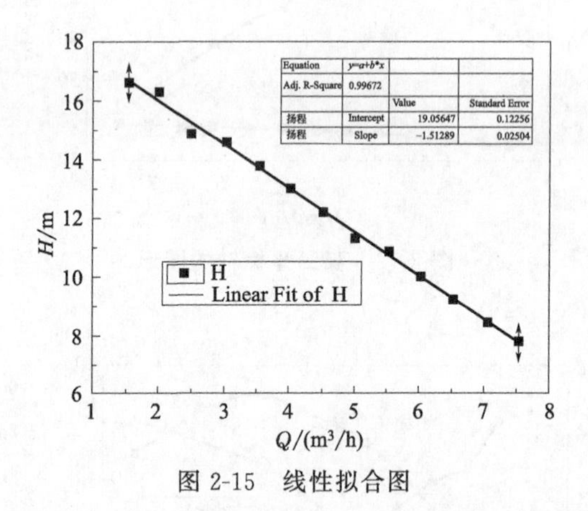

图 2-15　线性拟合图

Equation	$y=a+b*x$		
Adj. R-Square	0.99672		
		Value	Standard Error
扬程	Intercept	19.05647	0.12256
扬程	Slope	–1.51289	0.02504

图 2-16　线性拟合结果

第3章 化工常见物理量的测量

流体压力、流量及温度是化工生产和科学研究中的重要信息，是必须测量的基本参数。用来测量这些参数的仪表统称为化工测量仪表。一般来说，得到诸如流体压力、流量与温度这些物理量的测量值是很容易的，但要保证测量值达到所要求的精度，则需要掌握并运用好一系列测量技术，这些测量技术主要包括：

① 如何根据测量任务和目的选用合适的测量仪表；

② 如何检验、标定测量仪表的性能；

③ 如何安装和连接测量系统的各个组成部分；

④ 如何正确操作和使用测量系统。

运用好这些测量技术，测量就可以达到所要求的精度，选择仪表时就不会盲目追求高精度仪表，避免不必要的浪费。

化工测量仪表一般由检测（包括变送）、传送、显示等三个基本部分组成。检测部分通常与被测介质直接接触，并依据不同的原理和方式将被测的压力、流量或温度信号转变为易于传送的物理量，如机械力、电信号等；传送部分一般只起信号能量的传递作用；显示部分将传送来的物理量信号转换为可读信号，常见的显示形式有指示、记录、声光报警等。根据不同的需要，检测、传送、显示这三个基本部分可集成在一台仪表内，比如弹簧管式压力表；也可分散为几台仪表，比如仪表室对现场设备操作时，检测部分在现场，显示部分在仪表室，而传送部分则在两者之间。

使用者在选用测量仪表时必须考虑所选仪表的测量范围与精度。特别是检测、传送、显示三个基本部分分散为几台仪表的场合，相互之间必须统筹和兼顾，否则将引入较大的测量误差。

3.1 流体压力的测量

在化工生产和实验中，经常遇到流体静压力的测量问题。压力是重要的操作参数之一，压力测量的意义远远大于它本身。有些其他参数的测量，如流量等，往往是通过测量压力或压差来进行的。常见的流体静压力测量方法及仪表有很多，按仪表的工作原理可分为以下三种。

液柱式测压法：将被测压力转变为液柱高度差；

弹性式测压法：将被测压力转变为弹性元件形变的位移；

电气式测压法：将被测压力转变为某种电量（比如电容或电压）的变化。

一般而言，由上述方法测得的压力均为表压，即以大气压为基准的压力值，表压值加大气压值等于绝对压力值。

3.1.1 液柱式压力计

液柱式压力计是基于流体静力学原理设计的，结构比较简单、精度较高，既可用于测量流体的压力，又可用于测量流体管道两点间的压力差。它一般由玻璃管制成。由于指示液与玻璃管会发生毛细现象，所以在自制液柱式压力计时应选用内径不小于 5mm（最好大于 8mm）的玻璃管，以减小毛细现象引起的误差。同时，因玻璃管的耐压能力低和长度所限，只能用于 0.1MPa 以下的正压或负压（或压差）的场合。液柱式压力计的常见形式有以下几种。

3.1.1.1 U形管压力计

如图 3-1 所示，这是一种最基本的液柱式压力计，用一根粗细均匀的玻璃管弯制而成，也可用两支粗细相同的玻璃管做成连通器形式。玻璃管内填充某种工作指示液，如水银、水等。使用前，U 形管压力计的工作液处于平衡状态，当作用于 U 形管压力计两端的势能不同时，管内一侧液柱下降而另一侧上升。当外界势能差达到稳定时，两侧液柱达到新的平衡状态。

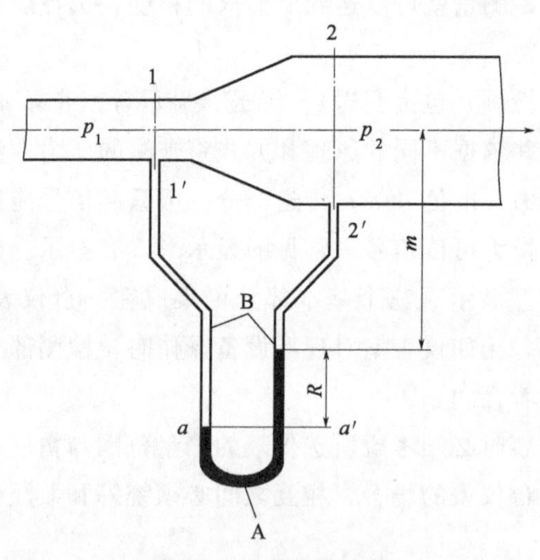

图 3-1 U形管压力计

设指示液 A 的密度为 ρ_A，被测流体 B 的密度为 ρ_B。由图 3-1 可知，a、a'两点处在相连通的同一静止流体内且在同一水平面上，因此 a、a'两点的压力相等，即 $p_a=p_{a'}$。据此，分别对 U 形管的左侧和右侧的流体柱列流体静力学方程，即

$$p_a=p_1+\rho_B g(m+R) \tag{3-1}$$

$$p_{a'}=p_2+\rho_B gm+\rho_A gR \tag{3-2}$$

故：$p_1+\rho_B g(m+R)=p_2+\rho_B gm+\rho_A gR$

化简上式，得

$$p_1-p_2=(\rho_A-\rho_B)gR \tag{3-3}$$

若被测流体为气体，由于气体的密度比指示液的密度小得多，式(3-3) 中的 ρ_B 可以忽略，于是

$$p_1-p_2=\rho_A gR \tag{3-4}$$

若U形管的一端与被测流体连接，另一端与大气相通，此时读数R反映的是被测流体的表压力。

3.1.1.2 单管式压力计

单管式压力计是U形管压力计的一种变形，即用一只杯形物代替U形管压力计中的一根管子，如图3-2所示。由于杯形物的截面远大于玻璃管的截面（一般两者的比值须大于或等于200），所以在其两端作用不同压力时，细管一边的液柱从平衡位置升高到h_1，杯形一边下降到h_2。根据等体积原理，h_1远大于h_2，故h_2可忽略不计。因此，在读数时只要读取h_1即可。

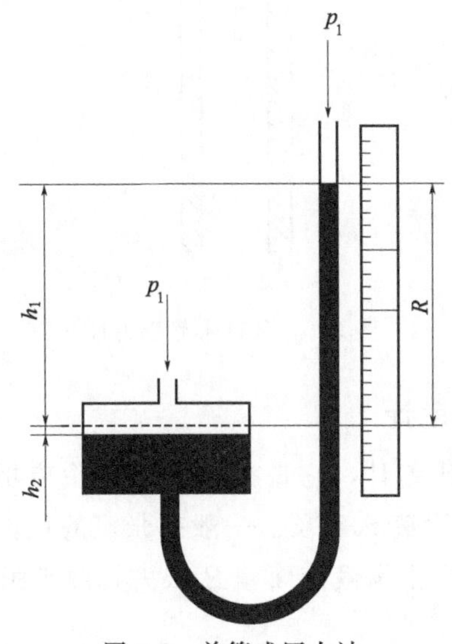

图3-2 单管式压力计

3.1.1.3 倾斜式压力计

倾斜式压力计是把单管压力计或U形管压力计的玻璃管作与水平方向成α角度的倾斜，如图3-3所示。倾斜角度的大小可根据需要调节。它使读数放大了$\frac{R}{\sin\alpha}$倍，即

$$R'=\frac{R}{\sin\alpha} \tag{3-5}$$

可用于测量流体的小压差，且提高了读数分辨率。

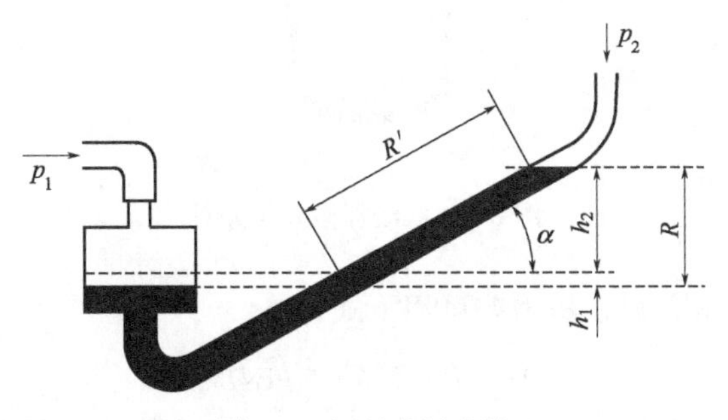

图3-3 倾斜式压力计

3.1.1.4 倒U形管压力计

倒U形管压力计如图3-4所示，指示剂为空气，一般用于测量液体小压差的场合。由于工作液体在两个测量点上压力不同，故在倒U形管的两根支管中上升的液柱高度也不同，则

$$(p_1-p_2)=R(\rho-\rho_{空气})g\approx R\rho g \tag{3-6}$$

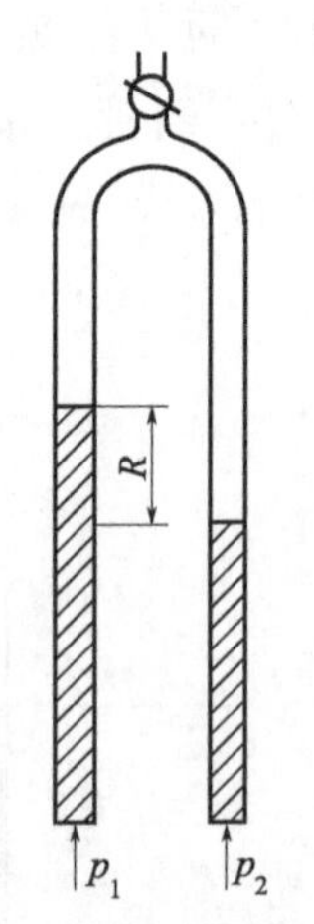

图3-4 倒U形管压力计

3.1.1.5 双液杯微差压差计

图3-5所示为双液杯微差压差计，它是在U形管的上方增设两个扩张小室，内部装入密度很接近但不互溶的两种指示液A和C。一般扩张室的截面积远大于管截面面积，通常在10倍以上。故即使U形管内指示液液面差R很大，两扩张室内的指示液C的液面变化不大，仍能基本上维持等高。

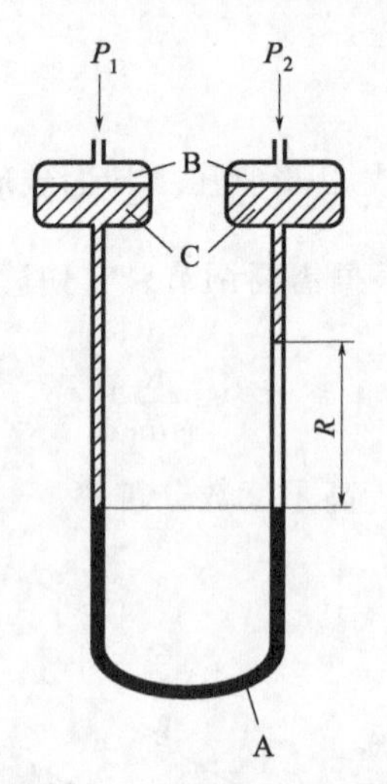

图3-5 双液杯微差压差计

根据流体静力学基本方程，压力差可用下式计算

$$p_1-p_2=(\rho_A-\rho_C)gR \tag{3-7}$$

由式(3-7)知，测量压差一定时，R与$(\rho_A-\rho_C)$成反比。只要选择两种合适的指示

剂，使 A 与 C 的密度差（$\rho_A-\rho_C$）足够小，就能使读数 R 达到较大的值。

如果双液杯微差压差计小室内液面差不可忽略时，式(3-7) 可写成

$$p_1-p_2=(\rho_A-\rho_C)gR+\Delta R\rho_C g \tag{3-8}$$

式中　ΔR——扩张室内的液面差，$\Delta R=R(d/D)^2$；

d——U 形管内径；

D——小室内径。

双液杯微差压差计一般用于测量气体压差的场合。

3.1.2　弹性式压力计

弹性式压力计是以弹性元件受压后所产生的弹性形变作为测量基础。一般分为薄膜式、波纹管式和弹簧管式。

利用各种弹性元件测压的压力计，多是在力平衡原理基础上，以弹性形变的机械位移作为转换后的输出信号，弹性元件应保证在弹性形变的安全区域内工作，这时被测压力 p 与输出位移 x 之间一般具有线性关系。这类压力表的性能主要与弹性元件的特性有关，各种弹性元件的特性则与材料、加工和热处理的质量有关，并且对温度的敏感性较强。弹性式压力计由于测压范围较宽、结构简单、价格便宜、现场使用和维修方便，所以在化工和炼油生产乃至实验室中获得广泛的应用。

常用的弹性元件有波纹膜片和波纹管，多做微压和低压测量；单圈弹簧管（又称波登管）和多圈弹簧管可做高、中、低压直到真空度的测量。现以最常见的单圈弹簧管式压力计为例，说明弹性式压力计的工作原理。

单圈弹簧管是弯成圆弧形的空心管子，如图 3-6 所示。它的面呈圆形或椭圆形，圆的长轴 a 与图面垂直的弹簧管中心轴 O 相平行。管子封闭的一端为自由端，即位移输出端。管子的另一端则是固定的，作为被测压力的输入端。

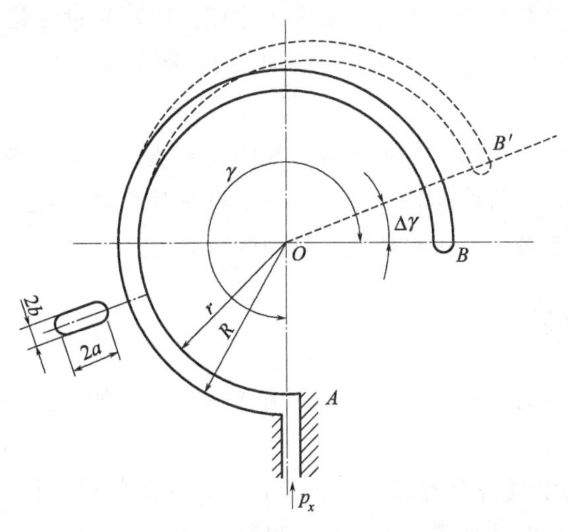

图 3-6　单圈弹簧管式压力计

A—弹簧管的固定端；B,B'—弹簧管的自由端；O—弹簧管的中心轴；γ—弹簧管中心角的初始值；$\Delta\gamma$—中心角的变化量；R,r—弹簧管弯曲圆弧的外径和内径；a,b—弹簧管椭圆截面的长半轴和短半轴

作为压力位移转换元件的弹簧管，当它的固定端 A 通入被测压力 p 后，由于椭圆形截面在压力 p 的作用下将趋向圆形，弯成圆弧形的弹簧管随之产生向外挺直的扩张形变，其自由端就由 B 移到 B'，如图 3-6 上虚线所示，弹簧管的中心角随即减小 $\Delta\gamma$。根据弹性形变原理可知，中心角的相对变化值 $\Delta\gamma/\gamma$ 与被测压力 p 成比例。通过机械传递，将图 3-6 中单圈弹簧管中心角的相对变化转变为指针变化，即可测得压力值。

3.1.3 电气式压力计

电气式压力计一般用于测量快速变化的脉动压力以及高真空、超高压等场合，比如应变片式压力计。应变片常由半导体材料制成，它的电阻值 R 随压力 p 产生应变面变化。在受压的情况下，半导体材料的电阻变化率远远大于金属材料的电阻变化率，这是因为在半导体（如单晶硅）的晶体结构上施压后，会暂时改变晶体结构的对称性，从而改变半导体的导电性能，表现为它的电阻率的变化。应变片式压力计就是利用应变片作为转换元件，把被测压力转换为应变片电阻值变化，然后经桥式电路得到毫伏级电量并传输给显示单元。

3.1.4 压力计的选用

压力计的选用应根据工业生产过程和科学实验对压力测量的要求，综合考虑各方面的因素，选择合适的压力计。一般来说应考虑以下几个方面的问题。

（1）压力计类型的选用　要了解被测体系的物理性质、状态及周围的环境情况。如被测体系是否具有腐蚀性，黏度大小、温度高低和清洁程度以及周围环境的温度、湿度、振动情况，是否存在腐蚀性气体等，所测压力是否要远传、自动记录数据。要根据具体情况选择适当的测压仪表。

（2）压力计测量范围的确定　了解被测体系的压力大小、变化范围，选择适当量程的测压仪表。一般来说，在测量稳定压力时，最大工作压力应不超过测量上限值的 2/3；测量脉动压力时，最大工作压力应不超过测量上限值的 1/2；测量高压时，最大工作压力应不超过测量上限值的 3/5。

（3）压力计精度等级的选取　一般来说，压力计精度越高，则测量结果越准确、可靠。但精度等级越高的压力计，价格越贵，操作和维护也费时费力。因此，在满足工艺要求的情况下，应尽可能选用精度较低、价格便宜、耐用的压力表。

3.1.5 压力计的安装

为使压力计发挥应有的作用，不仅要正确地选用，还特别注意正确地安装。安装时一般有如下要求。

① 测压点除正确选定设备上的具体测压位置外，在安装时应使插入设备中的取压管内端面与设备连接处的内壁保持平齐，不应有凸出物或毛刺，且测压孔不宜太大，以保证正确地取得静压力。同时，在测压点的上、下游应有一段直管稳定段，以避免流体动能对测量有影响。

② 安装地点应力求避免振动和高温的影响。

③ 测量蒸气压时，应加装凝液管，以防止高温蒸气与测压元件直接接触：对于腐蚀性介质，应加装盛有中性介质的隔离罐。总之，针对被测介质的不同性质（高温、低温、腐蚀、脏污、结晶、沉淀、黏稠等），采取相应的防温、防腐、防冻、防堵等措施。

④ 取压口到压力计之间应装有切断阀门，以备检修压力计时使用。切断阀应装在靠近取压口的地方。需要进行现场校验和经常冲洗引压导管的场合，切断阀可改用三通开关。

⑤ 引压导管不宜过长，以减少压力指示的迟缓。

3.2　流体流量的测量

流量是指单位时间内流过通道截面的流体数量，若流过的量以体积表示，称为体积流量 q_v；以质量表示，称为质量流量 q_m，关系为

$$q_m = \rho q_v \tag{3-9}$$

式中，ρ 是被测流体的密度，它随流体的状态改变。因此，以体积流量描述时，必须同时指明被测流体的压力和温度。为了便于比较，以标准状态下，即压力 0.1013MPa、温度 20℃的体积流量来表示。一般而言，以体积流量描述的流量计，其指示刻度的标定都是以水或空气为介质，在标准状态下进行的。若使用条件和工厂标定条件不符时，需进行修正或现场重新标定。

测量流量的方法大致可分为三类。

① 速度式测量方法以流体在通道中的流速为测量依据，这类仪表种类繁多，常见的有节流式流量计、转子流量计、涡轮流量计、靶式流量计等。

② 容积式测量方法以单位时间内排出流体的固定容积数为测量依据，这类仪表常见的有湿式气体流量计、皂膜流量计、椭圆齿流量计等。

③ 质量式测量方法以流过的流体质量为测量依据，这类仪表常见的主要有直接式和补偿式两种。

3.2.1　速度式流量计

3.2.1.1　节流式流量计

节流式流量计中较为典型的有孔板流量计、喷嘴流量计及文丘里流量计，它们都是基于流体的动能和势能相互转化的原理设计的。节流式流量计是目前工业生产中测量流量最成熟、最常用的方法之一。基本结构如图 3-7、图 3-8、图 3-9 所示。流体通过孔板、喷嘴或喉径时流速增大，从而在孔板、喷嘴或喉径的前后产生势能差，这一势能差可以由引压管在压差计或差压变送器上显示出来。

标准的孔板、喷嘴和喉径，对其结构尺寸、加工精度、取压方式、安装要求、管道的粗糙度等均有严格的规定，只有满足这些规定条件及制造厂提供的流量系数时，才能保证测量的精度。

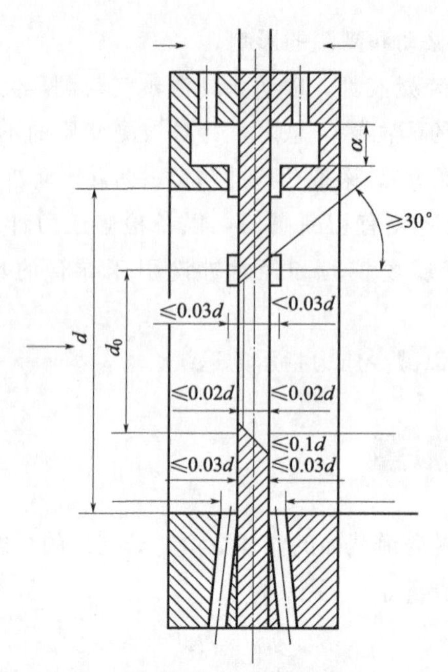

图 3-7 孔板流量计

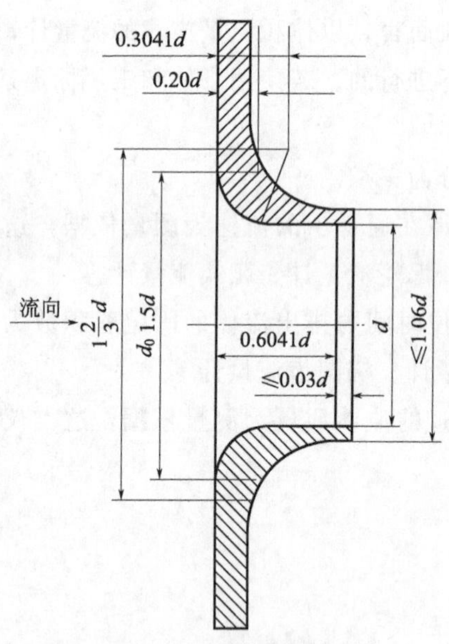

图 3-8 喷嘴流量计

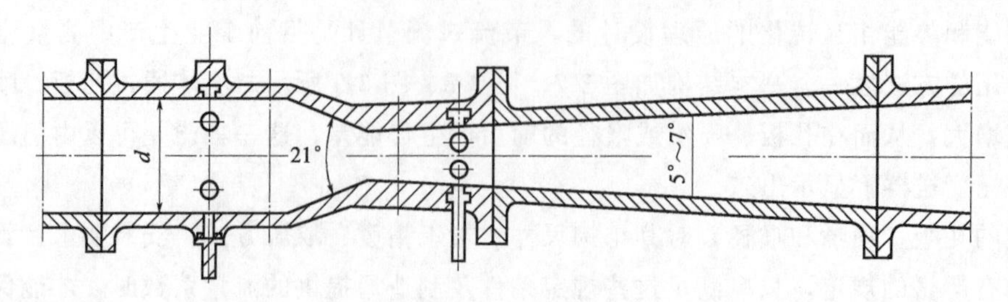

图 3-9 文丘里流量计

非标准孔板和喷嘴是指不符合标准规范的孔板和喷嘴，如自己设计制造的孔板和喷嘴。对于这类孔板和喷嘴，在使用前必须进行校正，取得流量系数或流量校核曲线后才能使用。在设计制造孔板时，孔径的选择要按流量大小、压差计的量程和允许的能耗综合考虑。为了使流体的能耗控制在一定范围内并保证检测的灵敏度，推荐的孔板孔径和管径之比为0.45～0.50。

节流式流量计的安装，一般要求保持上游有$30d$～$50d$（d为管道直径）、下游有不小于$5d$的直管稳定段。孔口的中心线应与管轴线相重合。对于标准孔板或是已确定了流量系数的孔板，在使用时不能反装，否则会引起较大的测量误差。正确的安装是孔口的锐角方向正对着流体的来流方向。由于孔板或喷嘴取压方式的不同会直接影响其流量系数的值，标准孔板采用角接取压或法兰取压，标准喷嘴采用角接取压，使用时必须按要求连接。自制孔板除采用标准孔板的方法外，尚可采用径距取压，即上游取压口距孔板端面$1d$，下游取压口距孔板端面$0.5d$。孔板流量计结构简单、使用方便，可用于高温、高压场合，但流体流经孔板能量损耗较大。若不允许能量消耗过大的场合，可采用文丘里流量计。按照文丘里流量计的结构，设计制成的玻璃毛细管流量计能测量小流量，它已在实验中获得广泛使用。

孔板流量计的安装与使用：

① 流量计应安装在水平管道上，并且要将锐孔朝向上游。流体在孔板前后必须充满整个管道截面。

② 孔板前后应有足够长的直管段作为稳定段，一般上游直管段长度为$30d$～$50d$，下游直管段大于$10d$。在稳定段中不要安装任何管件、阀门和测量装置。

③ 流体必须是牛顿型流体，以单相形式存在，且流经孔板时不发生形变。

④ 孔板的中心应位于管道的中心线上，最大允许偏差为$0.01d$，孔板入口端面应与管道中心线垂直。

⑤ 取压口、导压管和压差测量问题对流量测量精度有很大的影响，安装时可参考压差测量部分。

⑥ 如果被测流体密度与标准流体密度不同时，应对流量与压差关系进行修正。

⑦ 定期检查流量计腐蚀、结垢和磨损等问题，及时进行妥善处理。

3.2.1.2 转子流量计

转子流量计又称浮子流量计，如图3-10所示，是实验室最常见的流量仪表之一。其特点是量程比大，可达10∶1，直观，势能损失较小，适合于小流量的测量。

转子流量计安装时要特别注意垂直度，不允许有明显的倾斜（倾角要小于20°），否则会带来测量误差。为了检修方便，在转子流量计上游应设置调节阀。转子流量计测的是体积流量，出厂前是在标准技术状态下标定的。因此，若实际使用条件和标准技术状态条件不符时，需按下式进行修正或现场重新标定。

对于液体：

$$\frac{q_{v_2}}{q_{v_1}}=\sqrt{\frac{\rho_1(\rho_f-\rho_2)}{\rho_2(\rho_f-\rho_1)}} \quad 或 \quad \frac{q_{m_2}}{q_{m_1}}=\sqrt{\frac{\rho_2(\rho_f-\rho_2)}{\rho_1(\rho_f-\rho_1)}} \tag{3-10}$$

式中 q_{v_1}、q_{m_1}、ρ_1——标定流体（水或空气）的体积流量、质量流量和密度；

q_{v_2}、q_{m_2}、ρ_2——被测流体（液体或气体）的体积流量、质量流量和密度。

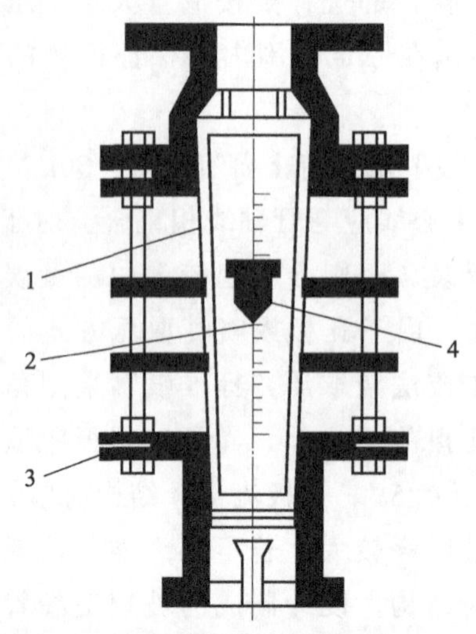

图 3-10　转子流量计

1—锥形玻璃管；2—刻度；3—突缘填函盖板；4—转子

对于气体：

$$q_{v_2}=q_{v_1}\sqrt{\frac{\rho_1}{\rho_2}}\approx q_{v_1}\sqrt{\frac{p_1T_2}{p_2T_1}} \tag{3-11}$$

式中 p_1、T_1——标定的空气状况为压力 0.1013MPa，温度 20℃；

p_2、T_2——实际测量时被测介质的绝对压力和温度。

转子流量计的安装与使用

① 转子流量计必须垂直安装，流体必须自下而上通过锥形管，以免管件产生的机械应力传递到流量计上造成锥形管损坏。进、出口应有 $5d$ 以上的直管段。

② 流量计应安装在宽敞、明亮、无振动并便于维修的地方。新装管路或维修后的管路必须将管路清洗干净，必要时应在流量计上游安装过滤器。

③ 使用时，应先缓慢开启上游阀门至全开，然后用流量计下游的调节阀调节流量。流量计停止工作时，应先缓慢关闭流量计上游阀门，然后关闭下游的流量调节阀，以免流体冲力过猛，损坏锥形管或将转子卡住。

④ 保持转子和锥形管的清洁，从而保证测量数据的准确性，避免因污垢带来的误差。

⑤ 当被测流体温度高于 700℃时，应加装保护罩，以防仪表的玻璃管遇冷炸裂。

3.2.1.3 涡轮流量计

涡轮流量计具有结构简单、轻巧、精度高、复现性好、反应灵敏、安装维护使用方便等特点。涡轮流量计是由涡轮、导流器、电磁传感器、壳体和前置放大器五部分构成的，如图 3-11 所示。涡轮置于摩擦力很小的轴承中，内磁钢和感应线圈组成的电磁装置在电磁传感器的壳体上。当流体流过电磁传感器时，推动涡轮转动，并在电磁传感器上感应出电脉冲信号，信号经前置放大器放大后输出。

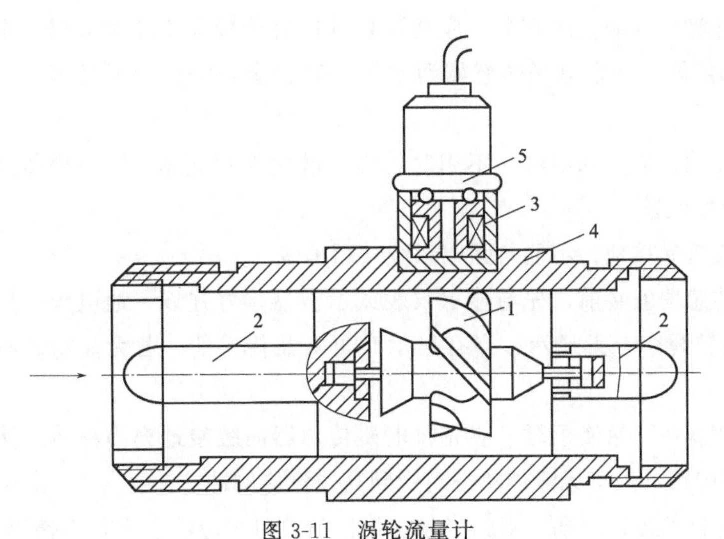

图 3-11　涡轮流量计

1—涡轮；2—导流器；3—电磁传感器；4—壳体；5—前置放大器

流体流经电磁传感器，其流向与涡轮的叶片有一定的角度，从而产生冲力使得叶片具有转动力矩，叶片克服摩擦力矩和流体阻力之后旋转，在力矩平衡后转速稳定，在一定的条件下，转速与流速成正比，由于叶片有导磁性，它处于信号检测器（由永久磁钢和线圈组成）的磁场中，旋转的叶片切割磁力线，周期性地改变着线圈的磁通量，从而使线圈两端感应出电脉冲信号，此信号经过放大器的放大整形，形成有一定幅度的连续的矩形脉冲波，可远传至显示仪表，显示出流体的瞬时流量或总量。

在一定的流量范围内，脉冲频率 f 与流经电磁传感器的流体的瞬时体积流量 q_{v} 成正比，流量方程为：

$$q_{\mathrm{v}}=\frac{f}{k} \tag{3-12}$$

式中　f——脉冲频率，Hz；

k——流量系数，$1/\mathrm{m}^3$，表示单位体积流体对应的信号脉冲数，应为常数；

q_{v}——流体的瞬时流量（工作状态下），m^3/h。

每台电磁传感器的仪表系数由制造厂填写在检定证书中，k 值设入配套的显示仪表中，便可显示出瞬时流量和累积总量。

涡轮流量计的安装与使用：

① 流量计必须水平安装在管道上（管道倾斜度小于 5°），安装时流量计轴线应与管道轴线同心，流向要一致。使用时，应保持被测液体清洁，不含纤维和颗粒等杂质。安装流量计时，法兰间的密封垫不能凹入管道内。

② 流量计上游应有不小于 $2d$ 的等径直管段，如果安装场所允许，建议上游直管段为 $20d$、下游为 $5d$。流量计安装点的上、下游配管的内径与流量计内径相同。

③ 为了保证流量计检修时不影响介质的正常使用，在流量计的前、后管道上应安装切断阀门，同时应设置旁通管道。流量控制阀要安装在流量计的下游，流量计使用时上游所装的阀门必须全开，避免造成计量不准或不稳定。

④ 为了保证流量计的使用寿命，应在流量计的直管段前安装过滤器。电磁传感器不用时，应清洗内部液体，且在电磁传感器两端加上防护套，防止尘垢进入，然后置于干燥处保存。

⑤ 配用的过滤器应定期清洗，不用时，应清洗内部的液体，同电磁传感器一样，加防尘套，置于干燥处保存。

⑥ 流量计应可靠接地，不能与强电系统共用地线。

⑦ 在电磁传感器安装前，先与显示仪表或示波器接好连线，通电源，用口吹或手拨叶轮，使其快速旋转观察有无显示，当有显示时再安装传感器。若无显示，应检查有关各部分，排除故障。

⑧ 电磁传感器在开始使用时，应先将电磁传感器内缓慢地充满液体，然后再开启出口阀门，严禁电磁传感器处于无液体状态时受到高速流体的冲击。

⑨ 电磁传感器的维护周期一般为半年。检修清洗时，应注意不要损伤测量腔内的零件，特别是叶轮。

3.2.2 容积式流量计

3.2.2.1 湿式气体流量计

湿式气体流量计如图 3-12 所示，其外部为圆筒形外壳，内部为分成四室的转子。在流量计正面有指针、刻度盘和数字表，用以记录气体流量；进气管、加水斗和放水旋塞均在流量计后面；出气管和水平仪在流量计顶部。在表顶有两个垂直的孔眼，可用于插入气压计和温度计；溢水旋塞在流量计正面左侧。流量计下面有三只螺丝支脚用来校准水平。气体由流量计背面中央处进入，转子每转动一周，四个小室都完成一次进气和排气，故流量计的体积为四个小室充气体积之和。计数机构在刻度盘上显示相应数字。

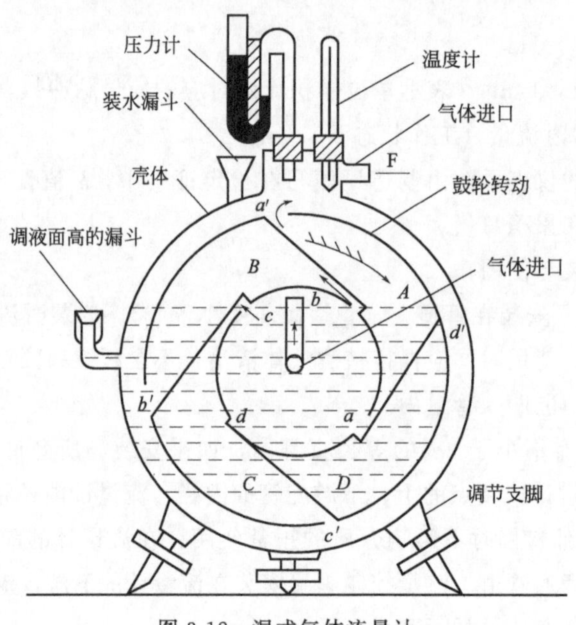

图 3-12 湿式气体流量计

湿式流量计每个气室的有效体积是由预先注入流量计内的水面控制的，所以在使用时必须检查水面是否达到预定的位置。安装时，仪表必须保持水平。

3.2.2.2　皂膜流量计

皂膜流量计一般用于小流量气体的测定，它由一根具有上、下两条刻度线指示的标准容积的玻璃管和含有肥皂液的橡皮球组成，如图 3-13 所示。肥皂液是示踪剂。当气体通过皂膜流量计的玻璃管时，肥皂液膜在气体的推动下沿管壁缓缓向上移动。在一定时间内皂膜通过上、下标准容积刻度线，表示在该时间段内通过了由刻度线指示的气体体积量，从而得到气体的平均流量。

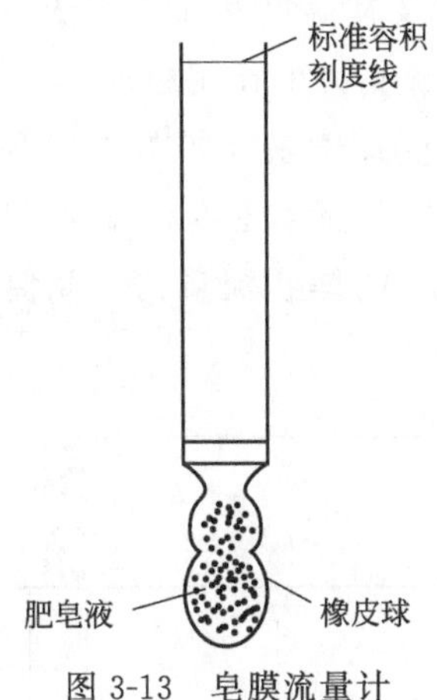

图 3-13　皂膜流量计

为了保证测量精度，皂膜速度应小于 4cm/s。安装时须保证皂膜流量计的垂直度。每次测量前，按一下橡皮球，使之在管壁上形成皂膜以便指示气体通过皂膜流量计的体积，为了使皂膜在管壁上顺利移动，在使用前须用肥皂液润湿管壁。

皂膜流量计结构简单，测量精度高，可作为校准其他流量计的基准流量计。它便于实验室制备，推荐尺寸为：管子内径 1cm，长度 25cm 或管子内径 10cm，长度 100～150m 两种规格。

3.2.2.3　椭圆齿轮流量计

椭圆齿轮流量计适用于黏度较高的液体，如润滑油。它是由一对椭圆状互相啮合的齿轮和壳体组成的，如图 3-14 所示。在流体压差的作用下，各自绕其轴心旋转。每旋转一周排出四个月牙形体积（在齿轮与壳体间形成）的流体。

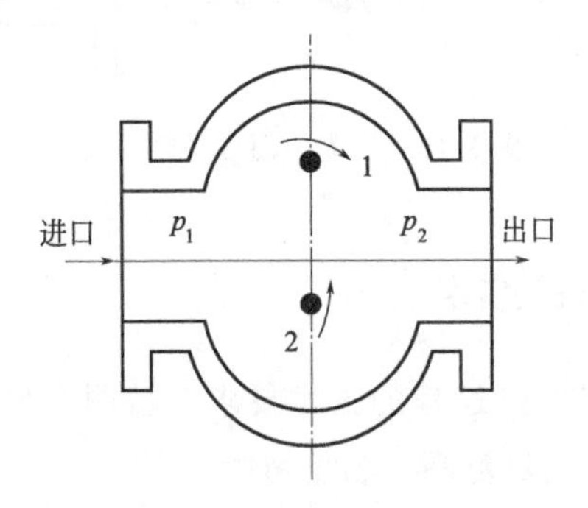

图 3-14　椭圆齿轮流量计

3.2.3 质量式流量计

由速度式和容积式测量方法测得的流体体积流量都受到流体的工作压力、温度、黏度、组成以及相变等因素的影响而带来测量误差，而质量测量方法则直接测定单位时间内所流过的介质的质量，可不受上述诸因素的影响。它是一种比较新型的流量计，在工程与实验室中得到越来越多的使用。

由于质量流量是流通截面积、流体流速和流体密度的函数，当流通截面积为常数时，只要测得单位体积内流体的流量和流体密度，即可得到质量流量，而流体密度又是温度和压力的函数。因此，只要测得流体流速及其温度和压力，依一定的关系便可间接地测得质量流量。这就是温度、压力补偿式质量流量计的作用原理。

气体质量流量测量的压力、温度补偿系统如图 3-15 所示。它是通过测量流体的体积流量、温度、压力值，又根据已知的被测流体密度和温度、压力之间的关系，经过运算把测得的体积流量值自动换算到标准状况下的体积流量值。此值再乘以标准状况下的密度值（常数），便得到了该气体的质量流量。

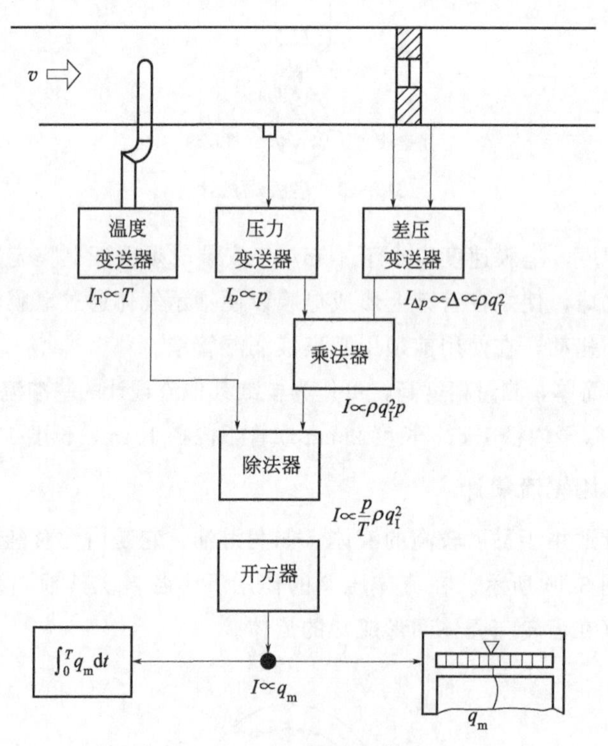

图 3-15　压力、温度补偿系统

3.2.4 常用流量测量仪表的选用

流量计的选用应根据工艺生产过程的技术要求、被测介质与应用场合，合理地选择种类、型号、工作压力和温度、测量范围、测量精度。

常用流量测量仪表的种类、特点和应用范围见表 3-1。

表 3-1　常用流量测量仪表的种类、特点和应用范围

分类	名称	特点								应用场合
		被测介质	测量范围/(m^3/h)	管径/mm	工作压力/MPa	工作温度/℃	精度等级	量程比	安装要求	
转子式	玻璃管转子流量计	液体	$1.5\times10^{-4}\sim1\times10^{2}$	3～150	0.1	0～60	1.5,2,2.5,4	10∶1	垂直安装	就地指示流量
		气体	$1.8\sim3\times10^{3}$		0.4,0.6,1 1.6,2.5,4	0～100 −20～120 −40～150	1.5,2.5			
	金属管转子流量计	液体	$6\times10^{-2}\sim1\times10^{2}$	15～150	1.6 2.5 4	−40～150	1.5,2.5	10∶1	垂直安装	就地指示流量，如与显示仪表配套可集中指示和控制流量
		气体	$2\sim3\times10^{3}$							
速度式	水表	液体	$4.5\times10^{-2}\sim2.8\times10^{3}$	15～400	0.6 1	90 0～40 0～60	2	>10∶1	水平安装	就地累计流量
容积式	椭圆齿轮流量计	液体	$2.5\times10^{-2}\sim3\times10^{2}$	10～200	1.6	0～40 −10～80 −10～120	0.5	10∶1	要装过滤器	就地累计流量
	腰轮流量计	液体、气体	$2.5\times10^{-1}\sim10^{3}$	15～300	2.5,6.3	0～80 0～120	0.2,0.5			
	旋转活塞式流量计	液体	$8\times10^{-2}\sim4$	15～40	0.6,1.6	20～120	0.5			
	圆盘流量计	液体	$2.5\times10^{-1}\sim30$	15～70	0.25,0.4,0.6,2.5,4.5	100	0.5,1			
	刮板流量计	液体	4～180	50～150	1	100	0.2,0.5			
	电磁流量计	液体	0.3～11	10～2000	0.6～4	80～120	0.1,0.2		水平、垂直	
其他	冲塞式流量计	液体、蒸气、气体	4～60（介质黏度小于 10°E）	25～100	1.2	200	3,3.5		要装过滤器	就地累计流量
	分流旋翼蒸气流量计	蒸气	35～1215kg/h	50～100	1,1.6		2.5,4		水平安装	就地和远传累计流量
	流量控制器	液体	0.9～300	15～40	0.15,0.25,0.35				水平安装并装过滤器	流量控制
	均速管流量计	气体、液体、蒸气		100～2500	0.6,2.5		1		任意	配变送器和二次仪表
	冲量式流量计	粉粒状介质	0.1～60t/h		常压	−20～60	指示 1 级计算 1.5 级			

3.3 流体温度的测量

温度是表征物体冷热程度的物理量。温度借助于冷、热物体之间的热交换，以及物体的某些物理性质随冷热程度不同而变化的特性进行间接测量。任意某一物体与被测物体相接触，物体之间将发生热交换，即热量由受热程度高的物体向受热程度低的物体传递。当接触时间充分长，两物体达到热平衡状态时，选择物的温度和被测物的温度相等，通过对选择物的物理量（如液体的体积、导体的电阻等）的测量，便可以定量地给出被测物体的温度值，从而实现被测物体的温度测量。

流体温度的测量方法一般分为接触式测温与非接触式测温两类。

① 接触式测温方法将感温元件与被测介质直接接触，需要一定的时间才能达到热平衡。因此会产生测温的滞后现象，同时感温元件也容易破坏被测对象的温度场并有可能与被测介质产生化学反应。另外，由于受耐高温材料的限制，接触式测温方法不能应用于很高的温度测量，但接触式测温具有简单、可靠、测量精确的优点。

② 非接触式测温方法感温元件与被测介质不直接接触，而是通过热辐射来测量温度，反应速度一般比较快，且不会破坏被测对象的温度场。在原理上，它没有温度上限的限制。但非接触式测温由于受物体的发射率、对象到仪表之间的距离、烟尘和水蒸气等的影响，其测量误差较大。

3.3.1 接触式测温

常用的接触式测温仪有热膨胀式、电阻式、热电效应式温度计。

3.3.1.1 热膨胀式温度计

热膨胀式温度计分为液体膨胀式和固体膨胀式两类，都是应用物质热胀冷缩的特性制成的。生产上和实验中最常见的热膨胀式温度计是玻璃液体温度计，有水银温度计和酒精温度计两种。这种温度计测温范围比较狭窄，为－80～400℃，精度也不太高，但比较简便，价格低廉，因而得到广泛的使用。按用途划分，又可分为工业用、实验室用和标准水银温度计三种。

固体膨胀式温度计常见的有杆式温度计和双金属温度计。它们是将两种具有不同热膨胀系数的金属片（或杆、管等）安装在一起，利用其受热后的形变差不同而产生相对位移，经机械放大或电气放大将温度变化检测出来，固体膨胀式温度计结构简单，机械强度大但精度不高。

3.3.1.2 电阻温度计

电阻温度计由热电阻感温元件和显示仪表组成。它利用导体或半导体的电阻值随温度变化的性质进行端度测量。常用的电阻感温元件有三种。

（1）铂电阻　铂电阻的特点是精度高、稳定性好、性能可靠。它在氧化性介质中，甚至在高温下物理、化学性质都非常稳定；但在还原性介质中，特别是在高温下，很容易被从氧化物中还原出来的蒸气所沾污，使铂条变脆，进而改变其电阻与温度间的关系。铂电阻的使用温度范围为－259～630℃，它的价格较贵。常用的铂电阻型号是 WZB，分度号为 Pt_{50} 和 Pt_{100}。

铂电阻感温元件按其用途分为工业型、标准或实验室型、微型三种。分度号 Pt_{50} 是指 0℃时电阻值 $R_0=50\Omega$，Pt_{100} 指 0℃时电阻值 $R_0=100\Omega$，标准或实验室型的 R_0 为 10Ω 或 30Ω 左右。

(2) 铜电阻　铜电阻感温元件的测温范围比较狭窄，物理、化学的稳定性不及铂电阻，但价廉，并且在 50～150℃内，其电阻值与温度的线性关系较好，因此铜电阻的应用比较普遍。常用的铜电阻感温元件的型号为 ZWG，分度号为 Cu_{50} 和 Cu_{100}。

(3) 半导体热敏电阻　半导体热敏电阻为半导体温度计的感温元件。它具有抗腐蚀性能良好、灵敏度高、热惯性小、寿命长等优点。

电阻温度计通常将热敏电阻感温元件作为不平衡电桥的一个桥臂。电桥中流过电流计的电流大小与四个桥臂的电阻以及电流计的内阻、桥路的端电压有关。在电流计内阻、桥路的端电压以及其他三个桥臂电阻不随温度变化的情况下，对应于一个温度（即对应于一个确定的热敏电阻值），使有一个确定的电流输出。若电流计表盘上刻着对应的温度分度值，即可直接读到相应的温度。

3.3.1.3　热电偶

热电偶温度计是最常用的一种测温元件，具有结构简单、使用方便、准确度高、测量范围宽等优点，因而得到了广泛应用。

把两种不同的导体或半导体连接成图 3-16 的闭合回路，如果将两个接点分别置于温度为 t、$t_0(t>t_0)$ 的热源中，则在回路内就会产生热电势，这种现象称为热电效应。这两种不同导体的组合就称为热电偶。每根单独的导体称为热电极。两个接点中，t 端称为工作端（测量端或热端），t_0 端称为自由端（参比端或冷端）。由于两个接点所处温度不同，就产生了两个大小不同、方向相反的热电势 $e_{AB}(t)$ 和 $e_{AB}(t_0)$。在闭合回路中，总热电势 $E_{AB}(t,t_0)$ 表示为：

$$E_{AB}(t,t_0)=e_{AB}(t)-e_{AB}(t_0) \tag{3-13}$$

当热电偶材质一定时，热电势 $E_{AB}(t,t_0)$ 是接点温度 t 和 t_0 的函数差。如果自由端温度 t_0 保持不变，则热电势 $E_{AB}(t,t_0)$ 就成为温度 t 的单值函数，这样只要测出热电势的大小，就能判断测温点温度的高低。这就是利用热电偶测温的基本依据。

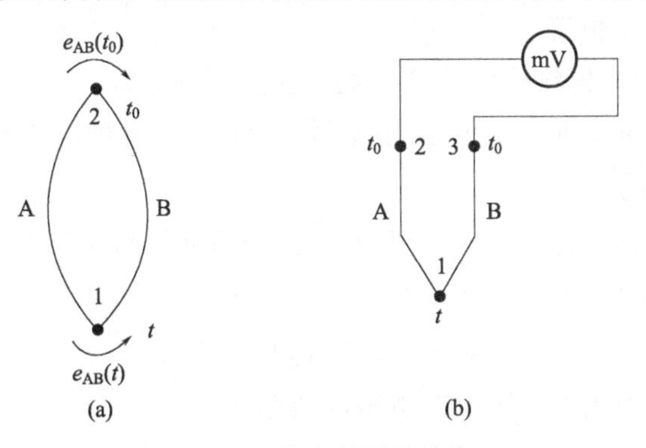

图 3-16　热电偶测温系统

为了保持自由端温度恒定不变或消除自由端温度变化对热电势的影响，常用以下几种措施。

(1) 利用补偿导线将自由端延伸出来　在实际应用时，若自由端与工作端离得很近，往往不易使自由端温度恒定。比较好的办法是把热电偶做得很长，使自由端远离工作端并延伸到恒温或温度波动较小的地方。但是，对于贵金属材料的热电偶来说，是很不经济的。解决这个问题的方法是采用专用导线，将热电偶的自由端延伸出来，使其远离工作端，如图 3-17 所示。这种专用导线称为“补偿导线”。只要热电偶原冷接点 4、5 两处的温度 t'_0 在 0～100℃，将热电偶的冷接点移至位于恒温器内补偿导线的端点 2 和 3 处，就不会影响热电偶的热电势。

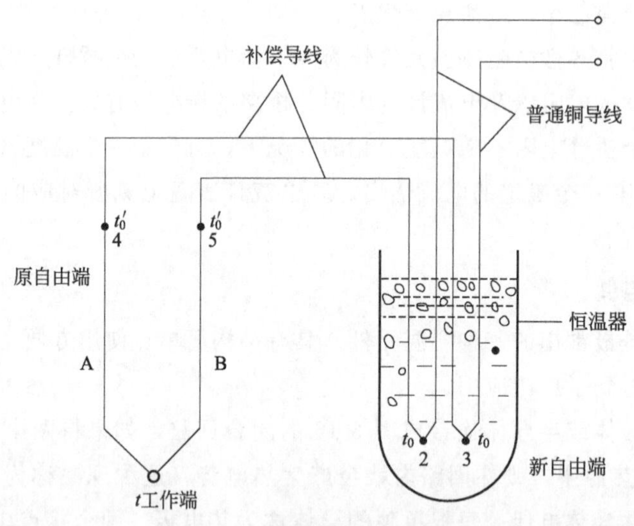

图 3-17　补偿导线的接法和作用

补偿导线的特点是在 0～100℃内，与所要连接的热电极具有相同的热电性能，是价格比较低廉的金属。若热电偶本身是廉价金属，则补偿导线就是热电极的延长线。

连接和使用补偿导线时应注意检查极性（补偿导线的正极应连接热电偶的正极）。如果极性连接不对，测量误差会很大；在确定补偿导线长度时，应保证两根补偿导线的电阻与热电偶的电阻之和不超过仪表外电路电阻的规定值；热电极和补偿导线连接端所处的温度不超过 100℃，否则会由于热电性不同而产生新的误差。

(2) 维持自由端温度恒定

① 冰浴法　此法通常先将热电偶自由端放在盛有绝缘油的试管中，然后再将试管放入盛满冰水混合物的容器中，使自由端温度维持在 0℃。通常的热电势-温度的关系，都是在自由端温度为 0℃时得到的。

② 将热电偶自由端放入恒温槽中，并使恒温槽温度维持在高于常温的某一恒温 t_0。此时，与工作端温度 t 相对应的热电势 $E(t,0)$ 表示为：

$$E(t,0)=E(t,t_0)+E(t_0,0) \tag{3-14}$$

式中　$E(t,t_0)$——自由端温度为 t_0 时测得的热电势；

$E(t_0,0)$——从标准热电势-温度关系曲线（自由端温度为 0℃）查得 t_0 时的热电势。

③ 补偿电桥法　利用不平衡电桥产生的电势来补偿热电偶因自由端温度变化而引起的热电势的变化。具体做法可参考有关文献。

3.3.2　非接触式测温

在高温测量或不允许因测温而破坏被测对象温度场的情况下，就必须采用非接触式测温方法，如热辐射式高温计来测量。这种高温计在工业生产中被广泛地应用于冶金、机械、化工、硅酸盐等工业部门，用于测量炼钢、各种高温盐溶池的温度。

热辐射式高温计用来测量高于 700℃的温度（特殊情况下其下限可从 400℃开始）。这种温度计不必和被测对象直接接触（它是靠热辐射来传热的），所以从原理上来说，这种温度计的测温上限是无限的。由于这种温度计是通过热辐射传热，它不必与被测对象达到热平衡，因而传热速度快，热惯性小。热辐射式高温计的信号强，灵敏度高，本身精度也高，因此世界各国已把单色热辐射高温计（光学高温计）作为在 1063℃以上温标复制的标准仪表。

3.3.3　测温仪表的比较和选用

在选用温度计时，必须考虑以下几点：

① 被测物体的温度是否需要指示、记录和自动控制；

② 便于读数和记录；

③ 测温范围的大小和精度要求；

④ 感温元件的大小是否适当；

⑤ 在被测物体温度随时间变化的场合，感温元件能否适应测温要求；

⑥ 被测物体和环境条件对感温元件是否有损害；

⑦ 仪表使用是否方便；

⑧ 仪表寿命。

3.3.4　接触式测温仪表的安装

感温元件的安装应确保测量的准确性。为此，感温元件的安装通常应按下列要求进行。

① 由于接触式温度计的感温元件是与被测介质进行热交换而测温的，因此，必须使感温元件与被测介质能进行充分的热交换，感温元件的工作端应处于管道中流速最大之处以有利于热交换的进行，不应把感温元件插至被测介质的死角区域。

② 感温元件应与被测介质形成逆流，即安装时，感温元件应迎着介质流向插入，至少须与被测介质流向成 90°角。切勿与被测介质形成顺流，否则容易产生测温误差。

③ 避免热辐射所产生的测温误差。在温度较高的场合，应尽量减小被测介质与设备壁面之间的温度差。在安装感温元件的地方，如器壁暴露于空气中，应在其表面包一层绝热层（如石棉等），以减少热量损失。

④ 避免感温元件外露部分的热损失所产生的测温误差。为此，要有足够的插入深度，实践证明，随着感温元件插入深度的增加，测温误差随之减小；必要时，为减少感温元件外露部分的热损失，应对感温元件外露部分加装保温层进行适当的保温。

⑤ 用热电偶测量炉膛温度时，应避免热电偶与火焰直接接触。

⑥ 感温元件安装于负压管道或设备中，必须保证其密闭性，以免外界冷空气袭入而降低测量值。

⑦ 热电偶、热电阻的接线盒出线孔应向下，以防因密封不良而使水汽、灰尘与脏物等落入接线盒中，影响测量。

⑧ 在具有强的电磁场干扰源的场合安装感温元件时，应注意防止电磁干扰。

⑨ 水银温度计只能垂直或倾斜安装，同时需要观察方便，不得水平安装（直角形水银温度计除外），更不得倒装（包括倾斜倒装）。

此外，感温元件的安装还应确保安全、可靠。为避免感温元件损坏，应保证其具有足够的机械强度，可根据被测介质的工作压力、温度及特性，合理地选择感温元件保护套管的壁厚与材质。同时，还应考虑日后维修、校验的方便。

第4章 化工原理基础实验

化工原理是一门介于基础课与工程技术课之间的基础技术课程，属于工程学科，是兼具“科学与技术”的课程，担负着由基础到专业、理论到实际、实验到工程的桥梁作用。重点阐述化工单元操作的基本原理、典型设备的结构、操作性能和设计计算基础，其理论性和实践性很强。通过该课程的学习，学生可掌握化工基本单元操作的特点和基础理论知识，进行流体流动、传热、分离和干燥过程的计算，培养学生用工程的观点分析和解决问题的能力，为学生进行更深领域及相关专业课程的学习奠定基础。它是用自然科学的基本原理来分析和处理化工生产中的物理过程，以实际的工程问题为研究对象，所涉及的理论和计算方法与实验研究是紧密联系的。

化工原理实验是学习、掌握和运用这门课程必不可少的重要环节，与理论课、课程设计等教学环节构成一个有机的整体，具有明显的工程特点，其面对的是复杂的实际问题和工程问题。工程实验所处理的物料种类繁多，使用的设备大小不一，过程中变量多，工作量大，所以，它远比基础课实验复杂。

根据工程教育专业认证及化学工程与工艺专业培养方案中的毕业要求，化工原理实验课程支撑毕业要求 4 和毕业要求 9：

毕业要求 4　科学研究：能够运用化学工程基本原理，采用科学方法对复杂化学工程问题进行实验设计、数据分析与解释，并通过信息综合得到合理有效的结论。

毕业要求 9　个人和团队：能够在多学科背景下的团队中承担个体、团队成员以及负责人的角色。

通过化工原理实验，重点培养学生以下几个方面的能力：

① 培养学生利用现代工具对复杂工程问题进行预测与模拟的能力。

② 培养学生面对复杂工程问题运用科学方法进行实验设计、数据处理并得到有效结论的能力。

③ 培养学生就复杂工程问题与他人进行有效交流和沟通的能力。

④ 培养学生在分析和解决实际问题时考虑经济、法律、道德、健康、安全以及环保等因素的能力。

4.1 流体力学综合实验

4.1.1 实验目的

（1）了解压力传感器、涡轮流量计的原理及应用方法。

（2）掌握流体流经圆形直管的阻力和摩擦系数 λ 的测定方法及变化规律。

(3) 掌握直管摩擦系数λ与雷诺数Re和相对粗糙度$\frac{\varepsilon}{d}$之间的关系及变化规律。

(4) 掌握局部摩擦阻力和局部阻力系数ζ的测定方法。

(5) 掌握文丘里流量计流量系数的测定方法。

(6) 掌握离心泵的操作方法。

(7) 掌握某型号单级离心泵在某一转速下特性曲线的测定方法。

(8) 掌握单级离心泵出口阀开度一定时管路特性曲线的测定方法。

4.1.2 实验内容

(1) 测定实验管路内流体流动的阻力和直管摩擦系数λ。

(2) 测定实验管路内流体流动的直管摩擦系数λ与雷诺数Re和相对粗糙度$\frac{\varepsilon}{d}$之间的关系曲线。

(3) 测定管路部件局部摩擦阻力和局部阻力系数ζ。

(4) 熟悉离心泵的结构与操作方法。

(5) 测定某型号离心泵在一定转速下的特性曲线。

(6) 测定流量调节阀在某一开度下的管路特性曲线。

(7) 熟悉单回路流量、压力控制系统的组成。

4.1.3 实验原理

4.1.3.1 流体流动阻力的测定

(1) 直管摩擦系数λ与雷诺数Re的测定　直管的摩擦系数是雷诺数和相对粗糙度的函数，即$\lambda=f(Re,\varepsilon/d)$，对一定的相对粗糙度而言，$\lambda=f(Re)$。流体在一定长度等直径的水平圆管内流动时，其管路阻力引起的能量损失为：

$$h_f=\frac{p_1-p_2}{\rho}=\frac{\Delta p_f}{\rho} \tag{4-1}$$

又因为摩擦系数与阻力损失之间有如下关系（范宁公式）

$$h_f=\frac{\Delta p_f}{\rho}=\lambda\frac{L}{d}\frac{u^2}{2} \tag{4-2}$$

整理式(4-1)、式(4-2) 得

$$\lambda=\frac{2d}{\rho L}\cdot\frac{\Delta p_f}{u^2} \tag{4-3}$$

$$Re=\frac{du\rho}{\mu} \tag{4-4}$$

式中　d——管径，m；

Δp_f——直管阻力引起的压降，Pa；

L——管长，m；

u——流速，m/s；

ρ——流体的密度，kg/m^3；

μ——流体的黏度，$Pa\cdot s$。

在实验装置中，直管段管长 L 和管径 d 都已固定。若水温一定，则水的密度 ρ 和黏度 μ 也是定值。所以本实验实质上是测定直管段流体阻力引起的压降 Δp_f 与流速 u（流量 q_v）之间的关系。

根据实验数据和式(4-3) 可计算出不同流速下的直管摩擦系数 λ，用式(4-4) 计算对应的 Re，整理出直管摩擦系数和雷诺数的关系，绘出 λ 与 Re 的关系曲线。

（2）局部阻力系数 ζ 的测定

$$h'_f=\frac{\Delta p'_f}{\rho}=\zeta\frac{u^2}{2} \tag{4-5}$$

$$\zeta=\left(\frac{2}{\rho}\right)\cdot\frac{\Delta p'_f}{u^2} \tag{4-6}$$

式中　ζ——局部阻力系数，无量纲；

$\Delta p'_f$——局部阻力引起的压降，Pa；

h'_f——局部阻力引起的能量损失，J/kg。

局部阻力引起的压降 $\Delta p'_f$ 可用下面的方法测量：在一条各处直径相等的直管段上，安装待测局部阻力的阀门，在上、下游各开两对测压口 a-a' 和 b-b'，如图 4-1 所示，使 $ab=bc$、$a'b'=b'c'$，则

$$\Delta p_{f,ab}=\Delta p_{f,bc} \tag{4-7}$$

$$\Delta p_{f,a'b'}=\Delta p_{f,b'c'} \tag{4-8}$$

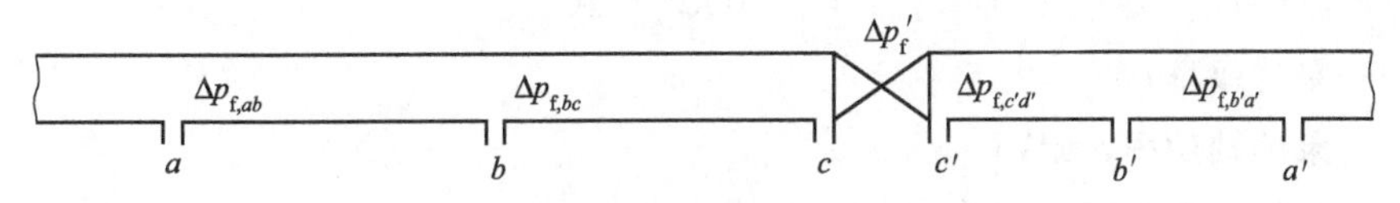

图 4-1　局部阻力测量取压口布置图

在 a-a' 之间列伯努利方程式

$$p_a-p'_a=2\Delta p_{f,ab}+2\Delta p_{f,a'b'}+\Delta p'_f \tag{4-9}$$

在 b-b' 之间列伯努利方程式

$$p_b-p'_b=\Delta p_{f,bc}+\Delta p_{f,b'c'}+\Delta p'_f=\Delta p_{f,ab}+\Delta p_{f,a'b'}+\Delta p'_f \tag{4-10}$$

联立式(4-9) 和式(4-10)，则

$$\Delta p'_f=2(p_b-p'_b)-(p_a-p'_a) \tag{4-11}$$

为了实验方便，称（$p_b-p'_b$）为近点压差，称（$p_a-p'_a$）为远点压差。其数值用差压传感器来测量。

4.1.3.2　离心泵特性曲线的测定

离心泵是最常见的液体输送设备。在一定的型号和转速下，离心泵的扬程 H、轴功率 N 及效率 η 均随流量 Q 而改变。通常通过实验测出 H-Q、N-Q 及 η-Q 关系，并用曲线表示，称为特性曲线。特性曲线是确定泵的适宜操作条件和选用泵的重要依据。泵特性曲线的具体测定方法如下：

（1）H 的测定　在泵的吸入口和排出口之间列伯努利方程

$$z_{入}+\frac{p_{入}}{\rho g}+\frac{u_{入}^{2}}{2g}+H=z_{出}+\frac{p_{出}}{\rho g}+\frac{u_{入}^{2}}{2g}+H_{f入-出} \tag{4-12}$$

$$H=(z_{出}-z_{入})+\frac{p_{出}-p_{入}}{\rho g}+\frac{u_{出}^{2}-u_{入}^{2}}{2g}+H_{f入-出} \tag{4-13}$$

式中　$H_{f入-出}$——泵的吸入口和压出口之间管路内的流体流动阻力，与伯努利方程中其他项比较，$H_{f入-出}$值很小，故可忽略。

于是上式变为：

$$H=(z_{出}-z_{入})+\frac{p_{出}-p_{入}}{\rho g}+\frac{u_{出}^{2}-u_{入}^{2}}{2g} \tag{4-14}$$

将测得的（$z_{出}-z_{入}$）和 $p_{出}-p_{入}$ 值以及计算所得的 $u_{入}$、$u_{出}$ 代入上式，即可求得 H。

（2）N 的测定　功率表测得的功率为电动机的输入功率。泵由电动机直接带动，传动效率可视为1，所以电动机的输出功率等于泵的轴功率。即：

泵的轴功率 N＝电动机的输出功率，kW。

电动机输出功率＝电动机输入功率×电动机效率，kW。

泵的轴功率＝功率表读数×电动机效率，kW。

（3）η 的测定

$$\eta=\frac{Ne}{N} \tag{4-15}$$

$$Ne=\frac{HQ\rho g}{1000}=\frac{HQ\rho}{102} \tag{4-16}$$

式中　η——泵的效率；

N——泵的轴功率，kW；

Ne——泵的有效功率，kW；

H——泵的扬程，m；

Q——泵的流量，m^3/s；

ρ——水的密度，kg/m^3。

4.1.3.3　离心泵管路特性曲线的测定

当离心泵安装在特定的管路系统中工作时，实际的工作压头和流量不仅与离心泵本身的性能有关，还与管路特性有关。也就是说，在液体输送过程中，泵和管路二者相互制约。

管路特性曲线是指流体流经管路系统的流量与所需压头之间的关系。若将泵的特性曲线与管路特性曲线绘制在同一坐标图上，两曲线交点即为泵在该管路的工作点。因此，如同通过改变阀门开度来改变管路特性曲线，求出泵的特性曲线一样，可通过改变泵的转速来改变泵的特性曲线，从而得出管路特性曲线。泵的压头 H 计算同上。

4.1.3.4　文丘里流量计性能测定

流体通过节流式流量计时在上、下游两取压口之间产生压差，它与流量的关系为：

$$q_v = C_0 A_0 \sqrt{\frac{2(p_{上} - p_{下})}{\rho}} \tag{4-17}$$

式中　q_v——被测流体（水）的体积流量，m^3/s；

C_0——流量系数，无量纲；

A_0——流量计节流孔截面积，m^2；

$p_{上} - p_{下}$——流量计上、下游两取压口之间的压差，Pa；

ρ——被测流体（水）的密度，kg/m^3。

用涡轮流量计作为标准流量计来测量流量 q_v。每一个流量在压差计上都有一个对应的读数，将压差计读数 Δp 和流量 q_v 绘制成一条曲线，即流量标定曲线。同时利用上式整理数据可进一步得到 C_0-Re 的关系曲线。

4.1.4　预习与思考

4.1.4.1　流体流动阻力测定实验

（1）以水为介质所测得的摩擦系数-雷诺数关系能否适用于其他流体？在不同设备上（包括不同管径），不同水温下测定的摩擦系数-雷诺数数据能否关联在同一条曲线上？为什么？

（2）随着雷诺数的增大摩擦系数为什么不是定值，什么情况下可以忽略对摩擦系数的影响？

（3）如果测压口安装不垂直，对静压的测定有何影响？

（4）流体流动阻力的测定在工业上有何应用？

（5）在本实验中掌握了哪些测量流量、压强的方法，它们各有什么特点？

（6）如何检测实验系统内的空气已经被排除干净？

4.1.4.2　离心泵特性曲线/管路特性曲线测定实验

（1）离心泵在启动时为什么要关闭出口阀门？

（2）离心泵启动前为何要引水灌泵？如果灌泵后依然启动不起来，你认为可能的原因是什么？

（3）为什么用泵的出口阀门调节流量？这种方法有什么优缺点？是否还有其他方法调节流量？

（4）泵启动后，出口阀门如果不开，压力表读数是否会逐渐上升？为什么？

（5）正常工作的离心泵，在进口处设置阀门是否合理？为什么？

4.1.4.3　文丘里流量计流量系数测定实验

（1）流量系数 C_0 与哪些因素有关？

（2）孔板流量计和文丘里流量计比较，各有什么优缺点？

4.1.5　实验装置的基本情况

（1）实验装置流程示意图

流动过程综合实验装置流程示意图如图 4-2 所示。

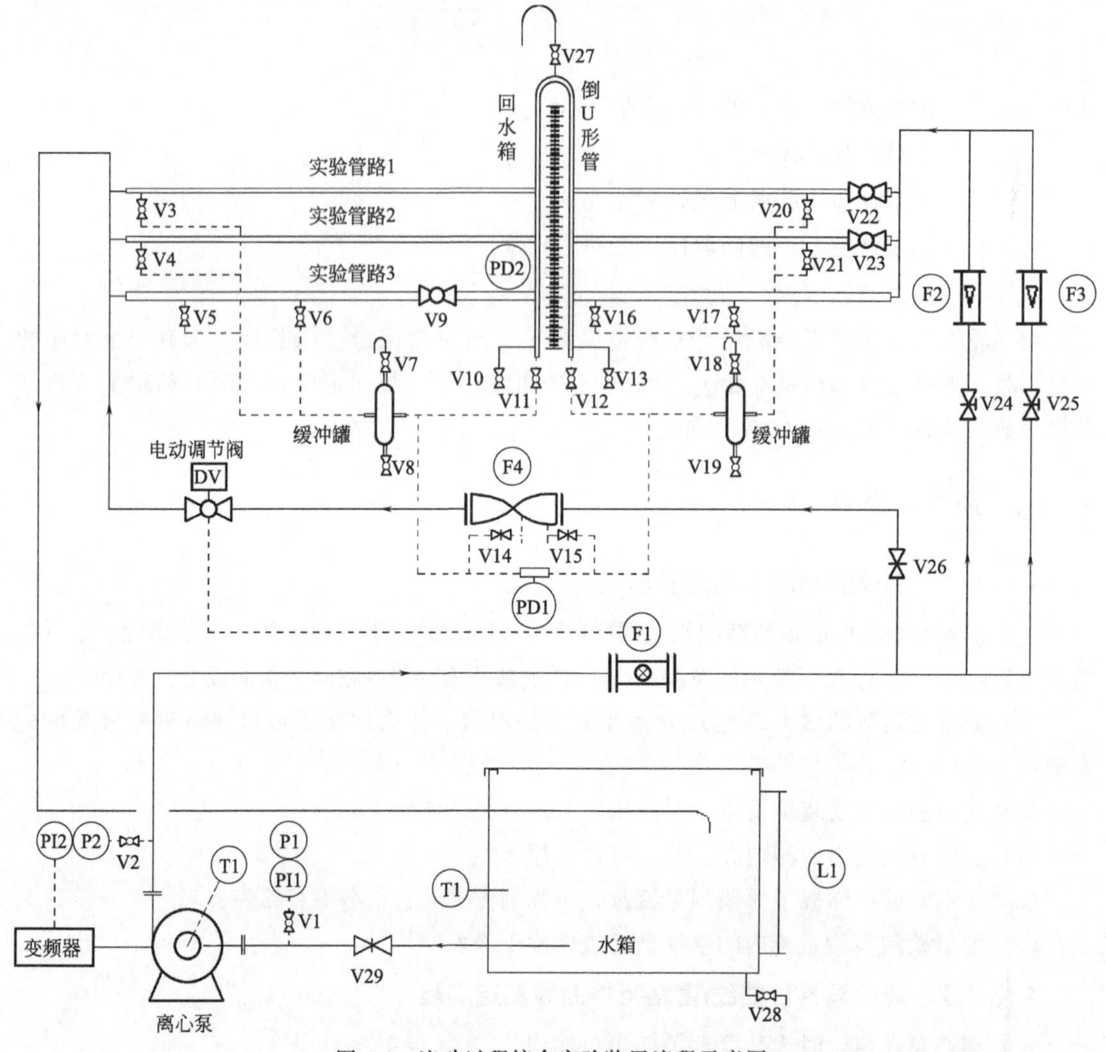

图 4-2　流动过程综合实验装置流程示意图

PD1,PD2—压差传感器；P1—入口真空表；P2—出口压力表；PI1—入口压力传感器；PI2—出口压力传感器；F1—涡流流量计；F2—小转子流量计；F3—大转子流量计；F4—文丘里流量计；T1—温度传感器；J1—功率传感器；L1—液位计；V1,V2,V7,V18—放空阀；V3,V20—光滑管测压阀；V4,V21—粗糙管测压阀；V5,V17—测局部阻力远端阀；V6,V16—测局部阻力近端阀；V8,V19—放水阀；V9—局部阻力阀；V10,V13—倒U形管排水阀；V11,V12—倒U形管平衡阀；V14～V17—旁路阀；V22—光滑管阀；V23—粗糙管阀；V24,V25,V26—水量调节阀；V27—倒U形管放空阀；V28—水箱放水阀；V29—离心泵入口阀

(2) 实验装置流程简介

① 流体阻力测量　水泵将水箱中的水抽出，送入实验系统，经玻璃转子流量计 F2、F3 测量流量，然后送入被测直管段测量流体流动阻力，经回流管流回水箱中。被测直管段流体流动阻力 Δp 可根据其数值大小分别采用压差传感器 PD1 或空气-水倒置 U 形管来测量。

② 流量计、离心泵性能测定　水泵将水箱内的水输送到实验系统，流体经涡轮流量计 F1 计量，用流量调节阀 V26 调节流量（电动调节阀处于全开状态），回到水箱。同时测量文丘里流量计 F4 两端的压差，离心泵进口和出口压强、离心泵电机输入功率 J1 并记录。

③ 管路特性测量　用流量调节阀 V26 调节流量到某一位置，改变电机频率，测定涡轮流量计 F1 的频率、泵入口压强、泵出口压强并记录。

(3) 实验设备主要技术参数

实验设备主要技术参数见表 4-1。

表 4-1　实验设备主要技术参数

序号	编号	设备名称	规格、型号	数量	备注
1	F1	涡轮流量计	LWY-40C,20m^3/h	1	数字显示
2	F2	小转子流量计	VA10-15F(10～100L/h)	1	现场显示
3	F3	大转子流量计	LZB-25(100～1000L/h)	1	现场显示
4	F4	文丘里流量计	不锈钢 304、喉径 0.020m	1	数字显示
5	P1	入口压力表	Y-100、－0.1～0MPa	1	现场显示
6	P2	出口压力表	Y-100、0～0.25MPa	1	现场显示
7	PI2	出口压力传感器	0～500kPa,压力传感器	1	数字显示
8	PI1	入口压力传感器	－100～0kPa,压力传感器	1	数字显示
9	PD1	压差传感器	0～200kPa,压差传感器	1	数字显示
10		倒置 U 形管	0～600mm	1	现场显示
11	J1	功率传感器	0～1.5kW,功率传感器	1	数字显示
12	T1	温度传感器	PT100 温度计	1	数字显示
13	SIC101	变频器	S310＋-401-H3BCD(0～50Hz)	1	
14		缓冲罐	不锈钢 ϕ45×100	2	
15		离心泵	WB70/055	1	
16		水箱	不锈钢,780×420×500	1	
17		电动球阀	MSBA04-024E/MSBV02 G240250S(DN40)	1	
18		实验管路 1	光滑管:管内径 d＝0.008m 管长 L＝1.70m		
19		实验管路 2	粗糙管:管内径 d＝0.010m 管长 L＝1.70m		
20		实验管路 3	管内径 d＝0.010m 管长 L＝1.71m		
21	离心泵进出口管内径为 40mm,真空表与压力表测压口之间的垂直距离 h_0＝0.23m				

(4) 实验装置面板图

实验装置仪表面板图如图 4-3 所示。

4.1.6　实验方法及步骤

4.1.6.1　流体流动阻力测量

(1) 水箱注水　阀门 V29 打开，向水箱内注水至水满为止（最好使用蒸馏水，以保持流体清洁），启动离心泵。

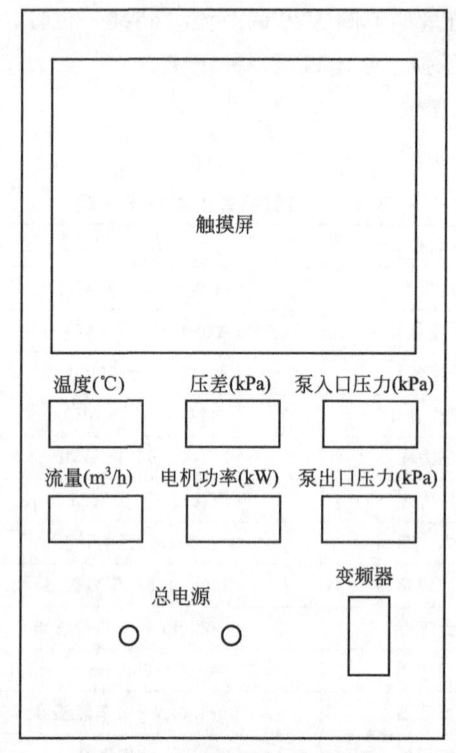

图 4-3　实验装置仪表面板图

（2）光滑管阻力测定

① 实验阀门全部关闭，将光滑管路阀门 V22 全开，在流量为零条件下，打开通向倒置 U 形管的进水阀 V3、V20，检查导压管内是否有气泡存在。若倒置 U 形管内液柱高度差不为零，则表明导压管内存在气泡，需要进行赶气泡操作。导压系统如图 4-4 所示，操作方法如下：加大流量，打开 U 形管进出水阀门 V10、V13，使倒置 U 形管内液体充分流动，以赶出管路内的气泡；若观察气泡已赶净，将流量调节阀 V25 关闭，U 形管进出水阀 V12、V12 关闭，慢慢旋开倒置 U 形管上部的放空阀 V27 后，分别缓慢打开阀门 V10、V13，使液柱降至中点上下时马上关闭，管内形成气-水柱，此时管内液柱高度差不一定为零。然后关闭放空阀 V27，打开 U 形管进出水阀 V10、V13，此时 U 形管两液柱的高度差应为零（1～2mm 的高度差可以忽略），如不为零则表明管路中仍有气泡存在，需要重复进行赶气泡操作。

导压系统如图 4-4 所示。

② 该装置两个转子流量计并联连接，根据流量大小选择不同量程的流量计测量流量。

③ 差压变送器与倒置 U 形管亦是并联连接，用于测量压差，小流量时用 U 形管压差计测量，大流量时用差压变送器测量。应在最大流量和最小流量之间进行实验操作，一般测取 15～20 组数据。

注：在测大流量的压差时应关闭倒 U 形管的进出水阀 V11、V12，防止水利用 U 形管形成回路影响实验数据。

（3）粗糙管阻力测定　关闭光滑管阀，将粗糙管阀全开，从小流量到最大流量，测取 15～20 组数据。

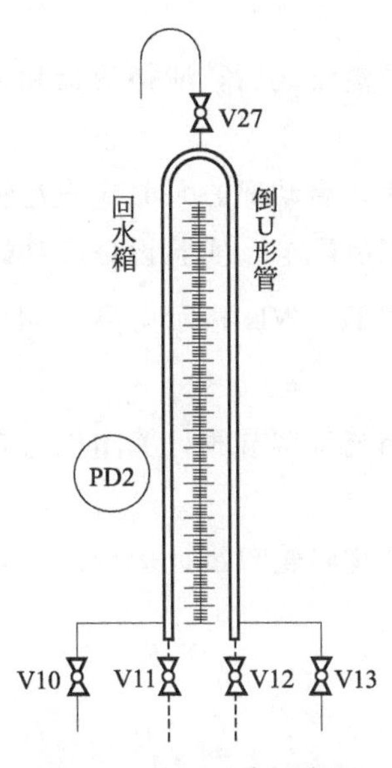

图 4-4　导压系统示意图

V10、V13—倒 U 形管排水阀；V11、V12—倒 U 形管进水阀；V27—倒 U 形管放空阀

（4）测取水箱水温　待数据测量完毕，关闭流量调节阀，停泵。

（5）粗糙管局部阻力测量　测量方法同前所述。

4.1.6.2　流量计、离心泵性能测定

（1）检查流量调节阀 V26、电动调节阀处于手动状态，阀门 V1、V2 关闭。

（2）启动离心泵，缓慢打开流量调节阀 V26 至全开。待系统内流体稳定，即系统内已没有气体，打开阀门 V1、V2 方可测取数据。

（3）用阀门 V26 调节流量，从流量为零至最大或流量从最大到零，测取 10～15 组数据，同时记录涡轮流量计频率、文丘里流量计的压差、泵入口压强、泵出口压强、功率表读数，并记录水温。

（4）实验结束后，关闭流量调节阀，停泵，切断电源。

4.1.6.3　管路特性的测量

（1）测量管路特性曲线测定时，先置流量调节阀 V26 为某一开度，调节离心泵电机频率（调节范围 50～20Hz），测取 8～10 组数据，同时记录电机频率、泵入口压强、泵出口压强、流量计读数，并记录水温。

（2）实验结束后，关闭流量调节阀，停泵，切断电源。

4.1.7　实验注意事项

（1）直流数字表操作方法请仔细阅读说明书，待熟悉其性能和使用方法后再进行操作。

（2）启动离心泵之前以及从光滑管阻力测量过渡到其他测量之前，都必须检查所有流量调节阀是否关闭。

（3）利用压力传感器测量大流量下 Δp 时，应切断空气-水倒置 U 形管的阀门，否则将

影响测量数值的准确。

(4) 在实验过程中每调节一个流量之后，应待流量和直管压降的数据稳定以后方可记录数据。

(5) 若较长时间未使用该装置，启动离心泵时应先盘轴转动以免烧坏电机。

(6) 该装置电路采用五线三相制配电，实验设备应良好接地。

(7) 使用变频调速器时一定注意 FWD 指示灯亮，切忌按 FWD REV 键，REV 指示灯亮时电机反转。

(8) 启动离心泵前，必须关闭流量调节阀，关闭压力表和真空表的开关，以免损坏测量仪表。

(9) 实验水质要清洁，以免影响涡轮流量计运行。

4.1.8 实验数据记录与处理

(1) 实验原始数据记录

将实验数据记录至表 4-2～表 4-7。

表 4-2 流体阻力实验数据记录（光滑管）

光滑管内径______mm 管长______m

液体温度______℃ 液体密度______kg/m^3 液体黏度______mPa·s

序号	流量/(L/h)	直管压差 Δp		Δp /Pa	流速 u /(m/s)	Re	λ
		/kPa	/mmH_2O				
1							
2							
3							
4							
5							
6							
7							
8							
9							
10							
11							
12							
13							
14							
15							
16							
17							
18							
19							
20							

表 4-3　流体阻力实验数据记录（粗糙管）

粗糙管内径________mm　　管长________m

液体温度________℃　　液体密度________kg/m³　　液体黏度________mPa · s

序号	流量/(L/h)	直管压差 Δp		Δp /Pa	流速 u /(m/s)	Re	λ
		/kPa	/mmH_2O				
1							
2							
3							
4							
5							
6							
7							
8							
9							
10							
11							
12							
13							
14							
15							
16							
17							
18							
19							
20							

表 4-4　局部阻力实验数据表

管内径________mm　　液体温度________℃　　液体密度________kg/m³　　液体黏度________mPa · s

序号		q_v /(L/h)	近端压差 /kPa	远端压差 /kPa	u /(m/s)	局部阻力压差 $\Delta p'$/kPa	阻力系数 ζ
阀门开度 1	1						
	2						
阀门开度 2	1						
	2						
阀门开度 3	1						
	2						

表 4-5 离心泵性能测定实验数据记录

液体温度________℃ 液体密度________kg/m³ 泵进出口高度差________m 叶轮转速________r/min

序号	入口压力 p_1/kPa	出口压力 p_2/kPa	电机功率 /kW	流量 Q /(m³/h)	压头 H /m	泵轴功率 N/kW	有效功率 N_e/kW	η /%
1								
2								
3								
4								
5								
6								
7								
8								
9								
10								
11								
12								
13								
14								
15								

表 4-6 离心泵管路特性曲线

液体温度________℃ 液体密度________kg/m 泵进出口高度差________m

序号	电机频率/Hz	入口压力 p_1/kPa	出口压力 p_2/kPa	流量 Q/(m³/h)	压头 H/m
1					
2					
3					
4					
5					
6					
7					
8					
9					
10					
11					
12					
13					
14					
15					

表 4-7　文丘里流量计性能测定实验数据记录

管内径_______mm　喉径_______mm

液体温度_______℃　液体密度_______kg/m^3　液体黏度_______mPa·s

序号	文丘里流量计压差/kPa	流量 Q/(m^3/h)	流速 u/(m/s)	Re	C_0
1					
2					
3					
4					
5					
6					
7					
8					
9					
10					
11					
12					
13					
14					
15					

（2）实验数据处理

① 数据处理方法（计算举例，案例中的原始数据应区别于同组成员）

② 数据处理结果（计算结果列表，数据图、表要求计算机绘制，打印粘贴至实验报告中）

a. 在双对数坐标纸上关联 λ 与 Re 的关系；

b. 计算局部阻力系数；

c. 在一张图上绘制离心泵特性曲线与管路特性曲线，标出工作点的坐标；

d. 在双对数坐标纸上绘制流量计标定流量与压差关系图、C_0 与雷诺数关系图。

4.1.9　数据分析与讨论

（1）流体流动阻力测定实验

① 根据所标绘的曲线引申推测一下管路的粗糙程度，论述所得结果的工程意义，从中能得到什么结论？

② 对实验数据进行必要的误差分析，评论一下数据和结果的误差，并分析其原因。

（2）离心泵特性曲线和管路特性曲线测定实验

① 结合伯努利方程分析离心泵性能曲线的变化趋势。

② 分析高低阻管路性能曲线的异同点。

③ 针对离心泵的扬程、效率及泵的功率与流量之间的关系，分析一下之所以出现这种现象的原因，所得结果的工程意义。

④ 试分析讨论，倘若进出口管径和泵的进出口直径不同，泵的特性曲线是否会发生变化？

（3）文丘里流量计流量系数测定实验

① 本实验可以直接得到压差计读数 R-流量的校正曲线，经整理后也可以得到 C_0-Re 的曲线，这两种表示方法各有什么优点？

② 总结流量计流量系数随雷诺数的变化趋势，分析误差产生的原因。

（4）综合论述一下自己对实验装置和实验方案的评价，提出自己的设想和建议。

4.1.10 思考题

（1）涡轮流量计的测量原理是什么？在安装时应注意什么问题？

（2）结合本实验，思考一下量纲分析法在处理工程问题时的优点和局限性。

（3）测出的直管摩擦阻力与设备的放置状态有关吗？为什么？（管径、管长一样，且 $R_1=R_2=R_3$，见图 4-5）。

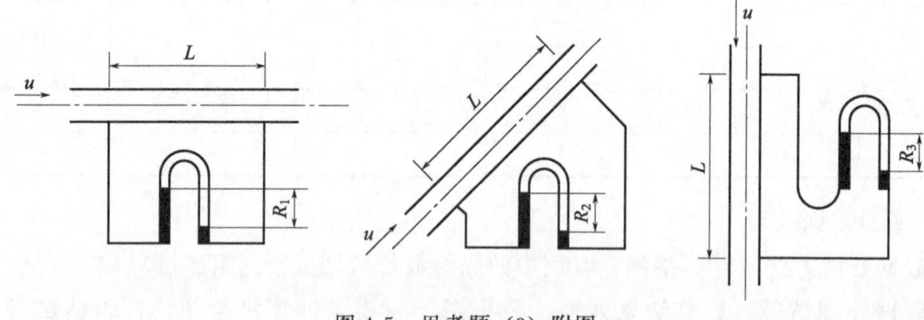

图 4-5 思考题（3）附图

（4）为什么采用压差传感器和倒 U 形管压差计并联起来测量直管段的压力差？何时用倒 U 形管压差计？何时用压差传感器？操作时要注意什么？

（5）影响 λ 值测量准确度的因素有哪些？

（6）结合实验数据及结果，说明离心泵选型的要点有哪些？

（7）从离心泵特性曲线分析，离心泵启动和关闭时，出口阀门为什么要处于关闭状态？

（8）为什么要在离心泵进口管的末端安装底阀？

（9）离心泵吸入管路和排出管路在设计上有何差异？为什么？

（10）为什么测试系统要排气，如何正确排气？

4.2 恒压过滤常数测定实验

4.2.1 实验目的

（1）掌握恒压过滤常数 K、q_e、τ_e 的测定方法，加深对 K、q_e、τ_e 概念和影响因素的理解。

（2）学习滤饼的压缩性指数 s 和物料常数 k 的测定方法。

（3）学习非线性参量方程中参量的线性化测定方法。

（4）了解板框压滤机的结构和操作。

4.2.2　实验内容

（1）测定不同压力实验条件下的过滤常数 K、q_e、τ_e。

（2）根据实验测量数据，计算滤饼的压缩性指数 s 和物料特性常数 k。

4.2.3　实验原理

过滤是利用过滤介质进行液-固系统的分离过程，过滤介质通常采用带有许多毛细孔的物质，如帆布、毛毯、多孔陶瓷等。含有固体颗粒的悬浮液在一定压力作用下，液体通过过滤介质，固体颗粒被截留，从而使液固两相分离。在过滤过程中，由于固体颗粒不断地被截留在介质表面上，滤饼厚度逐渐增加，使得液体流过固体颗粒之间的孔道加长，增大了流体流动阻力。故恒压过滤时，过滤速率是逐渐下降的。随着过滤的进行，若想得到相同的滤液量，则过滤时间要加长。

恒压过滤方程

$$q^2+2qq_e=K\tau \tag{4-18}$$

式中　q——单位过滤面积获得的滤液体积，m^3/m^2；

q_e——单位过滤面积上的虚拟滤液体积，m^3/m^2；

τ——过滤时间，s；

K——过滤常数，m^2/s。

式(4-18) 为非线性方程，直接实验回归则其曲线形式会非常复杂。为此，将式(4-18) 进行改写，方程两边同除以 Kq 得：

$$\frac{\tau}{q}=\frac{1}{K}q+\frac{2}{K}q_e \tag{4-19}$$

上式表明，在恒压过滤时，$\left(\frac{\tau}{q}\right)$与 q 之间具有线性关系，于普通坐标纸上标绘 $\frac{\tau}{q}$-q 的关系，可得直线。其斜率为$\frac{1}{K}$，截距为$\frac{2}{K}q_e$，从而求出 K、q_e。至于 τ_e 可由下式求出：

$$q_e^2=K\tau_e \tag{4-20}$$

过滤常数的定义式：

$$K=2k\Delta p^{1-s} \tag{4-21}$$

两边取对数

$$\lg K=(1-s)\lg\Delta p+\lg(2k) \tag{4-22}$$

因 $k=\frac{1}{\mu r'\nu}$=常数，故 K 与 Δp 的关系在对数坐标上标绘时应是一条直线，直线的斜率为 $1-s$，由此可得滤饼的压缩性指数 s，然后代入式(4-22) 可求得物料特性常数 k。

4.2.4 预习与思考

（1）为什么过滤开始时，滤液往往有些浑浊，过滤一会儿才变得澄清？

（2）在恒压过滤条件下，过滤速率随过滤时间如何变化？是否过滤时间越长，生产能力就越大？

（3）恒压过滤方程的推导采用了康采尼方程，其中阻力简化的物理模型是什么？

（4）若在过滤开始时压力波动，此时已过 τ_1 时间，获得滤液 V_1，随后压力稳定，数据应如何处理？

（5）为什么要将原始方程进行变形，使之成为线性方程，然后实验测定？

4.2.5 实验装置的基本情况

（1）实验装置流程示意图　实验装置流程示意图如图 4-6 所示。

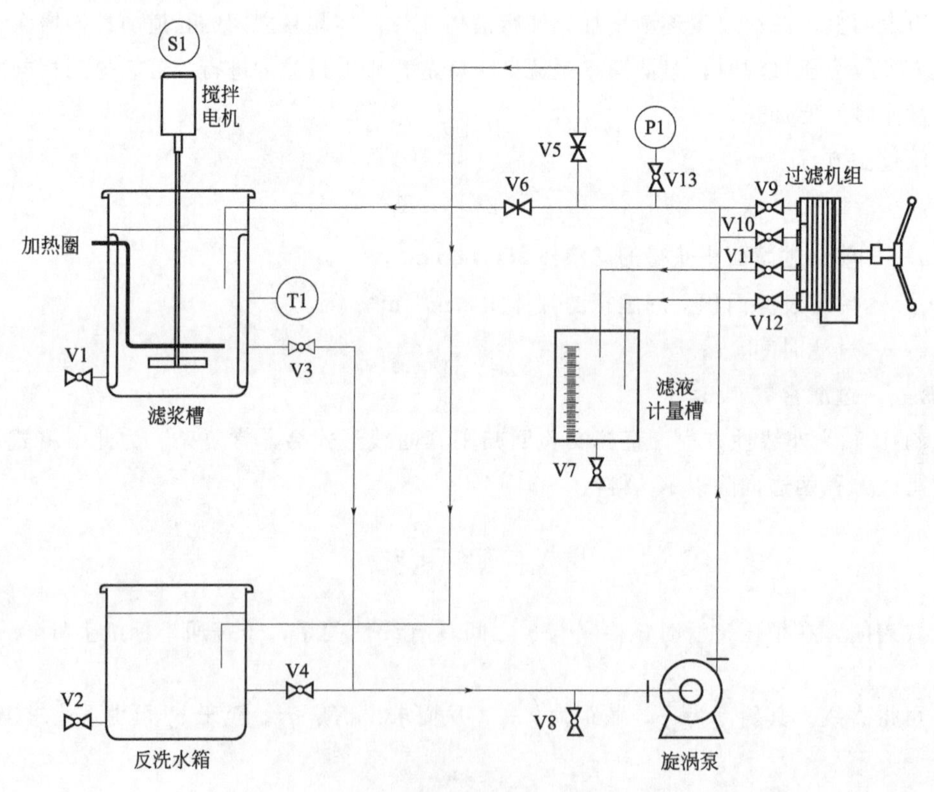

图 4-6　实验装置流程示意图

T1—温度计；P1—压力表；V1,V2,V7—储槽放料阀；V3—滤浆槽出口阀；V4—反洗水箱出口阀；V5—洗水旁路阀；V6—滤浆旁路阀；V8—反洗水箱放水阀；V9—板框滤浆进口阀；V10—板框洗水进口阀；V11,V12—滤液出口阀；V13—压力表连通阀；S1—搅拌电机

（2）实验装置流程简介　如图 4-6 所示，滤浆槽内配有一定浓度的轻质碳酸钙悬浮液（浓度在 6%～8%），进行过滤实验时，关闭洗涤通道阀门 V4、V5，用电动搅拌器进行均匀搅拌（以浆液不出现旋涡为好），启动旋涡泵，打开阀门 V3，调节阀门 V6 使压力表 P1 指

示在规定值，用秒表计时，滤液量在计量槽内计量。滤浆槽配有加热装置，可改变不同温度进行实验。过滤结束，需对滤饼进行洗涤时候，关闭过滤通道阀门V3、V6，打开洗涤通道阀门V4，以洗水旁路阀门V5调节压力，洗水用量在计量槽内计量。

实验装置中板框压滤机固定头管路分布如图4-7所示。

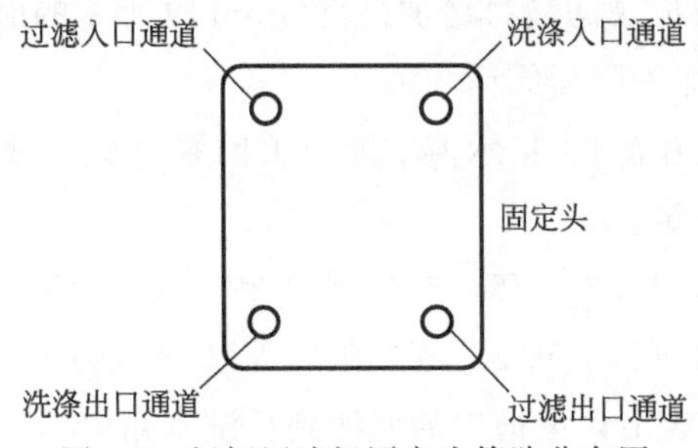

图4-7　板框压滤机固定头管路分布图

（3）实验设备主要技术参数

实验设备主要技术参数见表4-8。

表4-8　实验设备主要技术参数

序号	名称	规格	材料
1	搅拌电机	型号:KDZ-1	
2	过滤板	160mm×180mm×11mm	不锈钢
3	滤布	工业用	
4	过滤面积	$0.0475m^2$	
5	滤液计量槽	长327mm、宽286mm	

（4）实验装置面板图

实验装置仪表面板图见图4-8。

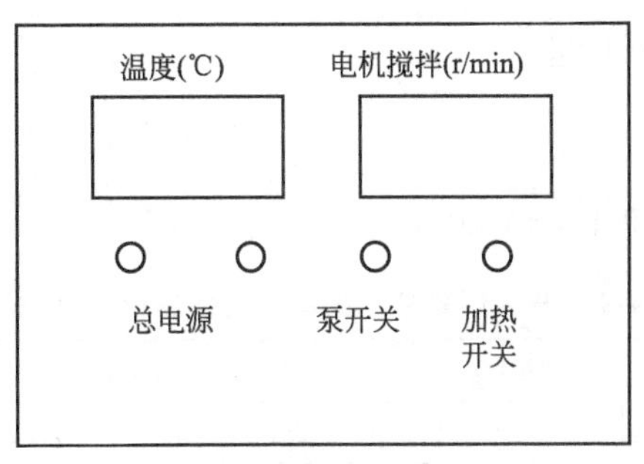

图4-8　实验装置仪表面板图

4.2.6　实验方法及步骤

（1）系统接通电源，打开搅拌器电源开关，启动电动搅拌器，将滤液槽内浆液搅拌均匀。滤液计量槽内液面高度调整好。

（2）安装板框压滤机，板框压滤机板、框排列顺序为固定头—非洗涤板（•）—框（⁚）—

洗涤板（⁝）—框（:）—非洗涤板（·）—可动头。用压紧装置压紧后待用。

（3）使阀门 V3、V6、V11、12 处于全开、其余阀门处于全关状态。启动旋涡泵，打开阀门 V13，利用调节阀门 V6 使压力 P1 达到规定值。

（4）待压力表 P1 数值稳定后，打开板框滤浆进口阀 V9 开始过滤。当滤液计量槽内见到第一滴液体时开始计时，记录滤液每增加高度 5mm 时所用的时间。当滤液计量槽读数为 150mm 时停止计时，并立即关闭后阀门 V9。

（5）打开阀门 V6 使压力表 P1 指示值下降，关闭泵开关。放出滤液计量槽内的滤液并倒回槽内，保证滤浆浓度恒定。

（6）洗涤实验时关闭阀门 V3、V6，打开阀门 V4、V5。调节阀门 V5 使压力表 P1 达到过滤要求的数值。打开阀门 V11、V12，等到阀门 V11 有液体流下时开始计时，洗涤量为过滤量的 1/4。实验结束后，放出计量槽内的滤液到反洗水箱内。

（7）开启压紧装置卸下过滤框内的滤饼并放回滤浆槽内，将滤布清洗干净。。

（8）改变压力值，从步骤（2）开始重复上述实验。

4.2.7 实验注意事项

（1）过滤板与过虑框之间的密封垫要放正，过滤板与过滤框上面的滤液进出口要对齐。过滤板与过滤框安装完毕后要用摇柄把过滤设备压紧，以免漏液。

（2）滤液计量槽的流液管口应紧贴桶壁，防止液面波动影响读数。

（3）由于电动搅拌器为无级调速，使用时首先接上系统电源，打开调速器开关，调速钮一定由小到大缓慢调节，切勿反方向调节或调节过快以免损坏电机。

（4）启动搅拌前，用手旋转一下搅拌轴以保证启动顺利。

（5）过滤计时开始前调整过滤压力阶段，务使板框滤浆进口阀 V9 关闭，V3、V6 打开，用 V6 调整压力。

4.2.8 实验数据记录与处理

（1）实验原始数据记录

将实验数据记录至表 4-9 和表 4-10。

表 4-9 恒压过滤常数测定实验数据记录（过滤）

参数： 板框规格_______ 框数_______ 实际过滤面积_______ 计量槽规格_______

序号	高度/mm	$q/(m^3/m^2)$	τ/q	$\Delta p=$_MPa	$\Delta p=$_MPa	$\Delta p=$_MPa	$\Delta p=$_MPa
				时间/s	时间/s	时间/s	时间/s
1	0						
2	10						
3	20						
4	30						
5	40						
6	50						

续表

序号	高度/mm	$q/(m^3/m^2)$	τ/q	Δp=__MPa	Δp=__MPa	Δp=__MPa	Δp=__MPa
				时间/s	时间/s	时间/s	时间/s
7	60						
8	70						
9	80						
10	90						
11	100						
12	110						
13	120						
14	130						
15	140						
16	150						

表 4-10　恒压过滤常数测定实验数据记录（洗涤）

参数：　板框规格________　框数________　实际过滤面积________　计量槽规格________

序号	高度/mm	$q/(m^3/m^2)$	τ/q	Δp=__MPa	Δp=__MPa	Δp=__MPa	Δp=__MPa
				时间/s	时间/s	时间/s	时间/s
1	0						
2	10						
3	20						
4	30						
5	40						
6	50						
7	60						
8	70						
9	80						
10	90						
11	100						
12	110						
13	120						
14	130						
15	140						
16	150						

（2）实验数据处理

① 数据处理方法（计算举例，案例中的原始数据应区别于同组成员）

② 数据处理结果（计算结果列表，数据图、表要求计算机绘制，打印粘贴至实验报告中）

a. 在同一直角坐标中绘制 τ/q-q 直线，显示回归方程，并列出斜率和截距，据此计算出

恒压过滤常数 K、q_e、τ_e；

b. 绘制 $\ln K$-$\ln\Delta p$ 直线，显示回归方程，并列出斜率和截距，据此计算出压缩性指数 s 和物料常数 k。

4.2.9 数据分析与讨论

（1）根据所标绘的曲线说明压力对过滤过程的影响，从中能得到什么结论？

（2）根据不同组的数据分析原料浓度、温度对过滤过程的影响。

（3）对实验数据进行必要的误差分析，评论一下数据和结果的误差，并分析其原因。

4.2.10 思考题

（1）板框压滤机中过滤板、框和洗涤板的安装顺序是什么？

（2）板框压滤机过滤时的过滤面积和洗涤时的过滤面积有什么不同？

（3）洗涤速率在同一压力条件下有无变化，为什么？不同压力条件下有无不同，为什么？

（4）指出板框压滤机中滤浆、滤液和洗水的流经路线。

（5）如果将实验流程中的旋涡泵换成普通离心泵，试分析对实验的影响。

4.3 传热综合实验

4.3.1 实验目的

（1）通过对空气-水蒸气简单套管换热器的实验研究，掌握管内流体对流传热系数 α_i 的测定方法，加深对其概念和影响因素的理解。

（2）通过对管程内部插有螺旋线圈的空气-水蒸气强化套管换热器的实验研究，掌握管内流体对流传热系数 α_i 的测定方法，加深对其概念和影响因素的理解。

（3）学会并应用线性回归分析方法，确定简单传热管关联式 $Nu=ARe^mPr^{0.4}$ 中常数 A、m 数值，强化管关联式 $Nu_0=BRe^nPr^{0.4}$ 中 B 和 n 数值。

（4）根据计算出的 Nu、Nu_0 求出强化比 Nu_0/Nu，比较强化传热的效果，加深理解强化传热的基本理论和基本方式。

（5）通过变换列管换热器换热面积实验测取数据计算总传热系数 K_o，加深对其概念和影响因素的理解。

（6）认识套管换热器（光滑、强化）、列管换热器的结构及操作方法，测定并比较不同换热器的性能。

（7）熟悉单回路流量、压力控制系统的组成。

4.3.2 实验内容

（1）测定 5～6 组不同流速下简单套管换热器的对流传热系数 α_i。

（2）测定 5～6 组不同流速下强化套管换热器的对流传热系数 α_i。

（3）测定 5～6 组不同流速下空气全流通列管换热器总传热系数 K_o。

（4）测定 5～6 组不同流速下空气半流通列管换热器总传热系数 K_o。

（5）对 α_i 的实验数据进行线性回归，确定关联式 $Nu=ARe^mPr^{0.4}$ 中常数 A、m 的数值；以及通过关联式 $Nu_0=BRe^nPr^{0.4}$ 确定常数 B、n 的数值。

（6）确定传热强化比 Nu_0/Nu。

4.3.3 实验原理

（1）普通套管换热器对流传热系数的测定及准数关联式的确定

① 管内流体对流传热系数 α_i 的测定　α_i 根据牛顿冷却定律通过实验来测定。

$$Q_i=\alpha_iS_i\Delta t_m \tag{4-23}$$

$$\alpha_i=\frac{Q_i}{\Delta t_mS_i} \tag{4-24}$$

式中　α_i——管内流体对流传热系数，$W/(m^2\cdot℃)$；

Q_i——管内传热速率，W；

S_i——管内换热面积，m^2；

Δt_m——壁面与主流体间的温度差，℃。

平均温度差由下式确定：

$$\Delta t_m=t_w-t_m \tag{4-25}$$

式中　t_m——冷流体的入口、出口平均温度，℃；

t_w——壁面平均温度，℃。

因为换热器内管为紫铜管，其热导率很大，且管壁很薄，故认为内壁温度、外壁温度和壁面平均温度近似相等，用 t_w 来表示，由于管外使用蒸汽，所以 t_w 近似等于热流体的平均温度。

管内换热面积：

$$S_i=\pi d_iL_i \tag{4-26}$$

式中　d_i——内管管内径，m；

L_i——传热管测量段的实际长度，m。

热量衡算式：

$$Q_i=W_iC_{pi}(t_{i2}-t_{i1}) \tag{4-27}$$

其中质量流量由下式求得：

$$W_i=\frac{V_i\rho_i}{3600} \tag{4-28}$$

式中　V_i——冷流体在套管内的平均体积流量，m^3/h；

C_{pi}——冷流体的定压比热容，$kJ/(kg\cdot℃)$；

ρ_i——冷流体的密度，kg/m^3。

C_{pi} 和 ρ_i 可根据定性温度 t_m 查得，$t_m=\dfrac{t_{i1}+t_{i2}}{2}$ 为冷流体进出口平均温度。t_{i1}、t_{i2}、

t_w、V_i 可采取一定的测量手段得到。

② 对流传热系数准数关联式的实验确定　流体在管内做强制湍流，被加热状态，准数关联式的形式为：

$$Nu_i = ARe_i^m Pr_i^n \tag{4-29}$$

式中，$Nu_i=\frac{\alpha_i d_i}{\lambda_i}$，$Re_i=\frac{u_i d_i \rho_i}{\mu_i}$，$Pr_i=\frac{C_{pi}\mu_i}{\lambda_i}$

物性数据 λ_i、C_{pi}、ρ_i、μ_i 可根据定性温度 t_m 查得。对于管内被加热的空气 $n=0.4$ 则关联式的形式简化为：

$$Nu_i = ARe_i^m Pr_i^{0.4} \tag{4-30}$$

这样通过实验确定不同流量下的 Re_i 与 Nu_i，然后用线性回归方法确定 A 和 m 的值。

(2) 强化套管换热器传热系数、准数关联式及强化比的测定　强化传热技术，可以使初设计的传热面积减小，从而减小换热器的体积和重量，提高了现有换热器的换热能力，达到强化传热的目的。同时换热器能够在较低温差下工作，减少了换热器的工作阻力，以减少动力消耗，更合理有效地利用能源。强化传热的方法有多种，本实验装置采用了多种强化方式。

其中螺旋线圈的结构图如图 4-9 所示，螺旋线圈由直径 3mm 以下的铜丝和钢丝按一定节距绕成。将金属螺旋线圈插入并固定在管内，即可构成一种强化传热管。在近壁区域，流体一面由于螺旋线圈的作用而发生旋转，一面还周期性地受到线圈螺旋金属丝的扰动，因而可以使传热强化。由于绕制线圈的金属丝直径很细，流体旋流强度也较弱，所以阻力较小，有利于节省能源。螺旋线圈是以线圈节距 H 与管内径 d 的比值以及管壁粗糙度 $(2d/h)$ 为主要技术参数，且长径比是影响传热效果和阻力系数的重要因素。

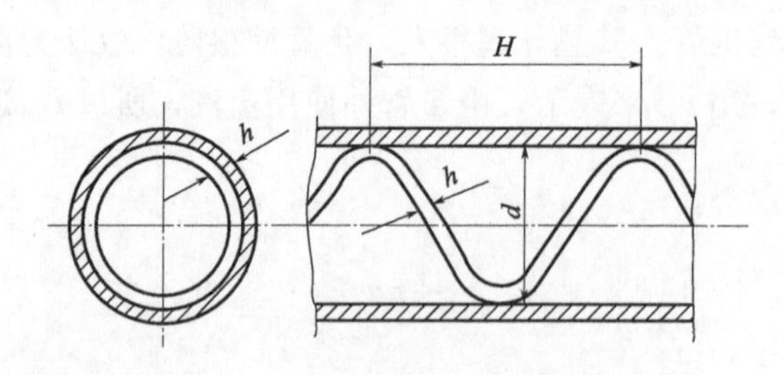

图 4-9　螺旋线圈强化管内部结构

研究人员通过实验研究总结了形式为 $Nu=BRe^n Pr^{0.4}$ 的经验公式，其中 B 和 n 的值因强化方式不同而不同。在本实验中，确定不同流量下的 Re_i 与 Nu_i，用线性回归方法可确定 B 和 n 的值。

单纯研究强化手段的强化效果（不考虑阻力的影响），可以用强化比的概念作为评判准则，它的形式是：Nu_0/Nu，其中 Nu_0 是强化管的努塞尔数，Nu 是普通管的努塞尔数，显然，强化比 $Nu_0/Nu>1$，而且它的值越大，强化效果越好。需要说明的是，如果评判强化方式的真正效果和经济效益，则必须考虑阻力因素，阻力系数随着传热系数的增大而增大，从而导致换热性能的降低和能耗的增加，只有强化比较高且阻力系数较小的强化方式，才是最佳的强化方法。

（3）总传热系数 K_o 的计算　总传热系数 K_o 是评价换热器性能的一个重要参数，也是对换热器进行传热计算的依据。对于已有的换热器，可以通过测定有关数据，如设备尺寸、流体的流量和温度等，通过传热速率方程式计算 K_o 值。传热速率方程式是换热器传热计算的基本关系式。该方程式中，冷、热流体温度差 Δt 是传热过程的推动力，它随着传热过程冷、热流体的温度变化而改变。

传热速率方程式

$$Q=K_oS_o\Delta t_m \tag{4-31}$$

热量衡算式

$$Q=C_pW(t_2-t_1) \tag{4-32}$$

总传热系数

$$K_o=\frac{C_pW(t_2-t_1)}{S_o\Delta t_m} \tag{4-33}$$

式中　Q——热量，W；

S_o——传热面积，m^2；

Δt_m——冷热流体的平均温差，℃；

K_o——总传热系数，W/(m^2·℃)；

C_p——比热容，J/(kg·℃)；

W——空气质量流量，kg/s；

t_2-t_1——空气进、出口温差，℃。

4.3.4　预习与思考

（1）如何判断实验过程已经稳定？

（2）为什么在双对数坐标系中，准数关联式是一条直线？

（3）实验中冷、热流体的流向对传热效果有何影响？

（4）实验中，旁路阀中的空气流量与传热管中的空气流量的关系是什么？

（5）为什么每改变一次流量都要等 3～5min 才能读取数据？

4.3.5　实验装置的基本情况

（1）实验装置流程示意图

传热实验装置图如图 4-10 所示。

（2）实验装置流程简介

① 套管换热器　空气用旋涡气泵经孔板流量计测量后送入套管换热器，进、出温度由 T5、T6 测量；水蒸气由蒸汽发生器反向进入套管换热器，壁面温度由 T7 测量。

② 列管换热器　空气用旋涡气泵经孔板流量计测量后送入列管换热器，进、出温度由 T1、T2 测量；水蒸气由蒸汽发生器反向进入列管换热器，进、出温度由 T3、T4 测量。

（3）实验设备结构参数

实验设备结构参数见表 4-11。

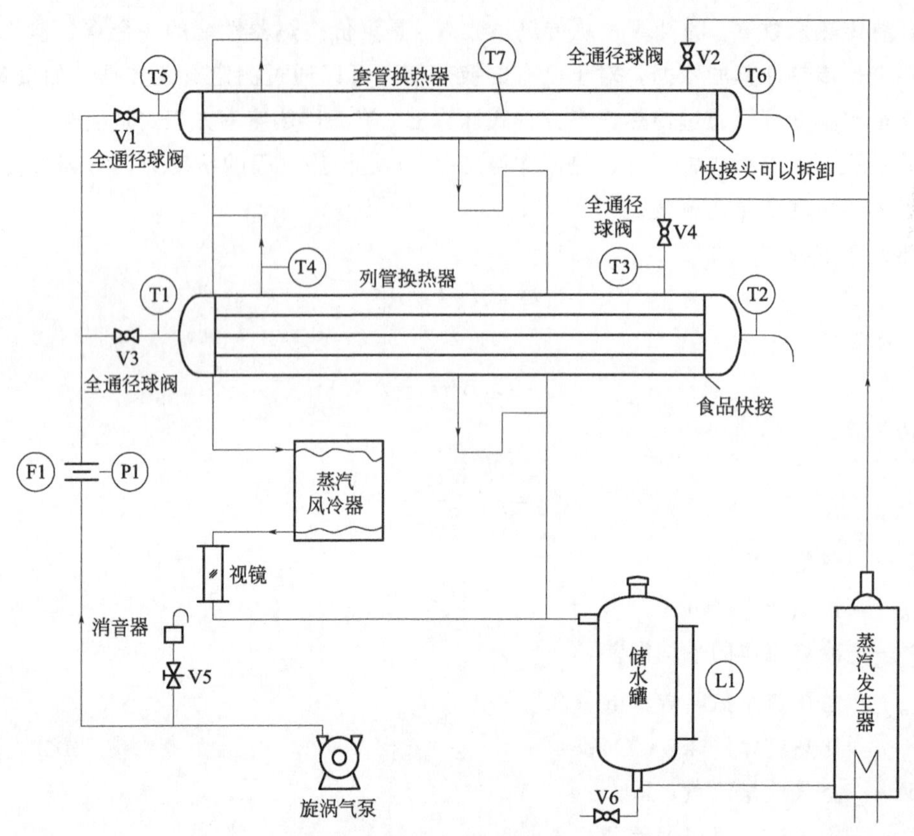

图 4-10　传热实验装置流程示意图

F1—孔板流量计；P1—压差计；T1～T7—温度计；L1—液位计；V1～V6—阀门

表 4-11　实验设备结构参数

套管换热器实验内管直径/mm		ϕ22×1
测量段(紫铜内管、列管内管)长度 L/m		1.20
强化传热内插物(螺旋线圈)尺寸	丝径 h/mm	1
	节距 H/mm	40
套管换热器实验外管直径/mm		ϕ57×3.5
列管换热器实验内管直径/mm,根数,管长		ϕ19×1.5,6 根,1.2m
列管换热器实验外管直径/mm		ϕ89×3.5
孔板流量计 F1 孔流系数及孔径		$c_0=0.65$、$d_0=0.014$m
旋涡气泵		XGB-12 型
P1 孔板流量计压差传感器		0～10kPa
列管换热器空气进口温度 T1		Pt100 温度计
列管换热器空气出口温度 T2		Pt100 温度计
列管换热器蒸汽进口温度 T3		Pt100 温度计
列管换热器蒸汽出口温度 T4		Pt100 温度计
套管换热器空气进口温度 T5		Pt100 温度计
套管换热器空气出口温度 T6		Pt100 温度计
套管换热器内管壁面温度 T7		铜-康铜温度计

（4）实验装置面板图

传热过程综合实验面板图如图 4-11 所示。

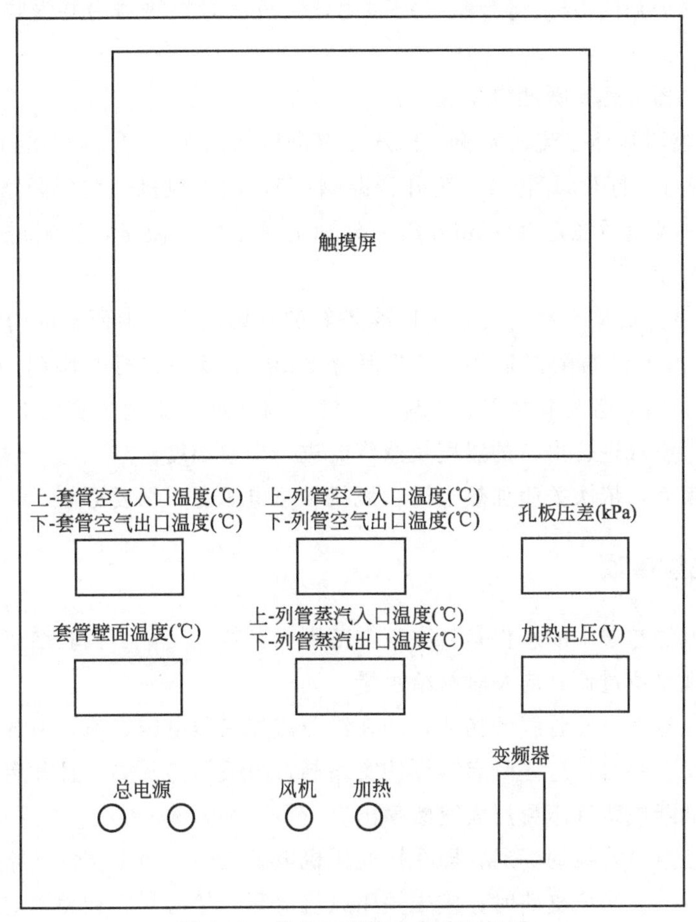

图 4-11　传热过程综合实验面板图

4.3.6　实验方法及步骤

（1）实验前的准备及检查工作

① 向储水罐中加入蒸馏水至液位计上端处。

② 检查空气流量旁路调节阀 V5 是否全开。

③ 检查蒸汽管支路各控制阀是否已打开，保证蒸汽和空气管线的畅通。

④ 接通总电源开关，检查仪表是否正常并设定加热电压为 160V 左右。

（2）套管换热器光滑管实验

① 准备工作完毕后，打开套管换热器管路上蒸汽进口阀门 V2 后，启动仪表面板加热开关，对蒸汽发生器内液体进行加热。当套管换热器内管壁温升到接近 100℃并保持 5min 不变时，打开阀门 V1，全开旁路调节阀 V5，启动风机开关。

② 用旁路调节阀 V5 来调节流量，调好某一流量后稳定 3～5min 后，分别记录空气的流量，空气进、出口的温度及壁面温度。

③ 改变流量测量下组数据。一般从小流量到最大流量之间，要测量5～6组数据。

(3) 强化实验

全部打开空气旁路阀V5，停风机。把强化丝装进套管换热器内并安装好。实验方法同步骤(2)。

(4) 列管换热器传热系数测定实验

① 列管换热器冷流体全流通实验　打开蒸汽进口阀门V4，当蒸汽出口温度接近100℃并保持5min不变时，打开阀门V3，全开旁路阀V5，启动风机，利用旁路调节阀V5来调节流量，调好某一流量后稳定3～5min后，分别记录空气的流量，空气进、出口的温度及蒸汽的进、出口温度。

② 列管换热器冷流体半流通实验　用准备好的丝堵堵上一半面积的内管，打开蒸汽进口阀门V4，当蒸汽出口温度接近100℃并保持5min不变时，打开阀门V3，全开旁路阀V5，启动风机，利用旁路调节阀V5来调节流量，调好某一流量后稳定3～5min后，分别记录空气的流量，空气进、出口的温度及蒸汽的进、出口温度。

(5) 实验结束后，依次关闭加热电源、风机和总电源。一切复原。

4.3.7 实验注意事项

(1) 检查蒸汽加热釜中的水位是否在正常范围内，特别是每个实验结束后，进行下一实验之前，如果发现水位过低，应及时补给水量。

(2) 必须保证蒸汽上升管线的畅通，即在给蒸汽加热釜电压之前，两蒸汽支路阀门之一必须全开。在转换支路时，应先开启需要的支路阀，再关闭另一侧，且开启和关闭阀门必须缓慢，防止管线截断或蒸汽压力过大突然喷出。

(3) 必须保证空气管线的畅通，即在接通风机电源之前，两个空气支路控制阀之一和旁路调节阀必须全开。在转换支路时，应先关闭风机电源，然后开启和关闭支路阀门。

(4) 调节流量后，应至少稳定3～5min后读取实验数据。

(5) 实验中为保持上升蒸汽量的稳定，应不改变加热电压。

4.3.8 实验数据记录与处理

(1) 实验原始数据记录

将实验数据记录至表4-12和表4-13。

表4-12　套管换热器实验数据记录及整理表

序号	1	2	3	4	5	6
空气流量压差 Δp/kPa						
空气入口温度 t_1/℃						
空气入口密度 ρ_{t_1}/(kg/m^3)						
空气出口温度 t_2/℃						
t_w/℃						
t_m/℃						

续表

序号	1	2	3	4	5	6
ρ_{t_m}/(kg/m^3)						
$\lambda_{t_m}\times10^2$/[W/(m·℃)]						
Cp_{t_m}/[J/(kg·℃)]						
$\mu t_m\times10^{-5}$/(Pa·s)						
t_2-t_1/℃						
Δt_m/℃						
V_{t_1}/(m^3/h)						
V_{t_m}/(m^3/h)						
u/(m/s)						
Q_c/W						
α_i/[W/(m^2·℃)]						
Re						
Nu						
$Nu/(Pr^{0.4})$						

表 4-13　列管换热器实验数据记录及整理表

序号	1	2	3	4	5	6	7
空气流量压差 Δp/kPa							
空气进口温度 t_1/℃							
空气入口密度 ρ_{t_1}/(kg/m^3)							
空气出口温度 t_2/℃							
进出口平均温度 t_m/℃							
$\lambda_{t_m}\times100$/[W/(m·s)]							
Cp_{t_m}[kW/(kg·℃)]							
$\mu_{t_m}\times10^5$/(Pa·s)							
空气平均密度/(kg/m^3)							
蒸汽进口温度 T_1/℃							
蒸汽出口温度 T_2/℃							
$\Delta t_2-\Delta t_1$/℃							
$\ln(\Delta t_2/\Delta t_1)$							
Δt_m/℃							
体积流量 V_{t_1}/(m^3/h)							
体积流量 V_m/(m^3/h)							
质量流量/(kg/s)							
换热面积/m^2							

续表

序号	1	2	3	4	5	6	7
u/(m/s)							
空气进出口温差/℃							
传热量 Q/W							
对流传热系数 K_o/[W/(m^2·s)]							

（2）实验数据处理

① 数据处理方法（计算举例，案例中的原始数据应区别于同组成员）

② 数据处理结果（计算结果列表，数据图及表要求计算机绘制，打印粘贴至实验报告中）

a. 对简单套管换热器，以$\frac{Nu}{P_r^{0.4}}$-Re 作图、回归得到准数关联式 $Nu=ARe^mPr^{0.4}$ 中的系数；

b. 同样方法处理强化套管换热器，回归得到准数关联式 $Nu_0=BRe^nPr^{0.4}$ 中的系数；

c. 计算强化比 Nu_0/Nu；

d. 计算半流通列管换热器总传热系数 K；

e. 计算全流通列管换热器总传热系数 K。

4.3.9 数据分析与讨论

（1）对比不同操作条件下的传热系数，分析数值后可得出什么结论？

（2）针对该系统，如何强化传热才更有效？

（3）该实验的稳定性受哪些因素的影响？

（4）如果采用不同压强的蒸汽进行实验，对 α 的关联有无影响？

（5）在间壁两侧流体的对流给热系数相差较大时，欲提高 K 值，应从哪侧入手？

4.3.10 思考题

（1）实验中所测得的壁温是靠近蒸汽侧还是靠近冷流体侧温度？为什么？

（2）影响 α 的主要参数是什么？空气温度不同是否有不同的关联式？

（3）在蒸汽冷凝时，若存在不凝性气体，你认为将会有什么变化？应采取什么措施？

（4）实验过程中，冷凝水如不及时排走会产生什么影响？

（5）影响传热系数 K 的因素有哪些？

（6）强化传热过程有哪些途径？

4.4 双效蒸发实验

4.4.1 实验目的

（1）了解双效蒸发主要设备及流程，学习操作过程，本实验是操作型实验，需能够稳定平稳运行装置。

(2) 能够通过实验了解蒸发操作的意义，测定数据对一效蒸发器进行热量衡算并计算出热损失。

(3) 观察一效、二效蒸发器温度随时间变化及稳定运行情况。

4.4.2 实验内容

(1) 测定一效蒸发器的总传热系数 K_1。对一效蒸发器进行热量衡算并计算出热损失。

(2) 测定一效、二效蒸发器温度随时间变化及稳定情况。

4.4.3 实验原理

蒸发就是将不挥发性物质的稀溶液加热沸腾，使部分溶剂汽化，以提高溶液浓度的单元操作。蒸发操作的设备称为蒸发器。

蒸发操作必须具备两个条件：第一，持续不断地供给溶剂汽化所需的热量（汽化潜热），使溶液保持沸腾状态；第二，随时将汽化出来的蒸汽排除，否则，沸腾溶液上方空间的蒸汽压力会逐步增大，当增大到与溶剂的饱和蒸气压平衡时，蒸发过程就会终止。

蒸发操作要将大量的溶剂汽化，需要消耗大量热能。蒸发操作一般选用水蒸气做热源，由于蒸发操作的溶液大多数是水溶液，汽化出来的也是水蒸气。为了将蒸发过程中的蒸汽加以区分，通常将用作热源的蒸汽称为加热蒸汽或生蒸汽，将溶液汽化出来的蒸汽称为二次蒸汽。排除二次蒸汽的方法常采用冷凝的方法。

根据是否利用二次蒸汽，蒸发操作可分为单效蒸发和多效蒸发。若二次蒸汽直接被冷凝不再利用，称为单效蒸发。若将二次蒸汽引入另一个蒸发器作为加热蒸汽，这种由多个蒸发器串联起来的蒸发操作称为多效蒸发。本实验装置中二次蒸汽被利用了一次，两个蒸发器串联，所以是双效蒸发。

总传热系数 K 是评价换热器性能的一个重要参数，也是对换热器进行传热计算的依据。对于已有的换热器，可以通过测定有关数据，如设备尺寸、流体的流量和温度等，通过传热速率方程式计算 K 值。

传热速率方程式是换热器传热计算的基本关系。该方程式中，冷、热流体温度差 Δt 是传热过程的推动力，它随着传热过程冷热流体的温度变化而改变。

传热速率方程式

$$Q=K_o S_o \Delta t_m \tag{4-34}$$

热量衡算式

$$Q=WC_p(t_2-t_1)+W_1\gamma \tag{4-35}$$

总传热系数

$$K_o=\frac{Q}{S_o \Delta t_m} \tag{4-36}$$

式中　Q——传热量，W；

Δt_m——冷热流体的平均温差，℃；

C_p——比热容，J/(kg·℃)；

W_1——一效蒸发器蒸发量，kg/s；

γ——一效蒸发器内饱和温度下的汽化潜热，J/kg；

t_1——原料进入一效蒸发器时的温度,℃；

S_o——传热面积，m^2；

K_o——总传热系数，W/(m^2·℃)；

W——原料液质量流量，kg/s；

t_2——一效蒸发器内液体温度,℃。

4.4.4 预习与思考

（1）蒸发操作的目的，何为一效蒸发，多效蒸发？

（2）一效蒸发加热的蒸汽与从蒸发室引出的二次蒸汽有什么不同？

（3）蒸发室的设计要求有哪些？

（4）如何评价蒸发的经济性？

（5）蒸发过程中溶液沸点的升高受到哪些因素的影响？

4.4.5 实验装置的基本情况与流程

本实验装置的流程图如图4-12所示。蒸汽是由蒸汽发生器内电热器加热蒸馏水而产生并保持一定的压力。原料由进料水泵将物料从原料罐通过转子流量计注入到蒸发器中，蒸发器由加热室和蒸发室组成。加热室位于蒸发器的下部，由许多加热管组成，管外的加热蒸汽使管内的溶液加热升温沸腾汽化。蒸发器的上部为蒸发室，汽化产生的蒸汽在此空间和夹带的液沫分离，然后进入冷凝器冷凝除去，浓缩后的溶液从蒸发器的底部排出。

蒸发器内的真空是由循环泵输送流体，喷射泵产生负压而形成。一次、二次蒸汽冷凝后用量筒和秒表进行测量。装置图中各设备的名称见表4-14。

表4-14 实验装置设备名称表

符号	设备名称	符号	设备名称
F1	一效进料流量计	T6	二效完成液温度计
F2	二效进料流量计	D1	一效进料浓度计
F3	二效出料流量计	D2	二效蒸发器完成液浓度计
F4	冷却水流量计	P1	蒸汽发生器压力表
T1	一效进料温度计	P2	蒸汽发生器压力表
T2	二效出料温度计	P3	一效蒸发室压力表
T3	进一效蒸汽发生器蒸汽温度计	P4	二效蒸发室压力表
T4	一效蒸发器内温度计	P5	真空缓冲罐压力表
T5	二效蒸发器内温度计		

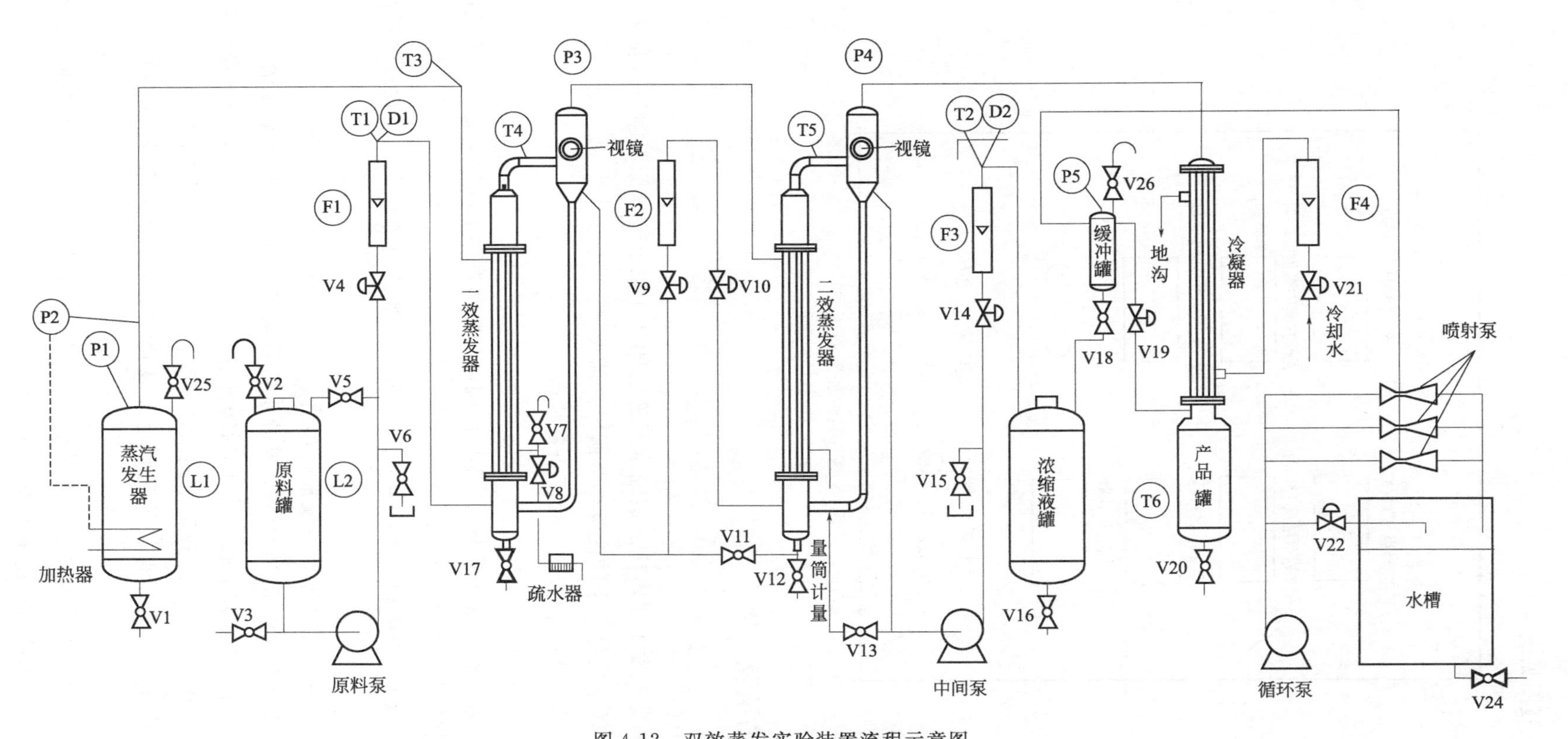

图 4-12　双效蒸发实验装置流程示意图

V1～V25—阀门；F1～F4—流量计；P1～P5—压差传感器；T1～T6—温度传感器；D1、D2—浓度传感器实验装置面板图见图 4-13。

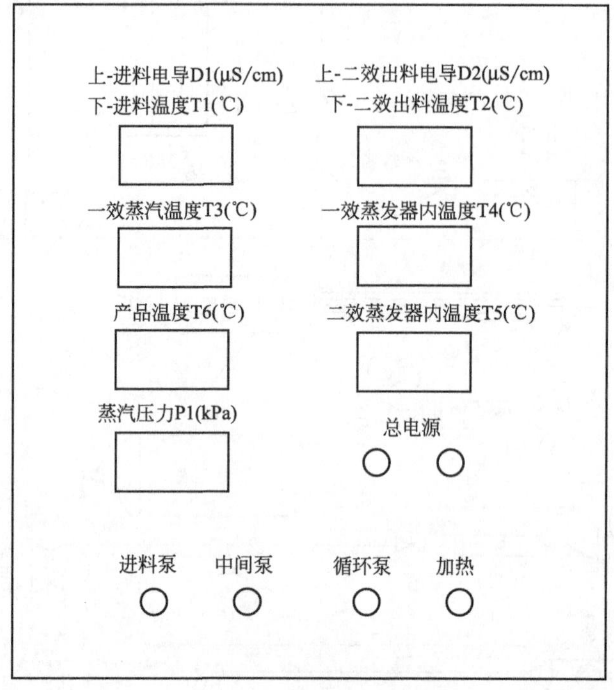

图 4-13 实验装置面板图

4.4.6 实验方法及步骤

(1) 实验前准备工作

① 向水槽和蒸汽发生器内注入蒸馏水至液位的 3/4 以上，向原料罐注入自来水，阀门处于全开状态，转子流量计下的流量调节阀门全部关闭。

② 合上总电源开关，检查仪表处于正常状态。

(2) 实验步骤

① 启动原料泵，开启转子流量计 F1 调节阀向一效蒸发器加入原料至一效蒸发器视镜中间位置后关闭阀门 V4，关闭原料泵。

② 打开阀门 V7，关闭阀门 V25 后把蒸汽发生器加热电源合上，注意观察蒸汽的产生过程。

③ 待阀门 V7 有不凝气体和冷凝液排出后，关闭阀门 V7，利用阀门 V8 和蒸汽压力控制器来控制蒸汽压力 P1 在 25kPa 左右，在疏水器看到有少量蒸汽和冷凝水流出后，启动原料泵并打开流量计 F1 流量调节阀 V4，随后缓慢打开阀门 V11 待料液经过流量计 F2 向二效蒸发器加入原料至视镜中间，后开启中间泵，调节流量计 F3，流量为 6L/h。(注：因为一效和二效原料都有蒸发，为了保持流量稳定以及观察方便，所以流量 F1 稍大于 F2 稍大于 F3。)

④ 打开阀门 V19，开启循环泵，喷射泵产生负压，利用阀门 V26 调节到－0.09MPa 左右，打开冷却水，调节冷却水流量为 40L/h。

⑤ 稳定操作后每相隔 5min 开始记录下一效进料流量、二效进料流量、二效出料流量、冷却水流量、一效进料温度、二效出料温度、进一效蒸汽发生器蒸汽温度、一效蒸发器内温度、二效蒸发器内温度、二效蒸发器完成液温度、一效进料浓度（电导率)、二效蒸发器完成液浓度（电导率)、一效蒸汽发生器压力、二效蒸汽发生器压力、一效蒸发室压力、二效蒸发室压力、真空缓冲罐压力等，并收集一效蒸汽和二效蒸汽冷凝量。

⑥ 实验结束时，打开阀门 V25 和 V26 将系统放空，先切断加热电路，关闭流量计调节阀，停泵，最后切断总电源。

4.4.7 实验注意事项

(1) 蒸汽发生器是通过电加热器产生蒸汽的，压力不能超过 25kPa，也不能过低，操作时要注意安全。

(2) 调节真空度时一定要缓慢调节，否则会出现异常现象。

(3) 实验过程中 F1、F2、F3 流量保持稳定。阀门 V8 是调节蒸汽压力的实验时不能全部关闭。

(4) 实验前将浓缩液罐和产品罐的液体全部放净。

4.4.8 实验数据记录与处理

(1) 原始数据记录

将实验数据记录至表 4-15。

主要设备装置参数：

一效、二效进料流量计及二效出料流量计规格：LZB-10；1～10L/h；

一效、二效蒸发器及冷凝器规格：ϕ19×700、7 根，换热面积 0.292m^2。

表 4-15　原始数据记录表

序号	符号	测量参数	1	2	3	4	5	6	7	平均值
1		操作时间/min	0	5	10	15	20	25	30	
2	F1	一效进料流量/(L/h)								
3	T1	一效进料温度/℃								
4	D1	一效进料浓度/(μS/cm)								
5	P1	蒸汽发生器压力/kPa	25	25	25	25	25	25	25	25
6	T3	进一效蒸汽发生器蒸汽温度/℃								
7	P3	一效蒸发室压力/kPa								
8	T4	一效蒸发器内温度/℃								
9	F2	二效进料流量/(L/h)								
10	P4	二效蒸发室压力/kPa								
11	T5	二效蒸发器内温度/℃								
12	T2	二效完成液温度/℃								
13	D2	二效蒸发器完成液浓度/(μS/cm)								

续表

序号	符号	测量参数	1	2	3	4	5	6	7	平均值
14	F3	完成液流量/(L/h)								
15	P5	真空缓冲罐压力/kPa								
16	F4	冷凝水流量/(L/h)								
17		一效蒸汽蒸发量/L								
18		二效蒸汽蒸发量/L								
19		一效蒸汽冷凝量/(L/h)								
20		二效蒸汽冷凝量/(kg/s)								
21		一效蒸汽蒸发热量 Q_1/(J/s)								
22		一效预热量 Q_2/(J/s)								
23		一效蒸发器换热面积/m^2								
24		一效蒸发器传热系数/[W/(m^2 · ℃)]								
25		二效出口完成液/L								
26		二效蒸发器冷凝量/L								

（2）实验现象（实验过程中出现的正常或非正常现象）

（3）实验数据处理

4.4.9 数据分析与讨论

主要分析影响单效蒸发传热系数的因素，实验操作中哪些因素会影响实验结果。

4.4.10 思考题

（1）多效蒸发的效数受到哪些限制？

（2）若蒸发室内的液面突然下降，试分析原因。

（3）在多效蒸发系统的操作中，各效蒸发器的温度和各效浓度分别取决于什么？

（4）如何提高蒸发器的生产强度？

（5）蒸发操作节能措施有哪些？

4.5 吸收实验

4.5.1 实验目的

（1）了解填料塔的一般结构及吸收操作的流程。

（2）观察填料塔流体力学状况，测定压降与气速的关系曲线。

（3）掌握总传质系数 K_xa 的测定方法并分析其影响因素。

（4）掌握填料吸收塔传质能力和传质效率的测定方法，练习对实验数据的处理分析。

4.5.2 实验内容

（1）测定填料层压降与操作气速的关系，确定在一定液体喷淋量下的液泛气速。

（2）固定液相流量和入塔混合气 CO_2 的浓度，测定吸收塔的传质能力（传质单元数和吸收率）和传质效率（传质单元高度和体积总吸收系数）。

（3）熟悉水吸收混合气体中 CO_2 和解吸水中 CO_2 的操作。

（4）改变吸收剂的喷淋量或吸收塔的填料类型，测定传质系数，并讨论对传质系数的影响。

4.5.3 实验原理

（1）气体通过填料层的压降　压降是塔设计中的重要参数，气体通过填料层压降的大小决定了塔的动力消耗。压降与气、液流量均有关，不同液体喷淋量下填料层的压降 Δp 与气速 u 的关系如图 4-14 所示。

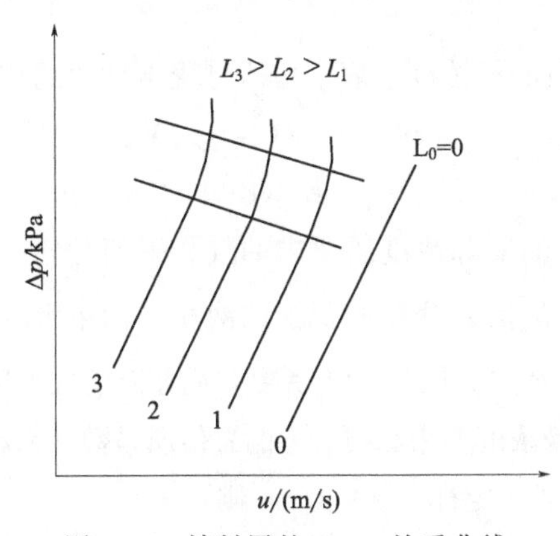

图 4-14　填料层的 Δp-u 关系曲线

当液体喷淋量 $L_0=0$ 时，干填料的 Δp-u 的关系是直线，如图中的直线 0。当有一定的喷淋量时，Δp-u 的关系变成折线，并存在两个转折点，下转折点称为“载点”，上转折点称为“泛点”。这两个转折点将 Δp-u 关系分为三个区段：恒持液量区、载液区及液泛区。

（2）传质性能的测定　吸收系数是决定吸收过程速率高低的重要参数，实验测定可获取吸收系数。对于相同的物系及一定的设备（填料类型与尺寸），吸收系数随着操作条件及气液接触状况的不同而变化。根据双膜模型（图 4-15）的基本假设，气侧和液侧吸收质 A 的传质速率方程可分别表达为

气膜
$$N_A=k_G(p-p_i) \tag{4-37}$$

液膜
$$N_A=k_L(c_i-c) \tag{4-38}$$

式中　N_A——A 组分的传质速率，$kmol/(s \cdot m^2)$；

p——气相侧 A 组分的平均分压，kPa；

p_i——相界面上 A 组分的平均分压，kPa；

c——液相侧 A 组分的平均浓度，$kmol/m^3$；

c_i——相界面上 A 组分的平均浓度，$kmol/m^3$；

k_G——以分压差表示推动力的气侧传质膜系数，kmol/(m^2·s·kPa)；

k_L——以物质的量浓度差表示推动力的液侧传质膜系数，m/s。

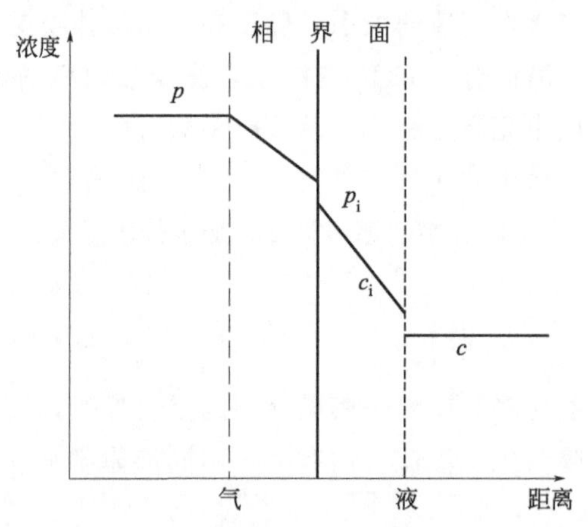

图 4-15 双膜模型的浓度分布图

以气相分压或以液相物质的量浓度差表示传质过程推动力的相际总传质速率方程又可为：

$$N_A = K_G(p - p_e) \tag{4-39}$$

$$N_A = K_L(c_e - c) \tag{4-40}$$

式中 p_e——液相中A组分的实际浓度所要求的气相平衡分压，kPa；

c_e——气相中A组分的实际分压所要求的液相平衡浓度，kmol/m^3；

K_G——以气相分压差表示推动力的总传质系数，简称为气相总传质系数，kmol/(m^2·s·kPa)；

K_L——以液相物质的量浓度差表示推动力的总传质系数，简称为液相总传质系数，m/s。

若气液相平衡关系遵循亨利定律：$p = Hc$，则：

$$\frac{1}{K_G} = \frac{1}{k_G} + \frac{H}{k_L} \tag{4-41}$$

$$\frac{1}{K_L} = \frac{1}{Hk_G} + \frac{1}{k_L} \tag{4-42}$$

当气膜阻力远大于液膜阻力时，则相际传质过程受气膜传质速率控制，此时，$K_G = k_G$；反之，当液膜阻力远大于气膜阻力时，则相际传质过程受液膜传质速率控制，此时，$K_L = k_L$。

如图4-16所示，在逆流接触的填料层内，任意截取一微分段 dh，并以此为衡算系统，则对气相和液相分别可得：

$$G\mathrm{d}y = N_A a\,\mathrm{d}h \tag{4-43}$$

$$L\mathrm{d}x = N_A a\,\mathrm{d}h \tag{4-44}$$

式中 L——液相摩尔流量，kmol/s；

G——气相摩尔流量，kmol/s；

a——气液两相接触的比表面积，m^2/m^3；

y——进、出塔气体中溶质A组分的摩尔分数；

x——进、出塔液体中溶质A组分的摩尔分数。

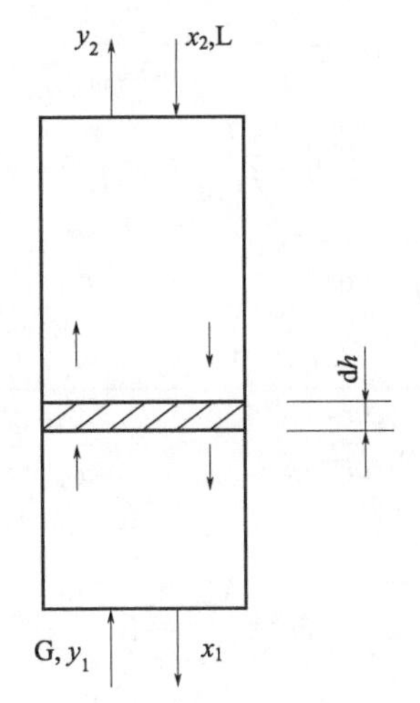

图 4-16　填料塔的物料衡算图

根据传质速率 N_A 的表达式：

$$N_A = K_y (y - y_e) \tag{4-45}$$

$$N_A = K_x (x_e - x) \tag{4-46}$$

联立式(4-43)、式(4-44)、式(4-45) 和式(4-46) 可得：

$$dh = \frac{L}{K_x a} \cdot \frac{dx}{x_e - x} \tag{4-47}$$

$$dh = \frac{G}{K_y a} \cdot \frac{dy}{y - y_e} \tag{4-48}$$

式中　K_y——以气相摩尔分数差表示推动力的总传质系数，kmol/(m^2·s)；

K_x——以液相摩尔分数差表示推动力的总传质系数，kmol/(m^2·s)。

本实验采用水吸收空气与 CO_2 与混合气中的 CO_2，且已知 CO_2 在常温常压下溶解度较小，因此，气、液两相摩尔流量 G 和 L 可视为定值，且设总传质系数 K_x 和两相接触比表面积 a 在整个填料层内为一定值，则按下列边值条件积分式(4-47) 和式(4-48)，可得填料层高度的计算公式。

边界条件：$h=0$，$x=x_2$；$h=h$，$x=x_1$

$$h = \frac{L}{K_x a} \cdot \int_{x_2}^{x_1} \frac{dx}{x_e - x} \tag{4-49}$$

令 $H_{OL} = \dfrac{L}{K_x a}$，且称 H_{OL} 为液相传质单元高度；

$N_{OL} = \displaystyle\int_{x_2}^{x_1} \frac{dx}{x_e - x}$，且称 N_{OL} 为液相传质单元数。

因此，填料层高度为传质单元高度与传质单元数之乘积，即

$$h = H_{OL} N_{OL} \tag{4-50}$$

若气液平衡关系遵循亨利定律，即平衡曲线为直线，则式(4-50) 为可用解析法解得填料层高度的计算式，亦即可采用下列平均推动力法计算填料层的高度：

$$h=\frac{L}{K_x a}\cdot\frac{x_1-x_2}{\Delta x_m} \tag{4-51}$$

$$N_{OL}=\frac{h}{H_{OL}}=\frac{h}{\dfrac{L}{K_x a}} \tag{4-52}$$

式中，Δx_m 为液相平均推动力，即

$$\Delta x_m=\frac{\Delta x_1-\Delta x_2}{\ln\dfrac{\Delta x_1}{\Delta x_2}}=\frac{(x_{e1}-x_1)-(x_{e2}-x_2)}{\ln\dfrac{x_{e1}-x_1}{x_{e2}-x_2}} \tag{4-53}$$

CO_2 的溶解度常数：

$$H=\frac{M_S}{\rho_S}\cdot E \tag{4-54}$$

式中　H——CO_2 的溶解度常数，$kPa\cdot m^3\cdot kmol^{-1}$；

ρ_S——溶剂的密度，kg/m^3；

M_S——溶剂的摩尔质量，kg/kmol；

E——CO_2 在水中的亨利系数，kPa。

因本实验采用的物系不仅遵循亨利定律，而且气膜阻力可以忽略不计，在此情况下，整个传质过程阻力都集中于液膜，即属液膜控制过程，则液相体积总传质系数，亦即

$$K_x a=\frac{L}{h}\cdot\frac{x_1-x_2}{\Delta x_m} \tag{4-55}$$

4.5.4　预习与思考

(1) 气体通过填料层的压降测定实验

① 液泛的特征是什么？本装置的液泛现象是从塔顶部开始，还是从塔底部开始？如何确定液泛气速？

② 填料塔结构有什么特点？比较波纹填料与散装填料的优缺点。

③ 填料塔底部的出口管为什么要液封？液封高度如何确定？

(2) 传质性能测定实验

① 为什么 CO_2 吸收过程属于液膜控制？

② 测定总体积吸收系数有什么工程意义？

③ 当气体和液体温度不同时，应用什么温度计算亨利系数？

④ 试分析空塔气速和液体喷淋密度这两个因素对吸收系数的影响。在本实验中，哪个因素是主要的，为什么？

⑤ 要提高吸收液的浓度有什么办法？

4.5.5　实验装置的基本情况

(1) 实验装置流程示意图

CO_2 吸收和解吸流程示意图如图 4-17 所示。

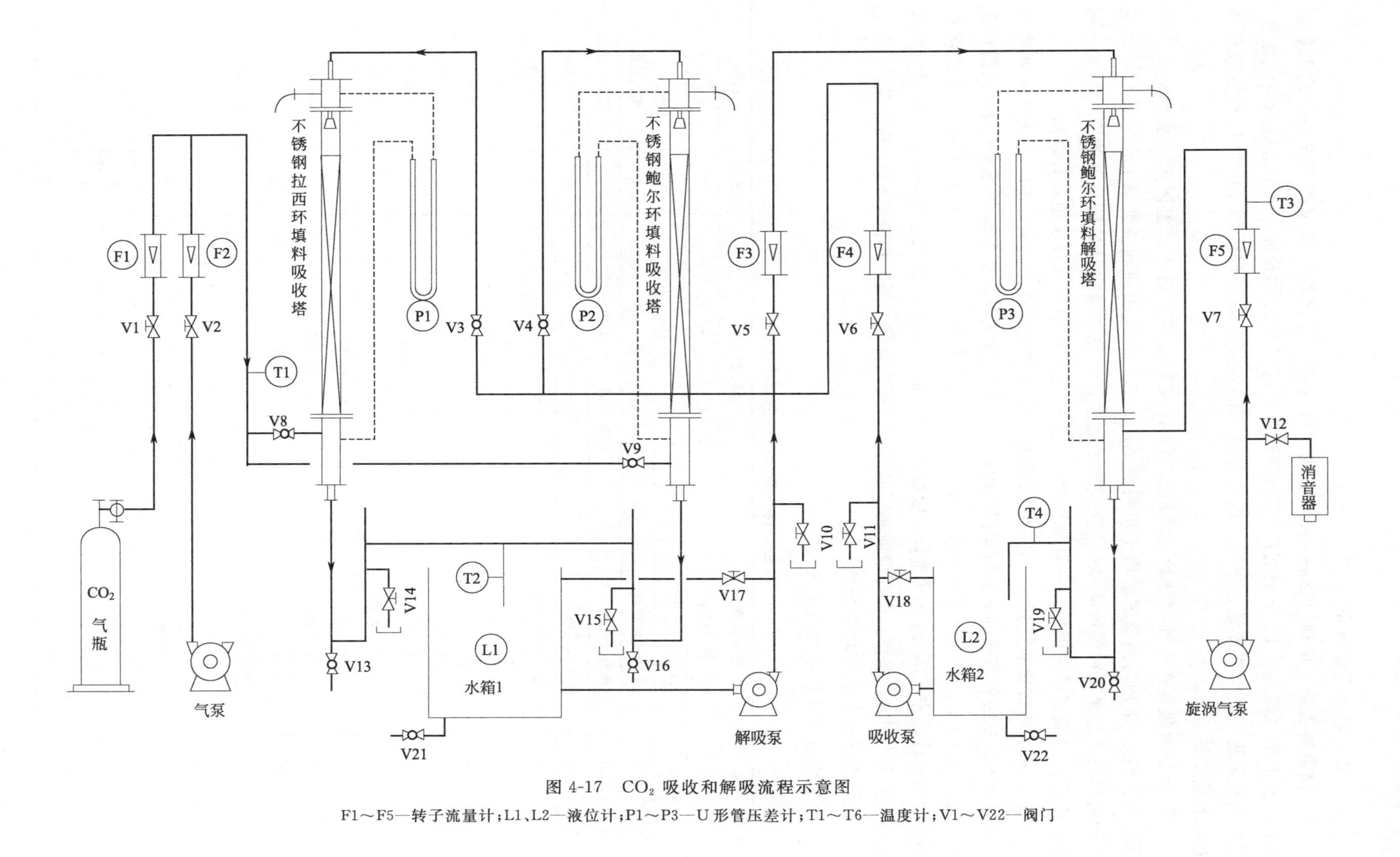

图 4-17　CO_2 吸收和解吸流程示意图

F1～F5—转子流量计；L1、L2—液位计；P1～P3—U 形管压差计；T1～T6—温度计；V1～V22—阀门

(2) 实验装置流程简介

① 测量解吸塔干填料层 Δp-u 关系曲线　打开空气旁路调节阀 V12 至全开，启动旋涡气泵。打开空气流量计 F5 下的阀门 V7，逐渐关小阀门 V12 的开度，调节进塔的空气流量。稳定后读取进塔的空气流量、空气流量计处空气的温度、填料层压降 Δp 即 U 形管液柱压差计的数值并记录。

② 测量解吸塔在不同喷淋量下填料层 Δp-u 关系曲线　将水流量固定（水流量大小可因设备调整），采用与测量解吸塔干填料层 Δp-u 关系曲线相同的步骤调节空气流量，稳定后分别读取并记录填料层压降 Δp、空气转子流量计读数和流量计处所显示的空气温度，在操作中应随时观察塔内现象，一旦出现液泛，立即记下对应空气转子流量计读数。

③ CO_2 吸收传质系数测定　启动吸收液泵，打开吸收液转子流量计 F4，待有水从吸收塔顶喷淋而下，从吸收塔底的 π 形管尾部流出后，启动吸收气泵，调节转子流量计 F2 到指定流量，同时打开 CO_2 钢瓶调节减压阀，调节 CO_2 转子流量计 F1，按 CO_2 与空气的比例在 10%～20%计算出 CO_2 的空气流量。吸收进行 15min 并操作达到稳定状态之后，测量塔底吸收液的温度，同时在塔顶和塔底取液相样品并测定吸收塔顶、塔底溶液中 CO_2 的含量。

(3) 实验设备主要技术参数

实验设备主要技术参数见表 4-16。

表 4-16　实验设备主要技术参数

序号	编号	设备名称	规格、型号	数量	备注
1	F1	CO_2 转子流量计	LZB-6(0.06～0.6m^3/h)	1	现场显示
2	F2	空气转子流量计	LZB-10(0.25～2.5m^3/h)	1	现场显示
3	F3	水转子流量计	LZB-15(40～400L/h)	1	现场显示
4	F4	水转子流量计	LZB-15(40～400L/h)	1	现场显示
5	F5	空气转子流量计	4～40m^3/h	1	现场显示
6	P1	U 形管压差计	0～600mm	1	现场显示
7	P2	U 形管压差计	0～600mm	1	现场显示
8	P3	U 形管压差计	0～600mm	1	现场显示
9	L1	液位计	0～600mm	1	现场显示
10	L2	液位计	0～600mm	1	现场显示
11	T1	温度传感器	PT100 温度计	1	数字显示
12	T2	温度传感器	PT100 温度计	1	数字显示
13	T3	温度传感器	PT100 温度计	1	数字显示
14	T4	温度传感器	PT100 温度计	2	数字显示
15	T5	温度传感器	PT100 温度计	1	数字显示
16		水箱	不锈钢,780mm×420mm×500mm	2	
17		球阀	MSBA04-024E/MSBV02 G240250S(DN40)	9	
18		空气泵	ACO-818	1	
19		旋涡气泵	XGB-12 型　550W	1	
20		离心泵	WB50/025	2	

续表

序号	编号	设备名称	规格、型号	数量	备注
21		填料吸收塔Ⅰ	玻璃管内径 $D=0.076\text{m}$，内装 $\phi 10\times 10$ 不锈钢拉西环，填料层高度 $h=1.07\text{m}$	1	
22		填料吸收塔Ⅱ	玻璃管内径 $D=0.076\text{m}$，内装 $\phi 10\times 10$ 不锈钢鲍尔环，填料层高度 $h=1.07\text{m}$	1	
23		填料解吸塔	玻璃管内径 $D=0.076\text{m}$，内装 $\phi 10\times 10$ 不锈钢鲍尔环，填料层高度 $h=1.07\text{m}$	1	

(4) 实验装置面板图

实验装置面板图如图 4-18 所示。

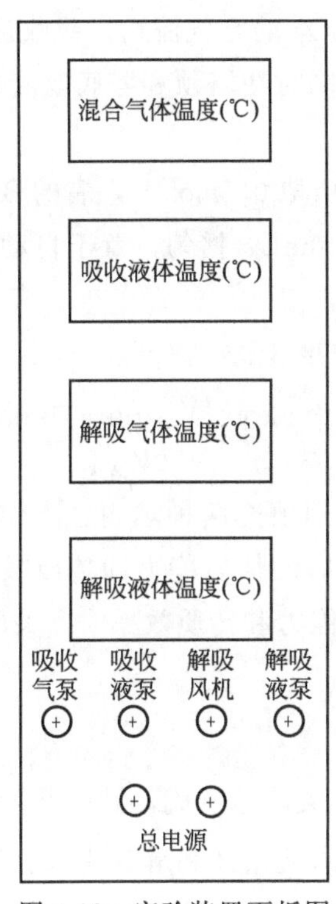

图 4-18　实验装置面板图

4.5.6　实验方法及步骤

(1) 实验前准备工作　首先将水箱 1 和水箱 2 灌满蒸馏水或去离子水，接通实验装置电源并按下总电源开关。准备好 25mL 和 5mL 移液管、100mL 的三角瓶、洗耳球、0.1mol/L 左右的盐酸标准溶液、0.1mol/L 左右的 $Ba(OH)_2$ 标准溶液和自动电位滴定仪等备用。

(2) 测量解吸塔干填料层 Δp-u 关系曲线　打开空气旁路调节阀 V12 至全开，启动旋涡气泵。打开空气流量计 F5 下的阀门 V7，逐渐关小阀门 V12 的开度，调节进塔的空气流量。稳定后读取填料层压降 Δp 即 U 形管液柱压差计的数值，然后改变空气流量，空气流量从小到大共测定 6～10 组数据。在对实验数据进行分析处理后，在对数坐标纸上以空塔气速 u 为横坐标，压降 Δp 为纵坐标，标绘干填料层 Δp-u 关系曲线。

(3) 测量解吸塔在不同喷淋量下填料层 Δp-u 关系曲线　将水流量固定在 140L/h 左右

（水流量大小可因设备调整），采用上面相同步骤调节空气流量，稳定后分别读取并记录填料层压降 Δp、转子流量计读数和流量计处所显示的空气温度，空气流量从小到大共测定 6～10 组数据。操作中随时注意观察塔内现象，一旦出现液泛，立即记下对应空气转子流量计读数。根据实验数据在对数坐标纸上标出液体喷淋量为 140L/h 时的 Δp-u 关系曲线，并在图上确定液泛气速，与观察到的液泛气速相比较是否吻合。

（4）CO_2 吸收传质系数测定　关闭吸收液泵的出口阀，启动吸收液泵，关闭空气转子流量计 F2，CO_2 转子流量计 F1 与钢瓶连接。打开吸收液转子流量计 F4，调节到 100L/h，待有水从吸收塔顶喷淋而下，从吸收塔底的 π 形管尾部流出后，启动吸收气泵，调节转子流量计 F2 到指定流量，同时打开 CO_2 钢瓶调节减压阀，调节 CO_2 转子流量计 F1，按 CO_2 与空气的比例在 10%～20%计算出 CO_2 的空气流量。吸收进行 15min 并操作达到稳定状态之后，测量塔底、塔顶液相的温度，同时在塔顶和塔底取液相样品并测定吸收塔顶、塔底溶液中 CO_2 的含量。

溶液 CO_2 含量测定：用移液管吸取 0.1mol/L 左右的 $Ba(OH)_2$ 标准溶液 10mL，放入三角瓶中，并从取样口处接收塔底溶液 10mL。摇匀，置于自动电位滴定仪上，用 0.1mol/L 左右的盐酸标准溶液滴定到终点。

按下式计算得出溶液中 CO_2 浓度：

$$c_{CO_2}=\frac{2c_{Ba(OH)_2}V_{Ba(OH)_2}-c_{HCl}V_{HCl}}{2V_{溶液}}$$

本套装置设有两个吸收塔，分别填充两种填料：不锈钢拉西环填料和不锈钢鲍尔环填料。当测量不锈钢拉西环填料吸收塔的传质能力和传质效率时，关闭阀门 V4 和 V9；当测量不锈钢鲍尔环填料吸收塔的传质能力和传质效率时，关闭阀门 V3 和 V8。

4.5.7 实验注意事项

（1）开启 CO_2 总阀门前，要先关闭减压阀，阀门开度不宜过大。

（2）实验中要注意保持吸收塔水流量计和解吸塔水流量计数值一致，并随时关注水箱中的液位。两个流量计要及时调节，以保证实验时操作条件不变。

（3）分析 CO_2 浓度操作时动作要迅速，以免 CO_2 从液体中逸出导致结果不准确。

4.5.8 实验数据记录与处理

（1）实验原始数据记录

将实验数据记录至表 4-17～表 4-19。

表 4-17　填料塔流体力学性能实验数据记录（干填料，10 组）

参数：　$L=$______L/h　填料层高度 $h=$______m　塔径 $D=$______m

序号	填料层的压降 Δp		空气转子流量计读数/(m^3/h)	空气转子流量计处空气的温度/℃	空塔气速/(m/s)
	/mmH_2O	/kPa			
1					
2					

续表

序号	填料层的压降 Δp		空气转子流量计读数/(m^3/h)	空气转子流量计处空气的温度/℃	空塔气速/(m/s)
	/mmH_2O	/kPa			
3					
4					
5					
6					
7					
8					
9					
10					

表 4-18　填料塔流体力学性能实验数据记录（湿填料，11 组）

参数：　L=________L/h　填料层高度 h=________m　塔径 D=________m

序号	填料层的压降 Δp		空气转子流量计读数/(m^3/h)	空气转子流量计处空气的温度/℃	空塔气速/(m/s)	实验现象
	/mmH_2O	/kPa				
1						
2						
3						
4						
5						
6						
7						
8						
9						
10						
11						

表 4-19　填料吸收塔传质性能测定实验数据记录

吸收的气体:空气+CO_2 混合气体　吸收剂:水　塔内径:________mm

序号	名称	实验数据	
	填料种类	不锈钢拉西环	不锈钢鲍尔环
1	填料层高度/m		
2	CO_2 转子流量计读数/(m^3/h)		
3	CO_2 转子流量计处温度/℃		
4	流量计处 CO_2 的体积流量/(m^3/h)		
5	空气转子流量计读数/(m^3/h)		
6	水转子流量计读数/(L/h)		
7	中和 CO_2 用 $Ba(OH)_2$ 的浓度/(mol/L)		
8	中和 CO_2 用 $Ba(OH)_2$ 的体积/mL		

续表

序号	名称	实验数据	
	填料种类	不锈钢拉西环	不锈钢鲍尔环
9	滴定用盐酸的浓度/(mol/L)		
10	滴定塔底吸收液用盐酸的体积/mL		
11	滴定塔顶吸收剂用盐酸的体积/mL		
12	样品的体积/mL		
13	塔底液相的温度/℃		
14	亨利常数 $E\times10^5$/kPa		
15	塔底液相的浓度 x_1		
16	塔顶液相的浓度 x_2		
17	CO_2 溶解度常数 $H/(m^3\cdot kPa\cdot kmol^{-1})$		
18	Y_1		
19	y_1		
20	平衡浓度 x_{e_1}		
21	Y_2		
22	y_2		
23	平衡浓度 x_{e_2}		
24	$x_{e_1}-x_1$		
25	$x_{e_2}-x_2$		
26	平均推动力 $\Delta x_m/(kmol/m^3)$		
27	液相总体积吸收系数 $K_xa/[kmol/(m^3\cdot h)]$		
28	吸收率/%		

(2) 实验数据处理

① 数据处理方法（计算举例，案例中的原始数据应区别于同组成员）

② 数据处理结果（计算结果列表，数据图、表要求计算机绘制，打印粘贴至实验报告中）

a. 在双对数坐标纸上关联 Δp-u 的关系；

b. 计算液相总体积吸收系数 K_xa 和吸收率。

4.5.9 数据分析与讨论

(1) 填料塔流体力学性能测定实验（干塔）

① 根据所标绘的 Δp-u 关系曲线讨论一下气体通过填料层压降的大小与塔的动力消耗间的关系，论述所得结果的工程意义，从中能得到什么结论？

② 对实验数据进行必要的误差分析，评论一下数据和结果的误差，并分析其原因。

(2) 填料塔流体力学性能测定实验（湿塔）

① 吸收塔在某喷淋流量下的填料层 Δp-u 关系曲线的直线斜率有变化并出现转折点的原因是什么？分析一下之所以出现这种现象的原因，所得结果的工程意义。

② 总结在某液体喷淋量下单位高度填料层压降随空塔气速的曲线变化趋势，分析误差产生的原因。

（3）填料吸收塔传质性能测定实验

① 试分析空塔气速和喷淋密度这两个因素对吸收系数的影响。在本实验中，哪个因素是主要的，为什么？分析一下之所以出现这种现象的原因以及所得结果的工程意义。

② 试分析讨论，倘若要提高吸收液的浓度有什么办法（不改变进气浓度）？同时会带来什么问题？

（4）论述一下自己对实验装置和实验方案的评价，提出自己的设想和建议。

4.5.10 思考题

（1）实验中是先开气体还是先开液体？

（2）流体通过干填料压降与湿填料压降有什么异同？

（3）测定 Δp-u 关系曲线和吸收系数分别需测哪些量？

（4）填料塔的液泛和哪些因素有关？

（5）填料塔气液两相的流动特点是什么？

（6）从传质推动力和传质阻力两方面分析吸收剂流量和吸收剂温度对吸收过程的影响？

（7）从实验数据分析水吸收 CO_2 是气膜控制还是液膜控制，还是兼而有之？

（8）在实验过程中，什么情况下认为是积液现象，能观察到什么现象？

（9）取样分析塔底吸收液浓度时，应该注意的事项是什么？

（10）为什么在进行数据处理时要校正流量计的读数（CO_2 和空气转子流量计）？

（11）填料的作用是什么？

4.6 精馏实验

4.6.1 实验目的

（1）了解板式精馏塔的结构和操作。

（2）学习精馏塔性能参数的测量方法并掌握其影响因素。

4.6.2 实验内容

（1）测定精馏塔在全回流条件下，稳定操作后的全塔理论塔板数和总板效率。

（2）测定精馏塔在部分回流条件下，稳定操作后的全塔理论塔板数和总板效率。

4.6.3 实验原理

对于二元物系，如已知其气液平衡数据，则根据精馏塔的原料液组成、进料热状况、操作回流比及塔顶馏出液组成、塔底釜液组成可以求出该塔的理论板数 N_T。按照式(4-56)

可以得到总板效率 E_T，其中 N_P 为实际塔板数。

$$E_T=\frac{N_T}{N_P}\times 100\% \tag{4-56}$$

部分回流时，进料热状况参数的计算式为

$$q=\frac{C_{p_m}(t_{BP}-t_E)+r_m}{r_m} \tag{4-57}$$

式中 t_F——进料温度,℃；

t_{BP}——进料的泡点温度,℃；

C_{p_m}——进料液体在平均温度 $(t_F+t_P)/2$ 下的比热容，kJ/(kmol・℃)；

r_m——进料液体在其组成和泡点温度下的汽化潜热，kJ/kmol。

$$C_{p_m}=C_{p_1}M_1x_1+C_{p_2}M_2x_2 \tag{4-58}$$

$$r_m=r_1M_1x_1+r_2M_2x_2 \tag{4-59}$$

式中 C_{p_1},C_{p_2}——分别为纯组分 1 和组分 2 在平均温度下的比热容，kJ/(kg・℃)；

r_1,r_2——分别为纯组分 1 和组分 2 在泡点温度下的汽化潜热，kJ/kg；

M_1,M_2——分别为纯组分 1 和组分 2 的摩尔质量，kg/kmol；

x_1,x_2——分别为纯组分 1 和组分 2 在进料中的摩尔分数。

4.6.4 预习与思考

（1）何为理论板？

（2）要保证精馏塔稳定操作，应该从哪些方面考虑？

（3）塔釜加热时，各塔板温度如何变化？

（4）部分回流时，进料状况对精馏操作的影响，如何选择进料温度？

（5）如何判断塔的操作已经达到稳定？

（6）塔板效率受哪些因素的影响？

4.6.5 实验装置基本情况

（1）实验设备流程图

精馏实验装置流程图如图 4-19 所示。

（2）实验设备主要技术参数

精馏塔结构参数见表 4-20。

表 4-20 精馏塔结构参数

名称	直径/mm	高度/mm	板间距/mm	板数/块	板型、孔径/mm	降液管/mm	材质
塔体	ϕ57×3.5	100	100	9	筛板 2.0	ϕ8×1.5	不锈钢
塔釜	ϕ100×2	300					不锈钢
塔顶冷凝器	ϕ57×3.5	300					不锈钢
塔釜冷凝器	ϕ57×3.5	300					不锈钢

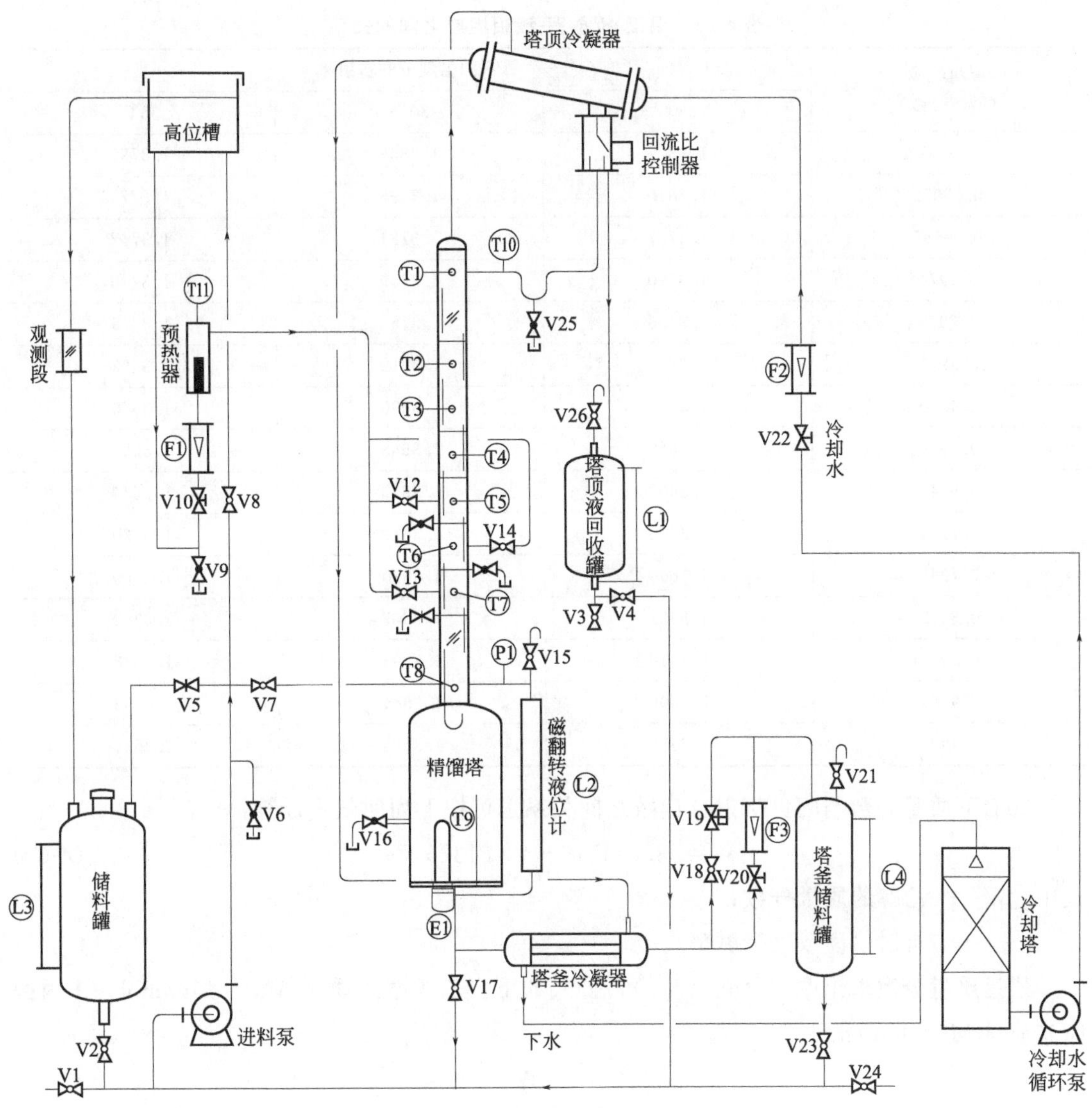

图 4-19　精馏实验装置流程图

L1～L4—液位计；T1～T8—塔板温度传感器；F1～F3—流量计；V1—放料阀；V7—直接进料阀；V8—间接进料阀；V16—塔釜取样阀；V17—釜液放空阀；V19—电磁阀；V25—塔顶取样阀；V26—放空阀

（其他 V 均为阀门）

（3）实验仪器及试剂

实验物系：乙醇-正丙醇；实验物系纯度要求：化学纯或分析纯；实验物系平衡关系见表 4-21；实验物系浓度要求：15%～25%（乙醇质量分数），浓度分析使用阿贝折射仪，折射率与溶液浓度的关系见表 4-22。

表 4-21　乙醇-正丙醇 *t*-*x*-*y* 关系（以乙醇摩尔分数表示，x-液相，y-气相）

t	97.60	93.85	92.66	91.60	88.32	86.25	84.98	84.13	83.06	80.50	78.38
x	0	0.126	0.188	0.210	0.358	0.461	0.546	0.600	0.663	0.884	1.0
y	0	0.240	0.318	0.349	0.550	0.650	0.711	0.760	0.799	0.914	1.0

注：乙醇沸点为 78.3℃；正丙醇沸点为 97.2℃。

表 4-22 温度-折射率-液相组成之间的关系

液相组成（摩尔分数）	不同温度下的折射率		
	25℃	30℃	35℃
0	1.3827	1.3809	1.3790
0.05052	1.3815	1.3796	1.3775
0.09985	1.3797	1.3784	1.3762
0.1974	1.3770	1.3759	1.3740
0.2950	1.3750	1.3755	1.3719
0.3977	1.3730	1.3712	1.3692
0.4970	1.3705	1.3690	1.3670
0.5990	1.3680	1.3668	1.3650
0.6445	1.3607	1.3657	1.3634
0.7101	1.3658	1.3640	1.3620
0.7983	1.3640	1.3620	1.3600
0.8442	1.3628	1.3607	1.3590
0.9064	1.3618	1.3593	1.3573
0.9509	1.3606	1.3584	1.3653
1.000	1.3589	1.3574	1.3551

30℃下质量分数与阿贝折射仪读数之间关系也可按下列回归式计算：

$$W=58.844116-42.61325\times n_D \tag{4-60}$$

式中 W——乙醇的质量分数；

n_D——折射仪读数（折射率）。

通过质量分数求出摩尔分数（X_A），公式如下：乙醇摩尔质量 $M_A=46g/mol$；正丙醇摩尔质量 $M_B=60g/mol$。

$$X_A=\frac{\dfrac{W_A}{M_A}}{\dfrac{W_A}{M_A}+\dfrac{1-W_A}{M_B}} \tag{4-61}$$

（4）实验设备面板图

精馏设备仪表面板图如图 4-20 所示。

4.6.6 实验方法及步骤

（1）实验前检查准备工作

① 将与阿贝折射仪配套使用的超级恒温水浴（阿贝折射仪和超级恒温水浴用户自备）调整运行到所需的温度，并记录这个温度。将取样用注射器和镜头纸备好。

② 检查实验装置上的各个旋塞、阀门均应处于关闭状态。

③ 配制一定浓度（质量分数 20%左右）的乙醇-正丙醇混合液（总容量 15L 左右），倒入储料罐。

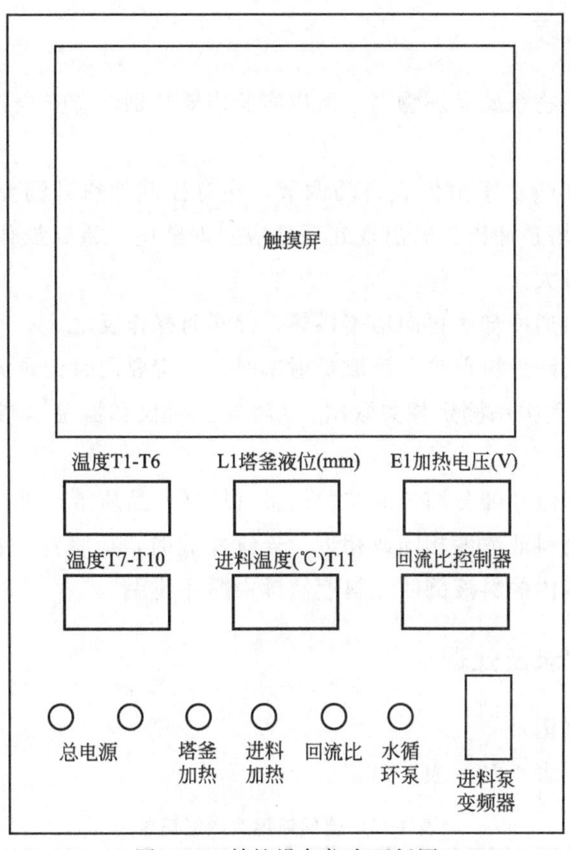

图 4-20　精馏设备仪表面板图

④ 打开直接进料阀门和进料泵开关，向精馏釜内加料到指定高度（冷液面在塔釜总高 2/3 处），而后关闭进料阀门和进料泵。

⑤ 向冷却塔内水箱灌入蒸馏水。

(2) 实验操作

① 全回流操作　启动冷却塔循环水泵，打开塔顶冷凝器进水阀门，保证冷却水足量（60L/h 即可），记录室温；接通总电源开关；调节加热电压约为 130V，待塔板上建立液层后再适当调整电压，使塔内维持正常操作；当各块塔板上鼓泡均匀后，保持加热釜电压不变，在全回流情况下稳定 20min 左右。期间要随时观察塔内传质情况直至操作稳定。然后分别在塔顶、塔釜取样口用 50mL 三角瓶同时取样，通过阿贝折射仪分析样品浓度。

② 部分回流操作　打开间接进料阀门和进料泵，调节转子流量计，以 2.0～3.0L/h 的流量向塔内加料，用回流比控制调节器调节回流比为 $R=4$，馏出液收集在塔顶液回收罐中；塔釜产品经冷却后由溢流管流出，收集在容器内；待操作稳定后，观察塔板上传质状况，记下加热电压、塔顶温度等有关数据。整个操作中维持进料流量计读数不变，分别在塔顶、塔釜和进料三处取样，用阿贝折射仪分析其浓度并记录下进塔原料液的温度。

③ 实验结束　取好实验数据并检查无误后可停止实验，此时关闭进料阀门和加热开关，关闭回流比调节器开关；停止加热 10min 后再关闭冷却循环水泵，一切复原；根据物系的 t-x-y 关系，确定部分回流条件下进料的泡点温度，并进行数据处理。

4.6.7 实验注意事项

（1）由于实验所用物系属易燃物品，所以实验中要特别注意安全，操作过程中避免洒落以免发生危险。

（2）本实验设备加热功率由仪表自动调节，注意控制加热升温要缓慢，以免发生爆沸（过冷沸腾）使釜液从塔顶冲出。若出现此现象应立即断电，重新操作。升温和正常操作过程中釜的电功率不能过大。

（3）开车时要先接通冷却水再向塔釜供热，停车时操作反之。

（4）检测浓度使用阿贝折射仪。读取折射率时，一定要同时记录测量温度并按给定的折射率-质量分数-测量温度关系测定相关数据。（阿贝折射仪和恒温水浴由用户自购，使用方法见说明书。）

（5）为便于对全回流和部分回流的实验结果（塔顶产品质量）进行比较，应尽量使两组实验的加热电压及所用料液浓度相同或相近。连续实验时，应将前一次实验时留存在塔釜、塔顶、塔底产品接受器内的料液倒回原料液储罐中循环使用。

4.6.8 实验数据记录及处理

（1）实验原始数据记录

将实验数据记录至表4-23～表4-26。

表4-23 全回流温度数据记录

加热电压______V

时间	塔顶	塔釜	第_块板	第_块板	第_块板	第_块板	第_块板

表4-24 全回流操作实验数据记录（系统稳定后）

阿贝折射仪温度______℃

	折射率 n_{D1}	折射率 n_{D2}	平均折射率 n_D	摩尔分数 x
塔顶				
塔釜				
原料				

表 4-25　部分回流温度数据记录

加热电压________V　回流比 R________　进料量________L/h　进料温度________℃

时间	塔顶	塔釜	第_块板	第_块板	第_块板	第_块板	第_块板
0.0min							

表 4-26　部分回流操作实验数据记录（系统稳定后）

阿贝折射仪温度________℃

	折射率 n_{D1}	折射率 n_{D2}	平均折射率 n_D	摩尔分数 x
塔顶				
塔釜				
进料				

（2）实验数据处理

① 计算精馏段、提馏段操作线方程及 q 线方程。

② 在直角坐标系中绘制 x-y 图，并用图解法求出理论板数（数据图要求计算机绘制，打印粘贴）。

③ 求全塔效率。

4.6.9　数据分析与讨论

（1）实验误差分析（包括可能出现的误差和原因）

（2）实验结果与讨论

① 结合实验结果，分析影响塔板效率的主要因素；

② 分析对比全回流和部分回流分离性能差别。

（3）评价与建议　论述一下自己对实验装置和实验方案的评价，提出自己的设想和建议。

4.6.10　思考题

（1）全回流一般用在什么条件下？

（2）什么情况下需要调节回流比？

（3）如果改变回流比对分离能力、操作有何影响？如果没有回流呢？

（4）改变进料状况对分离能力和操作有什么影响？

(5) 塔身上为什么设置三个进料口?

(6) 改变进料位置对分离能力、操作有什么影响?

(7) 进料量对精馏塔理论板层数有无影响，为什么?

(8) 在求理论板数时，本实验为何用图解法，而不用逐板计算法?

4.7 萃取实验

4.7.1 实验目的

(1) 了解转盘萃取塔和往复筛板萃取塔的基本结构、特点；了解萃取操作的基本流程和萃取塔的操作方法。

(2) 观察萃取塔内转盘在不同转速下、筛板在不同振动频率下，分散相液滴变化情况和流动状态。

(3) 学习和掌握萃取塔传质单元高度或和总体积传质系数的测定原理和方法，了解强化传质的方法。

4.7.2 实验内容

(1) 固定两相流量，测定转盘萃取塔转盘在不同转速下、往复筛板萃取塔筛板在不同振动频率下萃取塔的传质单元数 N_{OE}、传质单元高度 H_{OE} 及总体积传质系数 K_{YEa} 及萃取效率。

(2) 通过实际操作，探索强化萃取塔传质效率的方法。

4.7.3 实验原理

对于液体混合物的分离，除可采用蒸馏方法外，还可采用萃取方法。即在液体混合物(原料液)中加入一种与其基本不相混溶的液体作为溶剂，利用原料液中的各组分在溶剂中溶解度的差异来分离液体混合物，此即液-液萃取，简称萃取。选用的溶剂称为萃取剂，以字母 S 表示；原料液中易溶于 S 的组分称为溶质，以字母 A 表示；原料液中难溶于 S 的组分称为原溶剂或稀释剂，以字母 B 表示。

萃取操作一般是将一定量的萃取剂和原料液同时加入萃取器中，在外力作用下充分混合，溶质通过相界面由原料液向萃取剂中扩散。两液相由于密度差而分层。一层以萃取剂 S 为主，溶有较多溶质，称为萃取相，用字母 E 表示；另一层以原溶剂 B 为主，且含有未被萃取完的溶质，称为萃余相，以 R 表示。萃取操作并未把原料液全部分离，而是将原来的液体混合物分为具有不同溶质组成的萃取相 E 和萃余相 R。通常萃取过程中一个液相为连续相，另一个液相以液滴的形式分散在连续的液相中，称为分散相。液滴表面积即为两相接触的传质面积。

本实验操作中，以水为萃取剂，从煤油中萃取苯甲酸。所以，水相为萃取相(又称为连续相、重相)，用字母 E 表示；煤油相为萃余相(又称为分散相、轻相)，用字母 R 表示。萃取过程中，苯甲酸部分地从萃余相转移至萃取相。

（1）按萃取相计算的传质单元数 N_{OE}

$$N_{OE}=\int_{Y_{Et}}^{Y_{Eb}}\frac{dY_E}{Y_E^*-Y_E} \tag{4-62}$$

式中　Y_{Et}——苯甲酸进入塔顶的萃取相质量比组成，kg 苯甲酸/kg 水，本实验中 $Y_{Et}=0$；

Y_{Eb}——苯甲酸离开塔底萃取相质量比组成，kg 苯甲酸/kg 水；

Y_E——苯甲酸在塔内某一高度处萃取相质量比组成，kg 苯甲酸/kg 水；

Y_E^*——与苯甲酸在塔内某一高度处萃余相组成 X_R 成平衡的萃取相中的质量比组成，kg 苯甲酸/kg 水。

利用 Y_E-X_R 图上的分配曲线（平衡曲线）与操作线，可求得$\frac{1}{Y_E^*-Y_E}$-Y_E 关系，然后用辛普森数值积分法可求得 N_{OE}。对于水-煤油-苯甲酸物系，Y_{Et}-X_R 图上分配曲线可实验测绘。如果分配系数为常数时，可用解析法计算 N_{OE}。

（2）按萃取相计算的传质单元高度 H_{OE}

$$H_{OE}=\frac{H}{N_{OE}} \tag{4-63}$$

式中　H——萃取塔的有效高度，m。

（3）按萃取相计算的体积总传质系数

$$K_{YEa}=\frac{S}{H_{OE}A} \tag{4-64}$$

式中　S——萃取相中纯溶剂的质量流量，kg/h；

A——萃取塔截面积，m^2；

K_{YEa}——按萃取相计算的总体积传质系数，$\frac{kg(A)}{m^3\cdot h\cdot\frac{kg(A)}{kg(S)}}$。

4.7.4　预习与思考

（1）均相液体混合物，根据哪些因素决定是采用蒸馏方法还是萃取方法分离？

（2）液-液萃取实验的原理是什么？实验中有效塔高如何计算？

（3）在萃取过程中选择连续相与分散相的原则是什么？

（4）在本实验中，水是轻相还是重相，是分散相还是连续相？

（5）转子流量计在使用时应注意什么问题？如何校正？

4.7.5　实验装置基本情况

（1）桨叶式旋转萃取塔

① 实验装置流程图　桨叶式旋转萃取塔实验装置流程示意图如图 4-21 所示。

② 实验装置流程简介　本塔为桨叶式旋转萃取塔，塔身采用硬质硼硅酸盐玻璃管，塔顶和塔底玻璃管端扩口处，通过增强酚醛压塑法兰、橡皮圈、橡胶垫片与不锈钢法兰连接，密封性能好。塔内设有 16 个环形隔板，将塔身分为 15 段。相邻两隔板间距 40mm，每段中部位置

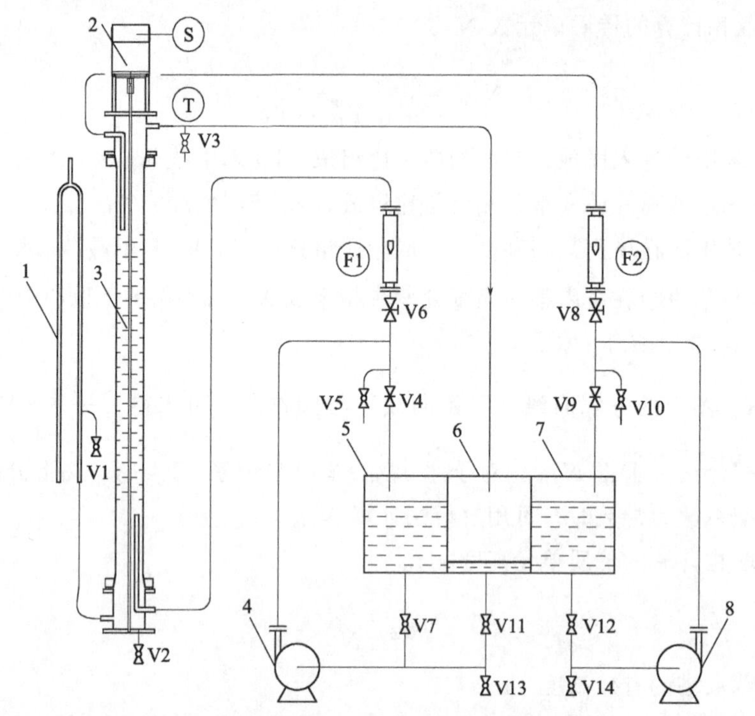

图 4-21 桨叶式旋转萃取塔实验装置流程示意图

1—π 形管；2—电机；3—萃取塔；4—煤油泵；5—煤油箱；6—煤油回收箱；
7—水箱；8—水泵；F1—煤油流量计；F2—水流量计；V1～V14—阀门

设有在同轴上安装的由 3 片桨叶组成的搅动装置。搅拌转动轴底端装有轴承，顶端经轴承穿出塔外与安装在塔顶上的电动机主轴相连。电动机为直流电动机，通过调压变压器改变电动机电枢电压的方法作无级变速。操作时的转速控制由指示仪表给出相应的电压值来控制。塔下部和上部轻、重两相的入口管分别在塔内向上或向下延伸约 200mm，分别形成两个分离段，轻、重两相将在分离段内分离。萃取塔的有效高度 H，则为轻相入口管管口到两相界面之间的距离。

本实验以水为萃取剂，从煤油中萃取苯甲酸。水相为萃取相（用字母 E 表示，本实验又称连续相、重相）。煤油相为萃余相（用字母 R 表示，本实验中又称分散相、轻相）。轻相入口处，苯甲酸在煤油中的浓度应保持在 0.0015～0.0020（kg 苯甲酸/kg 煤油）之间为宜。轻相由塔底进入，作为分散相向上流动，经塔顶分离段分离后由塔顶流出；重相由塔顶进入，作为连续相向下流动至塔底经 π 形管流出；轻重两相在塔内呈逆向流动。在萃取过程中，苯甲酸部分地从萃余相转移至萃取相。萃取相及萃余相进出口浓度由容量分析法测定。考虑水与煤油是完全不互溶的，且苯甲酸在两相中的浓度都很低，可认为在萃取过程中两相液体的体积流量不发生变化。

③ 实验装置主要技术参数

萃取塔的几何尺寸：塔内径 $D=57$mm；塔身高度 $h=1000$mm；萃取塔有效高度 $H=750$mm。

水泵、油泵：离心泵，电压 380V。

转子流量计：采用不锈钢材质；型号 LZB-4；流量 1～10L/h；精度 1.5 级。

无级调速器：调速范围 0～800r/min，调速平稳。

④ 实验装置仪表面板图　实验设备面板示意图见图 4-22。

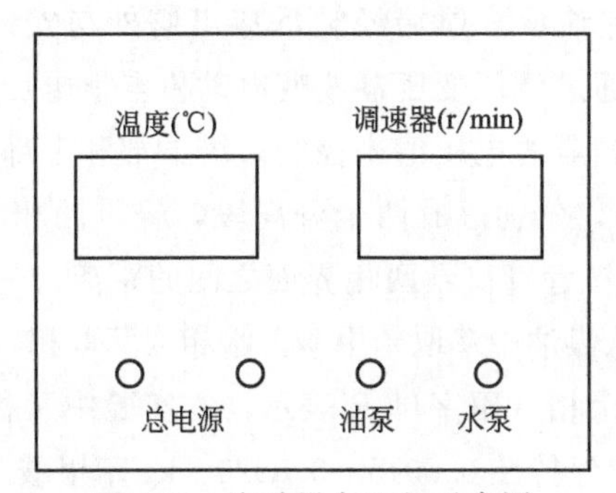

图 4-22　实验设备面板示意图

(2) 转盘萃取塔和往复筛板萃取塔

① 实验装置流程图　转盘萃取塔和往复筛板塔实验装置流程示意图见图 4-23。

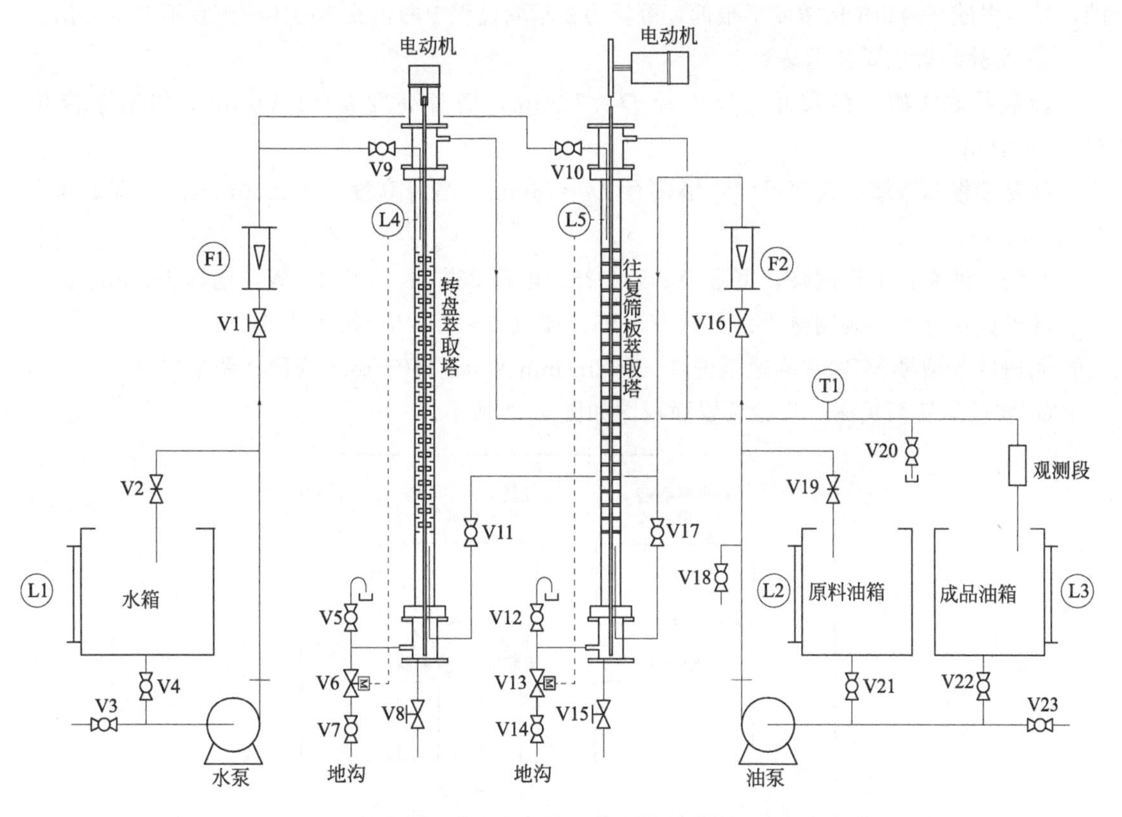

图 4-23　转盘萃取塔和往复筛板萃取塔实验装置流程示意图

L1,L2,L3—液位计；L4,L5—油水界面计；F1,F2—转子流量计；T1—温度计；

V1～V5,V7～V12,V14～V23—阀门；V6,V13—常闭电磁阀

② 实验装置流程简介　本套装置包含两个塔，转盘萃取塔和往复筛板萃取塔，塔身采用硬质硼硅酸盐玻璃管，塔顶和塔底玻璃管端扩口处，通过增强酚醛压塑法兰、橡皮圈、橡胶垫片与不锈钢法兰连接，密封性能好。转盘萃取塔内设有 16 个环形隔板，将塔身分为 15 段。相邻两隔板间距 50mm，每段中部位置设有在同轴上安装的由 3 片转盘组成的搅动装

置。往复筛板萃取塔内设有23个不锈钢2mm筛板，将塔身分为22段。相邻两隔板间距30mm。搅拌转动轴底端装有轴承，顶端经轴承穿出塔外与安装在塔顶上的电动机主轴相连。电动机为直流电动机，通过调压变压器改变电动机电枢电压的方法作无级变速。操作时的转速控制由指示仪表给出相应的电压值来控制。塔下部和上部轻重两相的入口管分别在塔内向上或向下延伸约200mm，分别形成两个分离段，轻重两相将在分离段内分离。萃取塔的有效高度H，则为轻相入口管管口到两相界面之间的距离。

本实验以水为萃取剂，从煤油中萃取苯甲酸。水相为萃取相（用字母E表示，本实验又称连续相、重相）。煤油相为萃余相（用字母R表示，本实验中又称分散相、轻相）。轻相入口处，苯甲酸在煤油中的浓度应保持在0.0015～0.0020（kg苯甲酸/kg煤油）之间为宜。轻相由塔底进入，作为分散相向上流动，经塔顶分离段分离后由塔顶流出；重相由塔顶进入作为连续相向下流动至塔底流出；轻重两相在塔内呈逆向流动。在萃取过程中，苯甲酸部分地从萃余相转移至萃取相。萃取相及萃余相进出口浓度由容量分析法测定。考虑水与煤油是完全不互溶的，且苯甲酸在两相中的浓度都很低，可认为在萃取过程中两相液体的体积流量不发生变化。

③ 实验装置主要技术参数

转盘萃取塔的几何尺寸：塔内径$D=76$mm；塔身高度$h=1200$mm；塔有效高度$H=750$mm。

往复筛板萃取塔的几何尺寸：塔内径$D=76$mm；塔身高度$h=1200$mm；塔有效高度$H=750$mm。

水泵、油泵：不锈钢泵，型号WD50/025；电压380V；功率250W；扬程10.5m。

转子流量计：不锈钢材质；型号VA-15；流量4～40L/h；精度1.5级。

调速器：型号MD-3S调速范围0～1000r/min和0～150r/min两种，调速平稳。

④ 实验装置面板图　实验装置面板图如图4-24所示。

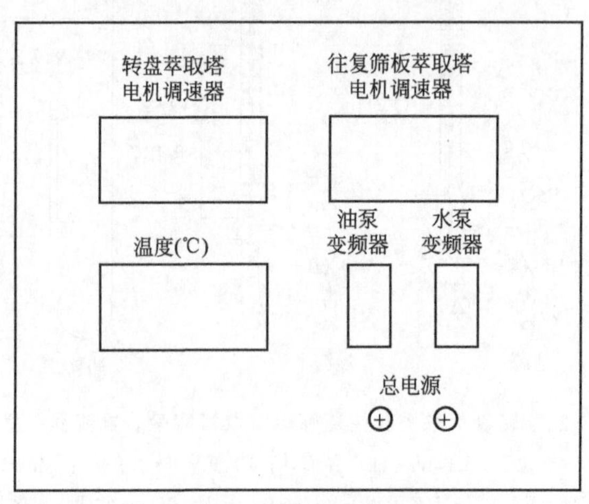

图4-24　实验装置面板图

4.7.6 实验方法及步骤

(1) 桨叶式旋转萃取塔（图4-21）

① 将水箱加水至水箱2/3处，将配置好的2‰苯甲酸的煤油混合物加入到原料油箱，所

有阀门处于关闭状态，先全开轻相泵入口阀 V7，启动轻相油泵，将轻相煤油回流阀 V4 缓慢打开，使苯甲酸煤油溶液混合均匀。全开重相泵入口阀 V12，启动重相水泵将重相水回流阀 V9 缓慢打开使其循环流动。

② 调节水转子流量计 F2，将重相（连续相、水）送入塔内。当塔内水面快上升到重相入口与轻相出口间中点时，将水流量调至指定值（4L/h），并缓慢改变 π 形管高度使塔内液位稳定在重相入口与轻相出口之间中点左右的位置上。

③ 将调速装置的旋钮调至零位接通电源，开动电机固定转速 300r/min。调速时要缓慢升速。

④ 将轻相（分散相、煤油）F1 流量调至指定值（约 6L/h），并注意及时调节 π 形管高度。在实验过程中，始终保持塔顶分离段两相的相界面即油水分界面位于重相入口与轻相出口之间中点左右。

⑤ 操作过程中，要绝对避免塔顶的两相界面过高或过低。若两相界面过高，到达轻相出口的高度，则将会导致重相混入轻相储槽。

⑥ 维持操作稳定半小时后，用锥形瓶收集轻相进、出口样品各约 50mL，重相出口样品约 100mL，准备分析浓度使用。

⑦ 取样后，改变桨叶转速，其他条件维持不变，进行第二个实验点的测试。

⑧ 用容量分析法分析样品浓度。

具体方法如下：用移液管分别取煤油相 10mL，水相 25mL 样品，以酚酞做指示剂，用 0.01mol/L 左右 NaOH 标准液滴定样品中的苯甲酸。在滴定煤油相时应在样品中加 10mL 纯净水，滴定中剧烈摇动至终点。

⑨ 实验完毕后，关闭两相流量计。将调速器调至零位，使搅拌轴停止转动，切断电源。滴定分析过的煤油应集中存放回收。洗净分析仪器，一切复原，注意保持实验台面整洁。

（2）转盘萃取塔和往复筛板萃取塔

转盘萃取塔实验

① 在实验装置煤油相储槽内加入一定量的苯甲酸和煤油，搅拌使苯甲酸全部溶解，控制苯甲酸在煤油中的质量分数小于 0.2%；在实验装置的水相储槽内加满水。

分别开动水相和煤油相送液泵的开关，关闭往复筛板萃取塔两相回流阀 V10 和 V17，打开转盘萃取塔两相回流阀 V9 和 V11，使其循环流动。

② 全开水转子流量计 F1 调节阀 V1，将重相（连续相）送入塔内。当塔内水面逐渐上升到重相入口与轻相出口之间的中点时，将水流量调至指定值（约 6L/h），设置液位 L4 限位器，使塔内液位稳定在重相入口与轻相出口之间中点左右的位置上。

③ 将调速装置的旋钮调至零位接通电源，开动转盘萃取塔调速电机并固定转速。调速时要缓慢升速。

④ 将轻相（分散相）流量调至指定值（约 8L/h），并注意观察限位器的高度。在实验过程中，始终保持塔顶分离段两相的相界面位于重相入口与轻相出口之间中点左右。

⑤ 操作过程中，要绝对避免塔顶的两相界面过高或过低。若两相界面过高，到达轻相出口的高度，则将会导致重相混入轻相储槽。

⑥ 维持操作稳定半小时后，用锥形瓶收集轻相进、出口样品各约 50mL，重相出口样品约 100mL，准备分析浓度使用。

⑦ 取样后，改变转盘转速，其他条件维持不变，进行第二个实验点的测试。

⑧ 用容量分析法分析样品浓度。具体方法如下：用移液管分别取煤油相 10mL，水相 25mL 样品，以酚酞做指示剂，用 0.01mol/L 左右的 NaOH 标准液滴定样品中的苯甲酸。在滴定煤油相时应在样品中加 10mL 纯净水，滴定中剧烈摇动至终点。

⑨ 实验完毕后，关闭两相流量计。将调速器调至零位，使搅拌轴停止转动，切断电源。滴定分析过的煤油应集中存放回收。洗净分析仪器，一切复原，注意保持实验台面整洁。

往复式筛板萃取塔实验

首先在水箱内放满水，在原料油箱放满配制好的轻相煤油，分别开动水相和煤油相送液泵的开关，关闭转盘萃取塔两相回流阀 V9 和 V11，打开往复筛板萃取塔两相回流阀 V10 和 V17，使其循环流动。后续实验步骤与转盘萃取塔实验步骤完全一致。

4.7.7 实验操作注意事项

(1) 调节桨叶转速、转盘转速和筛板振动频率时一定要小心谨慎，慢慢升速，千万不能增速过猛使马达产生“飞转”，损坏设备或发生乳化。最高转速机械上可达 800r/min。从流体力学性能考虑，若转速太高，容易液泛，操作不稳定。对于煤油-水-苯甲酸物系，建议在 500r/min 以下操作。

(2) 整个实验过程中，塔顶两相界面一定要控制在轻相出口和重相入口之间适中位置并保持不变。

(3) 由于分散相和连续相在塔顶、塔底滞留量很大，改变操作条件后，稳定时间一定要足够长（约半小时），否则误差会比较大。

(4) 煤油的实际体积流量并不等于流量计指示的读数。需要用到煤油的实际流量数值时，必须用流量修正公式对流量计的读数进行修正后数据才准确。

(5) 煤油流量不要太小或太大，太小会导致煤油出口的苯甲酸浓度过低，从而导致分析误差加大；太大会使煤油消耗量增加，经济上造成浪费。建议水流量控制在 4～6L/h 为宜。

4.7.8 实验数据记录与处理

(1) 实验原始数据记录及整理表

将实验数据记录至表 4-27 和表 4-28。

表 4-27 桨叶式旋转（或转盘）萃取塔实验数据记录及整理表

塔型:桨叶式旋转萃取塔　　萃取塔内径:57mm　　萃取塔有效高度:750mm

转盘萃取塔　　萃取塔内径:76mm　　萃取塔有效高度 H:750mm

溶质 A:苯甲酸；　稀释剂 B:煤油；　萃取剂 S:水；连续相:水　　分散相:煤油

流量计转子密度 ρ_f 为 7900kg/m^3；轻相密度 800kg/m^3；重相密度 1000kg/m^3

NaOH 溶液浓度________mol/L　　塔内温度 t=________℃

实验序号	1	2	3
转速/(r/min)			
水转子流量计读数/(L/h)			
煤油转子流量计读数/(L/h)			
校正得到的煤油实际流量/(L/h)			

续表

实验序号			1	2	3
浓度分析	塔底轻相 X_{Rb}	样品体积/mL			
		NaOH 用量/mL			
	塔顶轻相 X_{Rt}	样品体积/mL			
		NaOH 用量/mL			
	塔底重相 Y_{Bb}	样品体积/mL			
		NaOH 用量/mL			
计算及实验结果	塔底轻相浓度 X_{Rb}/(kgA/kgB)				
	塔顶轻相浓度 X_{Rt}/(kgA/kgB)				
	塔底重相浓度 Y_{Bb}/(kgA/kgB)				
	水流量(S)/(kgS/h)				
	煤油流量(B)/(kgB/h)				
	传质单元数 N_{OE}(图解积分)				
	传质单元高度 H_{OE}				
	体积总传质系数,K_{YEa}/{kgA/[m^3·h·(kgA/kgS)]}				
	萃取效率/%				

表 4-28　往复筛板萃取塔实验数据记录及整理表

塔型:往复筛板萃取塔　　萃取塔内径:76mm　　萃取塔有效高度 H:750mm

溶质 A:苯甲酸;　　稀释剂 B:煤油;　　萃取剂 S:水;连续相:水　　分散相:煤油

流量计转子密度 ρ_f 为 7900kg/m^3;轻相密度 800kg/m^3;重相密度 1000kg/m^3

NaOH 溶液浓度________mol/L　　塔内温度 t=________℃

实验序号			1	2	3
转速/(r/min)　振动频率					
水转子流量计读数/(L/h)					
煤油转子流量计读数/(L/h)					
校正得到的煤油实际流量/(L/h)					
浓度分析	塔底轻相 X_{Rb}	样品体积/mL			
		NaOH 用量/mL			
	塔顶轻相 X_{Rt}	样品体积/mL			
		NaOH 用量/mL			
	塔底重相 Y_{Bb}	样品体积/mL			
		NaOH 用量/mL			
计算及实验结果	塔底轻相浓度 X_{Rb}/(kgA/kgB)				
	塔顶轻相浓度 X_{Rt}/(kgA/kgB)				
	塔底重相浓度 Y_{Bb}/(kgA/kgB)				
	水流量(S)/(kgS/h)				
	煤油流量(B)/(kgB/h)				
	传质单元数 N_{OE}(图解积分)				
	传质单元高度 H_{OE}				
	体积总传质系数,K_{YEa}/{kgA/[m^3·h·(kgA/kgS)]}				
	萃取效率/%				

（2）实验数据处理

① 数据处理方法（计算举例，案例中的原始数据应区别于同组成员）

② 数据处理结果（计算结果列表，数据图及表要求计算机绘制，打印粘贴至实验报告中）

a. 利用 $Y_E - X_R$ 图上的分配曲线（平衡曲线）与操作线，可求得$\dfrac{1}{Y_E^* - Y_E}$-Y_E 关系；

b. 采用图解积分法可求得 N_{OE}；

c. 按萃取相计算的传质单元高度 H_{OE}；

d. 按萃取相计算的体积总传质系数 K_{YEa}。

4.7.9 数据分析讨论

（1）对不同转速的塔顶轻相组成 X_{Rt}、塔底重相组成 Y_{Eb} 及 K_{YEa}、N_{OE}、H_{OE} 分别进行比较，并加以讨论。

（2）描述设备内两相的流动及传质情况。

（3）本实验如果用水作分散相，操作步骤如何？两相分层分离段应设在塔顶还是塔底？

（4）如何用本实验的数据求取理论级当量高度？

（5）对实验数据和结果进行误差分析。

4.7.10 思考题

（1）测定原料液、萃取相、萃余相组成可用那些方法？本实验采用哪种方法？

（2）桨叶式搅拌萃取塔实验装置中，水相出口为什么采用 π 形管？π 形管的高度怎样确定？

（3）转速或振动频率对萃取过程有何影响？定性分析一下其对传质单元高度的影响。

（4）什么是萃取塔的液泛？在操作中，如何确定液泛速度？

（5）液-液萃取设备和气-液传质设备的主要区别有哪些？

4.7.11 平衡数据

（1）苯甲酸在水和煤油中的平衡浓度

苯甲酸在水和煤油中的平衡浓度见表 4-29。

表 4-29 苯甲酸在水和煤油中的平衡浓度

序号	15℃		20℃		25℃	
	X_R	Y_E	X_R	Y_E	X_R	Y_E
1	0.001304	0.001036	0.01393	0.00275	0.012513	0.002943
2	0.001369	0.001059	0.01252	0.002685	0.011607	0.002851
3	0.001436	0.001077	0.01201	0.002676	0.010546	0.002600
4	0.001502	0.001090	0.01275	0.002579	0.010318	0.002747

续表

序号	15℃		20℃		25℃	
	X_R	Y_E	X_R	Y_E	X_R	Y_E
5	0.001568	0.001113	0.01082	0.002455	0.007749	0.002302
6	0.001634	0.001131	0.009721	0.002359	0.006520	0.002126
7	0.001699	0.001142	0.008276	0.002191	0.005093	0.001816
8	0.001766	0.001159	0.007220	0.002055	0.004577	0.001690
9	0.001832	0.001171	0.006384	0.00189	0.003516	0.001407
10			0.001897	0.001179	0.001961	0.001139
11			0.005279	0.001697		
12			0.003994	0.001539		
13			0.003072	0.001323		
14			0.002048	0.001059		
15			0.001175	0.000769		

注：X_R 为苯甲酸在煤油中的浓度，kg 苯甲酸/kg 煤油；Y_E 为对应的苯甲酸在水中的平衡浓度，kg 苯甲酸/kg 水。

（2）煤油-水-苯甲酸系统平衡曲线

煤油-水-苯甲酸系统平衡曲线见图 4-25。

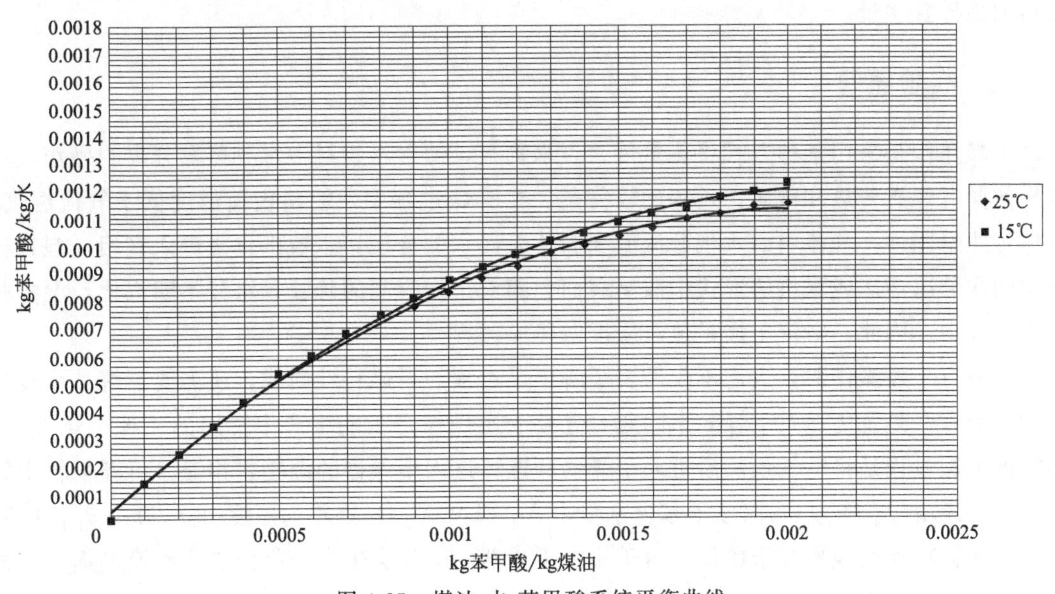

图 4-25　煤油-水-苯甲酸系统平衡曲线

4.8　流化床干燥实验

4.8.1　实验目的

（1）学生可通过实验了解湿物料连续流化干燥的工艺流程，掌握湿物料连续流化干燥的操作方法。

(2) 通过数据测定及分析，掌握干燥过程中物料、热量衡算和体积对流传热系数（α_v）的估算方法。

(3) 通过实验数据验证流化床干燥的气-固相间对流传热效果较好，即 α_v 大。

(4) 观察物料颗粒在连续操作的流化床干燥器中的流化现象；指导学生定性观察旋风分离器内径向上的静压强分布和分离器底部出灰口等处出现负压的情况；引导学生认识出灰口和集尘室密封良好的必要性。

(5) 练习并掌握干燥曲线和干燥速率曲线的测定方法。

4.8.2 实验内容

(1) 学习水分测定仪的使用方法。

(2) 进行湿物料连续流化干燥的规范化操作练习。

(3) 测定几组不同干燥时间出料的物料的含水量，进行相应的热量衡算、热效率 η 计算及对流传热系数 α_v 计算，并通过数据处理结果得出结论。

(4) 通过实验加深对物料临界含水量 X_c 概念及其影响因素的理解。

(5) 练习并掌握恒速干燥阶段物料与空气之间对流传热系数的测定方法。

(6) 在固定空气流量和空气温度条件下，测绘某种物料的干燥曲线、干燥速率曲线和该物料的临界含水量。

4.8.3 实验原理

干燥操作是采用某种方式将热量传给含水物料，使含水物料中水分蒸发分离的操作，干燥操作同时伴有传热和传质，过程比较复杂。在干燥过程中，物料表面温度低于气流温度，气体传热给固体。气流中的水汽分压低于固体表面水的分压，水被汽化并进入气相，湿物料内部的水分以液态或水汽的形式扩散至表面。随着干燥时间的延长，水分不断汽化，湿物料的质量减少。因此，对流干燥是热、质反向传递过程。

在进行干燥操作时，人们不仅需要了解干燥过程的干燥特性曲线，还需要了解整个过程的物料衡算、热量传递及干燥效率问题。连续干燥操作是工业生产中常用的一种干燥方法。其对流干燥过程是将空气预热后进入干燥器和连续进入干燥器的湿物料相遇，将湿物料中的湿基含水量由 w_1 降为 w_2（或干基含水量由 X_1 降为 X_2），物料的温度由 θ_1 升为 θ_2，同时干燥后的物料连续地离开干燥器。由于排出干燥器的空气会带走一部分热量和换热损失，通常需要对干燥器内的空气补加热量。实际生产中，在生产能力和原料及产品要求已定的情况下，需要以干燥过程的物料衡算和热量衡算为基础来确定干燥器容积和操作条件。

(1) 连续干燥操作时的物料衡算　在连续干燥的整个操作过程中，总物料始终保持平衡，即

湿物料总量＝绝干物料量＋含有的水分量

原料处理量 G_1＝干燥产品量 G_2＋干燥的水分量 W

式中　W——干燥过程中除掉水分的速率，kg/s；

G_1——输入物料的流量，kg（物料）/s；

G_2——输出物料的流量，kg（物料）/s。

物料衡算 以干燥器为控制体对水分作物料衡算可得

$$W=G_c(X_1-X_2)=L(H_2-H_1) \tag{4-65}$$

式中 G_c——绝干物料量，$kg \cdot s^{-1}$；

X_1——输入物料量的干基含水量，kg（水）/kg（绝干物料）；

X_2——输出物料量的干基含水量，kg（水）/kg（绝干物料）；

L——绝对干燥空气的质量流量，kg/s；

H_1, H_2——空气进、出干燥器的湿度，kg（水）/kg（绝干气）。

物料的含水量，可用水在湿物料中的质量分数 w 表示，单位为%。它与绝干物质为基准的含水量 X 之间的关系为：

$$X=\frac{w}{1-w} \tag{4-66}$$

干燥时，物料的进料速率 G_1 和出料速率 G_2 分别为：

$$G_1=\frac{g_1}{\Delta_1} \qquad G_2=\frac{g_2}{\Delta_2}$$

式中 g_1——输入物料的质量，kg；

g_2——输除物料的质量，kg；

Δ_1——加料时间，s；

Δ_2——出料时间，s。

进、出物料速率与绝干物料量 G_c 的关系为：

$$G_c=G_1(1-w_1)=G_2(1-w_2) \tag{4-67}$$

干燥器内物料失去的水分 W 为：

$$W=G_1-G_2=G_1\frac{w_1-w_2}{1-w_1} \tag{4-68}$$

（2）干燥过程的热量衡算 预热器的能量衡算：

$$Q=L(I_1-I_0)=LC_{pH_1}(t_2-t_0) \tag{4-69}$$

干燥器的热量衡算：

$$LI_1+G_cC_{pm_1}\theta_1+Q_{补}=LI_2+G_cC_{pm_2}\theta_2+Q_{损} \tag{4-70}$$

$$C_{p_m}=C_{p_s}+C_{pL}X$$

式中 Q——热量，kW；

I_0——湿空气进预热器时的焓值，kJ/kg（干气）；

I_1——空气进干燥器器时的焓值，kJ/kg（干气）；

I_2——湿空气离开干燥器时的焓值，kJ/kg（干气）；

$Q_{补}$——向干燥器补充的热量，kW；

$Q_{损}$——干燥器的热损失，kW；

t_2——湿空气离开干燥器时的温度，℃；

t_0——湿空气进入预热器前的温度，℃；

C_{pm_1}, C_{pm_2}——进、出干燥器的湿物料的比定压热容，kJ/(kg·℃)（绝干料）；

C_{ps}——绝干物料的比定压热容，kJ/(kg·℃)（绝干料）；

C_{pL}——水的比定压热容，kJ/(kg·℃)（绝干料）；

C_{pH_1}——进干燥器湿空气的比定压热容，kJ/(kg·℃)（绝干料）；

θ_1,θ_2——进、出干燥器时物料的温度,℃。

（3）干燥过程的热效率　热量分析如下：

$$LC_{pH_1}(t_1-t_2)=Q_1+Q_2+Q_{损}-Q_{补} \tag{4-71}$$

式中　t_1——湿空气进入干燥器时的温度,℃。

等式左端为气体在干燥器内放出的热量，它由等式右端的四部分决定。其中 $Q_1=W(\gamma_0+C_{pV}t_2-C_{pL}\theta_1)$ 为汽化水分，并由进口态的水变为出口态的蒸汽所消耗的热；C_{pV} 为水蒸气的比定压热容，kJ/(kg·℃)（绝干料）；$Q_2=G_cC_{pm_2}(\theta_2-\theta_1)$ 为物料升温所带走的热。

空气在预热器中获得的热量可分解为两部分，即

$$Q=LC_{pH_1}(t_1-t_2)+LC_{pH_1}(t_2-t_0)=LC_{pH_1}(t_1-t_2)+Q_3 \tag{4-72}$$

Q_3 为废气离开干燥器时带走的热量。因此

$$Q+Q_{补}=Q_1+Q_2+Q_3+Q_{损} \tag{4-73}$$

（4）体积对流传热系数　气体向固体物料传热的后果是引起物料升温和水分蒸发。其传热速率为：

$$Q=Q_1+Q_2 \tag{4-74}$$

$$Q_1=G_cC_{m_2}(\theta_2-\theta_1)=G_c(C_s+C_WX_2)(\theta_2-\theta_1) \tag{4-75}$$

$$Q_2=W(I'_V-I'_L)=W[(\gamma_{0℃}+C_V\theta_m)-C_W\theta_1] \tag{4-76}$$

式中　Q_1——干基为 X_2 的物料从 θ_1 升温到 θ_2 所需要的传热速率，kW；

Q_2——水在汽化所需的传热速率，kW；

C_{m_2}——出干燥器物料的湿比热容，kJ/(kg·℃)（绝干料）；

C_s——绝干物料的比热容，kJ/(kg·℃)（绝干料）；

C_W——水的比热容，可取为 4.18kJ/(kg·℃)；

$\gamma_{0℃}$——0℃时水的汽化潜热，kJ/kg；

I'_v——θ_m 温度下水蒸气的焓，kJ/kg；

I'_L——θ_1 温度下液态水的焓，kJ/kg。

（5）热效率 η　干燥过程中热量的有效利用程度是决定过程经济性指标的重要依据。干燥机理是将热空气的热量传给湿物料，使湿物料中的水分汽化，水蒸气随空气带走，需要消耗的热量为 $Q_{蒸}$。因此，将蒸发水分所消耗的热量与输入热量的比值定义为热效率 η，用来描述干燥过程的经济性。

$$\eta=\frac{干燥过程中蒸发水分所消耗的热量Q_{蒸}}{向干燥器提供热量Q_{入}}\times100\% \tag{4-77}$$

$$Q_{蒸}=W(2490+1.88t_2-4.187\theta_1) \tag{4-78}$$

式中　$Q_{蒸}$——蒸发水分所需要的热量，kW。

4.8.4　预习与思考

（1）流化床干燥实验如何检测新鲜空气的湿度？湿球温度计的测量原理以及本质是

什么？

（2）实验过程中如何处理尾气？

（3）对测量湿物料含水量的方法、原理作简要说明。

（4）若改变空气的流量，而保持其他条件不变，产品的含水量将如何变化？

（5）如何定义物料临界含水量？它受哪些因素的影响？

4.8.5　实验装置的基本情况

（1）实验装置流程示意图　流化床干燥实验流程示意图如图 4-26 所示

实验设备主要技术参数为：

流化床干燥器床层直径 D：ϕ100mm，有效流化高度 H：100mm

流化床气流分布器：30 目不锈钢丝网

物料：变色硅胶，粒径 1.0～1.6mm，绝干料比热容 C_s＝0.783kJ/(kg・℃)（t＝57℃）

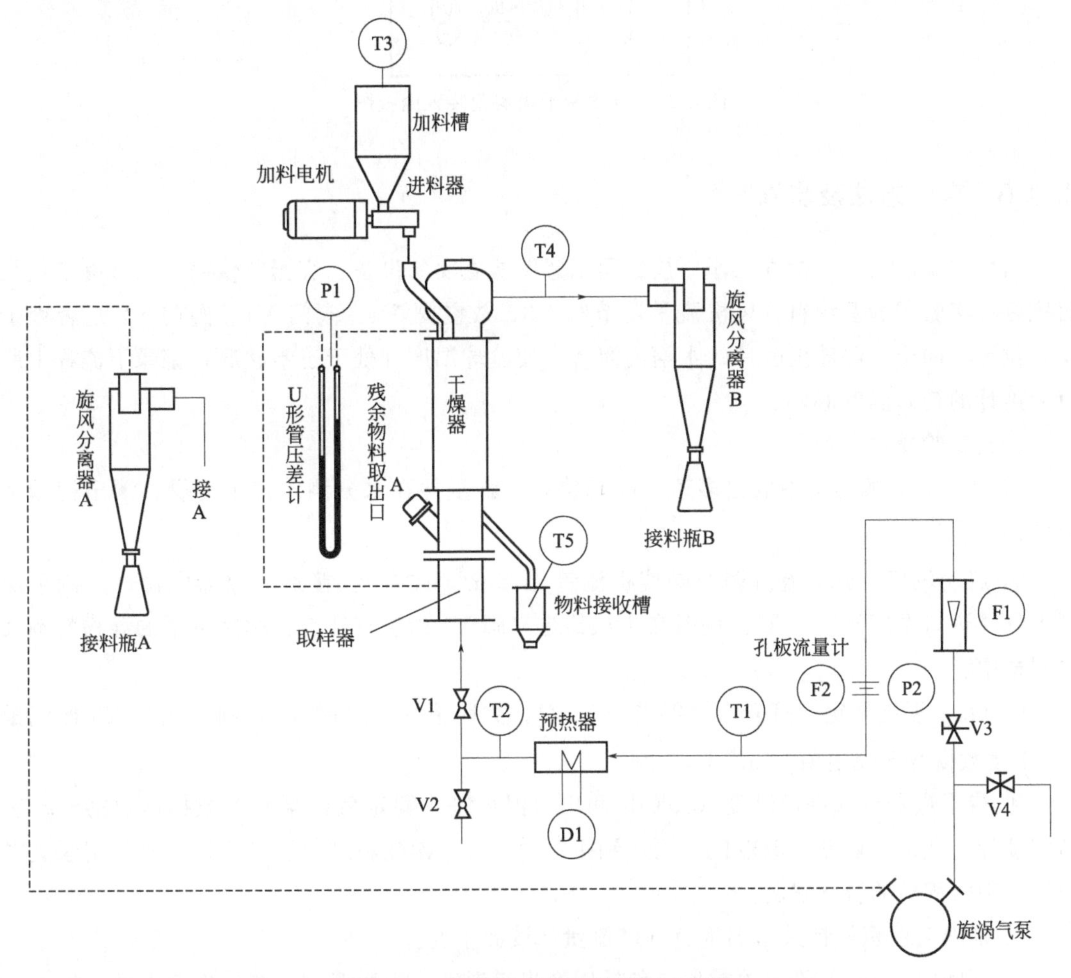

图 4-26　流化床干燥实验流程示意图

T1—空气进口温度；T2—预热器空气出口温度；T3—物料入口温度；T4—干燥器空气出口温度；T5—物料出口温度；P1—干燥器压差；P2—孔板流量计压差；D1—加热器用电量；V1、V2、V3、V4—阀门

（2）实验装置面板图　流化床干燥实验装置面板图如图 4-27 所示。

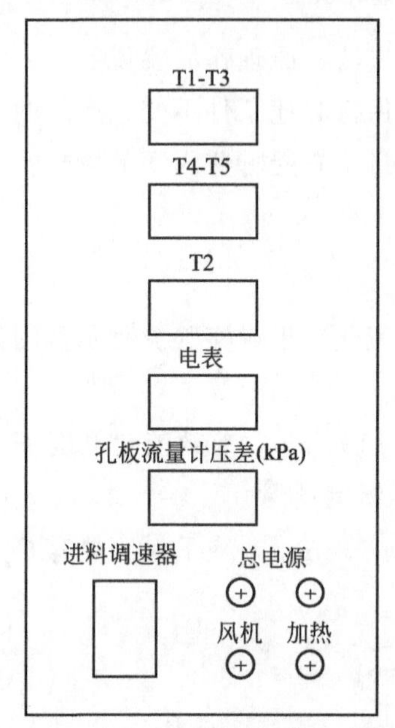

图 4-27　流化床干燥实验装置面板图

4.8.6　实验方法及步骤

（1）实验前准备、检查工作　按流程示意图检查实验设备、容器及仪表、水分测定仪是否完好；实验用的湿物料；风机流量调节阀 V3、放空阀 V4、阀门 V1、阀门 V2 是否处于正常位置；向干、湿球湿度计的水槽内灌水，使湿球温度计处于正常状况；记录下流程上所有温度计的初始温度值。

（2）实验操作

① 从准备好的湿料中取出多于 10g 的物料，称重并在水分测定仪中干燥，测出初始物料的湿基含量 w_1。

② 启动风机，调节流量调节阀使得流量为 $25m^3/h$ 左右。接通预热器电源，控制干燥器的气体进口温度接近 60℃。同时在干燥器进气阀 V1 尚未打开前将称完重量的湿物料倒入加料槽中。

③ 待 t_2 温度稳定后打开干燥器进气阀 V1，关闭下方放空阀 V2，调节阀门 V3 使流量计 F1 读数恢复至规定值 $25m^3/h$。

④ 待干燥器空气进口温度（60℃）和出口温度基本稳定后记录有关数据，包括干、湿球湿度计的数值。启动直流电机，调速到指定值，开始湿物料进料。同时按下秒表记录进料时间，观察固粒的流化状况。

⑤ 加料后注意维持进口温度、气体流量计读数不变。

⑥ 每间隔 5min 记录相关数据，包括固料出口温度、干燥器空气的进出口温度、加热器的加热功率、空气流量计读数等。对数据进行处理时，取操作基本稳定后的多次记录数据的平均值。观察干燥器出口物料的出料情况。

⑦ 当全部湿物料加入完成后记录实验所需时间，记录所需能耗，关闭直流电机旋钮停止加料，打开放空阀，切断加热，关闭进气阀。

⑧ 将干燥器出口物料进行称量，测出干燥产品的湿基 w_2 值（方法同 w_1）。并用旋涡气泵吸气方法取出干燥器内剩余物料并称出重量。

⑨ 关停风机，复原实验装置为初始状态（包括将所有固料都放在一个容器内）。

4.8.7　实验注意事项

（1）实验中风机旁路阀门不能全关。干燥器下方放空阀实验前后应全开，实验中应全关。

（2）加料直流电机转速控制在 2r/min 以内。

（3）本实验设备和管路均未严格保温，目的是便于观察流化床内颗粒干燥的过程，所以热损失比较大。

（4）水分测定仪在测水分的过程中严禁打开，取托盘时注意防烫。

4.8.8　实验数据记录与处理

（1）实验原始数据记录

将实验数据记录至表 4-30。

表 4-30　流化床干燥实验数据记录

实验装置参数：　流化床干燥其床层直径 D________mm；有效流化高度________mm
流化床气流分布器：________；变色硅胶________；绝干料的比热容 C_s________
________kJ/(kg·℃)；空气的干球温度 t________℃；湿球温度 t_w________℃；进料速度________。

序号	空气流量/(m^3/h)	温度 t/℃					加热功率/(kW·h)	进料速度	湿物料总量/g	产品量/g
		t_0	t_1	t_2	θ_1	θ_2				
1										
2										
3									湿基 w_1	湿基 w_2
4										
5										
6										
7										
8										
9										
10										
11										
12										
13										
14										
15										

续表

序号	空气流量/(m^3/h)	温度 t/℃					加热功率/(kW·h)	进料速度	湿物料总量/g	产品量/g
		t_0	t_1	t_2	θ_1	θ_2				
16										
17										
18										
19										
20										

（2）实验现象

（3）实验数据处理

① 数据处理方法（计算举例，案例中的原始数据应区别于同组成员）

② 数据处理结果（计算结果列表，数据图及表要求计算机绘制，打印粘贴至实验报告中）

4.8.9 数据分析与讨论

（1）分析干燥过程中若改变湿空气的加热温度，对干燥过程的影响

（2）若改变干燥介质湿空气的用量，对干燥过程的影响。

（3）分析实验过程中的热量利用率，如何提高热效率？

（4）如何利用本设备测定干燥速率曲线？

4.8.10 思考题

（1）流化床干燥器有何优缺点？流化床干燥操作的要点是什么？

（2）在70～80℃之间的空气流中干燥相当长的时间，能否得到绝对干燥的物料？

（3）为什么在操作中要先开鼓风机送气，然后再通电加热？旋涡风机应如何正确开启，为什么？

（4）本装置装有干湿球温度计，假设干燥过程为绝热增湿过程，如何求得干燥器内空气的平均湿度？

（5）本实验装置存在哪些设计缺陷？如何改进？

（6）若实验过程突然断电，如何应急与操作？

第5章 化工原理演示实验

5.1 流线演示实验

5.1.1 实验目的

（1）观察流体流动中的流线、边界层分离及漩涡发生的区域和形态等流动现象。

（2）观察流体流过文丘里流量计、孔板流量计及转子流量计时的流动现象，理解三种流量计的工作原理。

（3）观察阀门全开时的湍动现象，理解流体流过阀门时压力损失产生的原因。

（4）观察列管换热器模拟流体流动的特点，理解换热器列管排列方式对换热效果的影响。

（5）观察不同转弯角度、弧度的转角时流体流动的不同特点，理解怎样的转角设计使流体流动最理想。

（6）观察流体流过不同形状物体时边界层分离现象。

5.1.2 实验原理

当流体经过固体壁面时，由于流体具有黏性，黏附在固体壁面上静止的流体层与其相邻的流体层之间产生摩擦力，使相邻流体层的流动速度减慢。因此在垂直于流体流动的方向上便产生速度梯度 du/dy，有速度梯度存在的流体层称之为边界层。

在化学工程学科中非常重视对边界层的研究。边界层概念的意义在于研究真实流体沿着固体壁面流动时，要集中注意流体边界层内的变化，它的变化将直接影响到动量传递、能量传递和质量传递。

在流体流过曲面，或者流体的流道截面大小或流体流动方向发生改变时，若此时流体的压强梯度 dp/dx（沿着流动方向的流体压强变化率）改变比较大，那么流体边界层将会与壁面脱离而形成旋涡，加剧了流体质点间的互相碰撞，造成流体能量的损耗。边界层从固体壁面脱离的现象称之为边界层的分离或脱体。由此，我们可找到流体在流动过程中能量消耗的原因。同时，这种漩涡（或称涡流）造成的流体微团的杂乱运动并相互碰撞、混合也会使传递过程大大强化。因此，流体流线研究的现实意义就在于，可对现有流动过程及设备进行分析研究，强化传递为开发新型高效设备提供理论依据，并在选择适宜的操作控制条件方面作出指导。

实际流体与固体壁面作相对运动时，流体内部有剪应力的作用。由于速度梯度集中在壁面附近，故剪应力也集中在壁面附近。远离壁面处的速度变化很小，则作用于流体层间的剪应力也可以忽略不计，可将其视为理想流体。因此，将壁面附近的流体作为研究对象，来讨论实际流体与固体壁面间的相对运动，可大幅度简化研究工作，这也是提出边界层理论的出发点所在。

(1) 边界层的形成　当流体以某一均匀流速与一固体截面接触时，由于壁面的阻滞，与壁面直接接触的流体，其瞬时速度为零。如果流体不具有黏性，那么第二层流体将仍按原流速 u_0 向前流动。实际上，由于流体的黏性作用，近壁面处的流体将相继受阻而减速。随着流体沿壁面向前流动，流速受到影响的区域将逐渐扩大。通常定义流速将未受壁面影响流速（来流速度 u_0）的99%以内的区域称为边界层。换句话说，边界层就是边界影响所及的最大区域。

流体沿平壁流动时的边界层如图 5-1 所示。在边界层内具有较大的速度梯度，即使黏度很小，所产生的剪应力也不能忽略，流动阻力主要集中在这一区域。而在边界层外，由于流速基本不变，速度梯度小到可以忽略，无需考虑黏性的影响，即流动阻力可忽略不计，可将这部分流体视为理想流体。

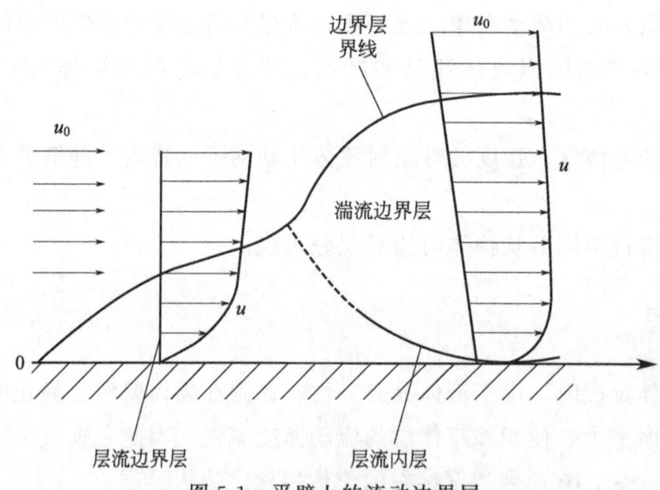

图 5-1　平壁上的流动边界层

边界层按其流型仍有层流边界层和湍流边界层的划分。如图 5-1 所示，在平壁的前一段，边界层内的流型为层流，称为层流边界层。在离平壁前缘若干距离后，边界层内的流型转变为湍流，称为湍流边界层，其厚度较快地扩展。在湍流边界层内，紧靠壁面的一薄层流体的流动类型仍维持层流，即层流内层或层流底层。离壁面较远的区域为湍流，称为湍流中心。在层流内层和湍流中心之间还存在着过渡层或缓冲层，该层的流动类型不稳定，可能是层流也可能是湍流。在此层中，分子黏度和湍流黏度数值相当，对流动都有影响。

为简化，常忽略过渡层，将湍流流动分为湍流核心层和层流内层两个部分。层流内层一般很薄，其厚度随 Re 的增大而减小。在湍流核心层内，径向的传递过程因速度的脉动而被大大强化。而在层流内层中，径向的传递只能依赖于分子运动，因此，层流内层成为传递过程中的主要阻力。

边界层内的流动类型可用边界层雷诺数 Re_x 的值来判断，定义 Re_x 为

$$Re_x=\frac{\rho u_0 x}{\mu} \tag{5-1}$$

式中　x——流体离开平板前缘的距离，m；

u_0——来流速度，m/s。

对于光滑平壁，当 $Re_x \leqslant 2\times10^5$ 时，边界层内的流动为层流；当 $Re_x \geqslant 3\times10^6$ 时，边界层内的流动为湍流；通常取 $Re_x=5\times10^5$ 为对应的层流边界层转变为湍流边界层的分界点。

平板上边界层的厚度可用下式估算

层流边界层
$$\frac{\delta}{x}=\frac{4.64}{Re_x^{0.5}} \tag{5-2}$$

湍流边界层
$$\frac{\delta}{x}=\frac{0.376}{Re_x^{0.2}} \tag{5-3}$$

注意：不论是层流边界层还是湍流边界层，δ/x 的值通常都很小，说明受到流体黏性的影响，流体层的厚度相对于流体流动距离来说总是很薄的。

(2) 边界层在圆形直管内的形成与发展　对于管流系统来说，与在平壁上流动一样，存在着边界层的形成和发展过程，如图 5-2 所示。

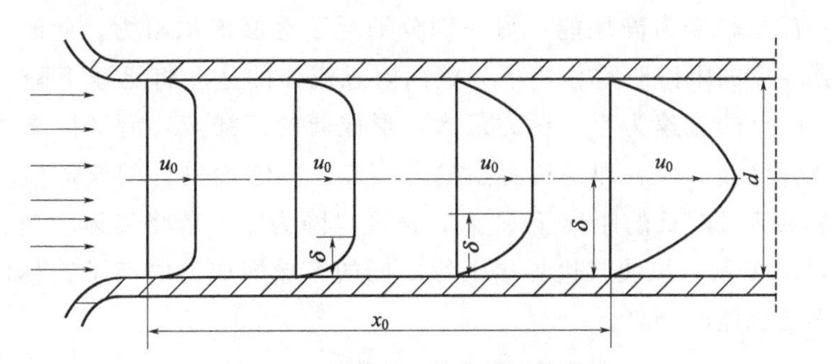

图 5-2　圆管入口处边界层的发展

流体以均匀流速进入圆管，从入口开始，在紧靠管壁处形成很薄的边界层，在黏性的影响下，随流体向前流动，边界层逐渐加厚。与平壁流动边界层发展不同，在圆管内，开始边界层只占据靠近管壁处很薄的环状区域，随流体向前流动，管内边界层逐渐加厚，管内截面上速度分布曲线形状也随之发生变化。在距离入口处 x_0 的地方，管壁处的边界层在管中心汇合，此后，边界层占据了全部管截面。此时边界层的厚度为圆管的半径。汇合后，边界层的厚度将不再发生变化，管内各截面上的速度分布曲线形状保持不变，称作完全发展了的流动。在汇合时，若边界层内的流动为层流，则以后的管流为层流；若在汇合前，边界层内的流动已发展为湍流，则以后的管流为湍流。只有在进口附近一段距离内（入口段或进口段长度 x_0）内，有边界层内外之分。在进口段内，速度分布沿管长不断变化，至汇合点处速度分布才发展成稳态流动时管流的速度分布。因进口段中为形成稳定的速度分布，需进行传热、传质等传递过程，其规律与一般稳态管流有所不同。为保证测量的准确性，通常测量仪表应安装在进口段之后。对于层流边界层，进口段长度 x_0 可用下式计算

$$\frac{x_0}{d}=0.0575Re \tag{5-4}$$

通常取层流时进口段长度 $x_0=(50\sim100)d_0$；湍流时进口段长度为 $x_0=(40\sim50)d_0$。

边界层的划分对许多工程问题具有重要的意义。虽然对管流来说，入口段以后整个管截面都处在边界层范围内，无划分边界层的必要，但是当流体在大空间对某些障碍物作绕流时，边界层的划分就显得尤为重要。

(3) 边界层的分离　流体流过平壁或者在圆管中流动时，边界层是紧贴在固体壁面上的。但是当在流速均匀的流体中放置的不是平壁，而是曲面，如球体或者圆柱体等其他形状的物体，或者流经变径管时，边界层的情况会有显著的不同。此时边界层的一个显著特点是，在一定条件下边界层与固体表面脱离，并在脱离处产生漩涡，造成流体能量损失，这种现象称为边界层分离。

如图 5-3 所示，当匀速流体流至圆柱体前缘 A 点，由于受到壁面的阻滞作用，流速将为零，动能全部转化为静压能，因而该点处压强最大。液体在高压作用下，由 A 点绕圆柱体表面向两侧流去，形成边界层，流至 B 点。在此过程中，流道逐渐缩小，流速增加而压强下降（顺压梯度），液体在顺压梯度作用下向前流动，所减少的静压能，一部分转变为动能，另一部分用于克服流动阻力。这时，边界层流体处于加速减压状态，边界层的发展与平板情况没有本质区别。但是当到达最高点 B 时，流速最大，而压强为最低值。流过 B 点后，由于通道逐渐扩大，流体又处于加速增压状态，出现了逆压梯度，所减少的动能，一部分转变为静压能，另一部分消耗于克服流动阻力。此时，在剪应力消耗动能和逆压强梯度的阻碍双重作用下，壁面附近流体的速度将迅速下降，最终在 C 点处流速降为零。C 点的流速为零，压力最大，形成新的停滞点，后继而来的流体在高压作用下，被迫离开壁面。C 点即是边界层的分离点。离壁面稍远的流体质点因具有较大速度和动能，故可流过较长的距离至 C' 点，速度也降为零。若将流体中速度为零的点连成一线，如图 C-C' 所示，该线与边界层上缘之间的区域即成为脱离了物体的边界层，这一现象称为边界层脱体或分离。

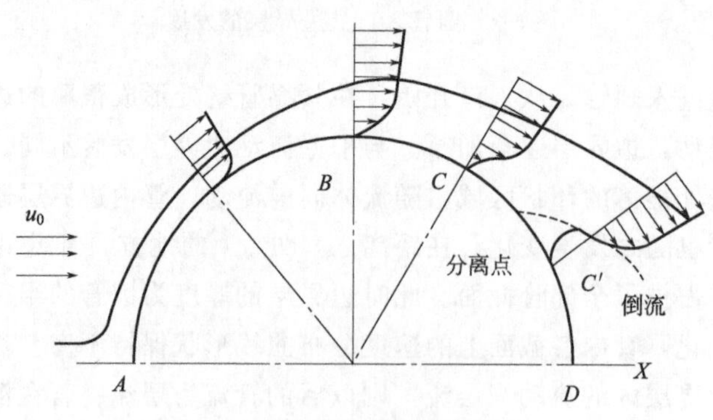

图 5-3　流体对圆柱体的绕流

在 C-C' 线以下，流体在逆压强梯度推动下倒流，在柱体的后部产生大量漩涡，其中的流体质点进行着强烈的碰撞、混合而消耗能量，表现为流体阻力损失增大。这部分能量的消耗是由固体表面形状造成的边界层分离引起的，故称为形体阻力。因此。黏性流体绕过固体表面的阻力是流体内摩擦力造成的摩擦阻力和边界层分离造成的形体阻力之和。由上述可知：

① 流道扩大时必然造成逆压强梯度；

② 逆压强梯度容易造成边界层分离；

③ 边界层分离造成大量漩涡，大大增加机械能消耗。

本演示实验采用气泡示踪法，可以把流体流过不同几何形状物体中的流线、边界层分离现象以及漩涡发生的区域和强弱等流动图像清晰地显示出来。

5.1.3　实验装置的基本情况

流线演示流程示意图见图 5-4，流线演示板外形图见图 5-5。

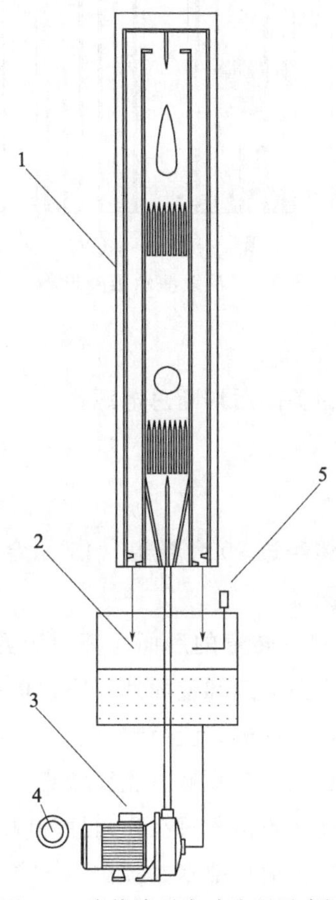

图 5-4　流线演示实验流程示意图

1—实验面板；2—实验水箱；3—水泵；4—调压旋钮；5—掺气旋钮

5.1.4　实验方法及步骤

(1) 将实验水箱灌水至 1/2 处，接通电源。

(2) 打开调速旋钮，在最大流速下使显示面两侧下水道充满水。

(3) 调节掺气量到最佳状态 (现象最清晰为最佳)，观察实验现象。

(4) 其他几个实验装置的流线演示，均按上述要求进行操作，仔细观察不同流线和漩涡

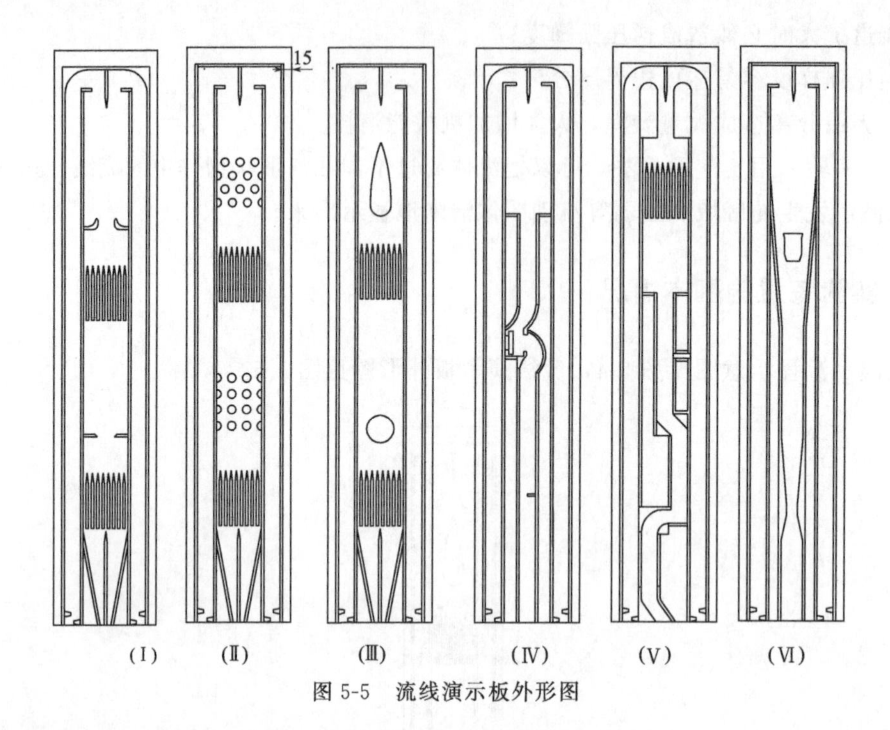

图 5-5　流线演示板外形图

产生的区域与形态。

(5) 实验结束时应将调速旋钮关闭后切断总电源。

5.1.5　实验内容及现象

(1) 用以演示带有气泡的流体经过 90°角弯道、45°角弯道，文丘里流量计，突然扩大、稳流、突然缩小等平面上的流动图像。

装置如图 5-5(Ⅰ) 所示，在每一转弯的后面，都因边界层分离而产生旋涡。转弯角度不同，旋涡大小、形状各异。在直角弯道和壁面冲击段，也有多处旋涡区出现。尤其在弯道流中，流线弯曲更厉害，越靠近弯道内侧，流速越小。且近内壁处，出现明显的回流，所形成的回流范围较大。文丘里流量计的过流顺畅，流线顺直，无边界层分离和旋涡产生。在突然扩大段出现较大的旋涡区，而突然收缩段只在死角处和收缩断面后的进口附近出现较小的旋涡区。表明突扩段比突缩段有较大的局部水头损失（缩扩的直径比大于 0.7 时例外），而且突缩段的阻力损失主要发生在突缩断面后部。

(2) 用以演示带有气泡的流体经过逐渐扩大、稳流、孔板流量计孔板、喷嘴流量计、直角弯道等平面上的流动图像。

装置如图 5-5(Ⅱ) 所示，在孔板前，流线逐渐收缩，汇集于孔板的孔口处，只在拐角处有小旋涡出现，孔板后的水流逐渐扩散，并在主流区的周围形成较大的旋涡区。由此可知，孔板流量计的过流阻力较大；圆弧进口管嘴流量计入流顺畅，管嘴过流段上无边界层分离和旋涡产生。

(3) 用以演示带有气泡的流体经过逐渐扩大、稳流，多圆柱绕流、稳流，直角弯道等平面上的流动图像。

装置如图 5-5(Ⅲ) 所示。

(4) 用以演示带有气泡的流体经过逐渐扩大、稳流，单圆柱绕流、稳流，流线体绕流，直角弯道等平面上的流动图像。

装置如图 5-5(Ⅳ) 所示。

(5) 用以演示带有气泡的流体经过阀门、突然扩大、直角弯道等平面上的流动图像。

装置如图 5-5(Ⅴ) 所示。

(6) 用以演示带有气泡的流体经过渐缩渐扩、转子流量计、直角弯道等平面上的流动图像。

装置如图 5-5(Ⅵ) 所示。

5.1.6　思考题

(1) 阻力的分类及其产生的原因是什么？

(2) 什么是卡门涡街？至少举三个生活或工程中的实例进行说明。

(3) 边界层分离对能量损失有什么影响？

(4) 流体绕圆柱流动时，边界层分离发生在什么地方？流速不同，分离点是否相同？边界层分离后流体的流动状态是怎样的？

(5) 流体通过突然扩大和突然缩小的流道时，漩涡区出现在什么位置？在直角拐弯处流线的形状是怎样的？

(6) 列管换热器管排列对传热效果有何影响？

5.2　离心泵汽蚀演示实验

5.2.1　实验目的

(1) 通过实验了解测定离心泵汽蚀性能的基本方法。

(2) 观察离心泵汽蚀发生时，其扬程和流量迅速下降的现象，加深对离心泵汽蚀现象的理解。

5.2.2　实验原理

离心泵转速和流量为定值时，泵的必需汽蚀余量 $NPSH_r$ 是不变的。而装置的有效汽蚀余量 $NPSH_a$ 可以随装置参数而变化。当 $NPSH_a = NPSH_r$ 时离心泵开始汽蚀。

由离心泵原理可知，装置的有效汽蚀余量

$$NPSH_a = \frac{p_s}{\rho g} + \frac{u^2}{2g} - \frac{p_t}{\rho g} = \frac{p_a}{\rho g} - H_s + \frac{u^2}{2g} - \frac{p_t}{\rho g} \tag{5-5}$$

式中　p_s——泵入口处液体的绝对压力，Pa；

u——泵入口处液体的流速，m/s；

p_t——液体的饱和蒸气压，Pa；

ρ——液体的密度，kg/m^3；

H_s——泵入口处的吸入真空度$\left(H_s=\frac{p_a}{\rho g}-\frac{p_s}{\rho g}\right)$，m（液柱）；

p_a——当地大气压，Pa。

由式可见，增加吸入真空度 H_s，可以使装置有效汽蚀余量 $NPSH_a$ 减小。当吸入真空度 H_s 达到最大吸入真空度 $(H_s)_{max}$ 时，$NPSH_a=NPSH_r$，离心泵发生汽蚀。

从装置吸入管能量方程中可以推导出吸入真空度：

$$H_s=\frac{p_a}{\rho g}-\frac{p_A}{\rho g}+\frac{u^2}{2g}+H_j+\Delta h_{A\text{-}s}=H_A+\frac{u^2}{2g}+H_j+\Delta h_{A\text{-}s} \tag{5-6}$$

式中　p_A——吸入液面上绝对压力，Pa；

H_A——吸入液面的真空度，m（液柱）；

H_j——泵的安装高度，m；

$\Delta h_{A\text{-}s}$——吸入管路阻力损失，m。

从式中可知，增加吸入液面的真空度 H_A，增大泵的安装高度 H_j 和增大吸入管路损失 $\Delta h_{A\text{-}s}$，都可以使吸入真空度 H_s 上升，促成离心泵汽蚀来进行汽蚀实验。

由离心泵性能可知，离心泵转速和流量不变时，扬程为定值。但当泵发生汽蚀时，扬程和流量都会急剧下降。这样，可以在一定流量 Q 下测出不同吸入真空度下的扬程 H 数值，根据扬程急剧下降的趋势判断汽蚀点，如图 5-6 所示，按 JB 1040—67 规定，扬程下降 1% 的点为离心泵的最大吸入真空度 $(H_s)_{max}$ 值，即图上的 C 点。

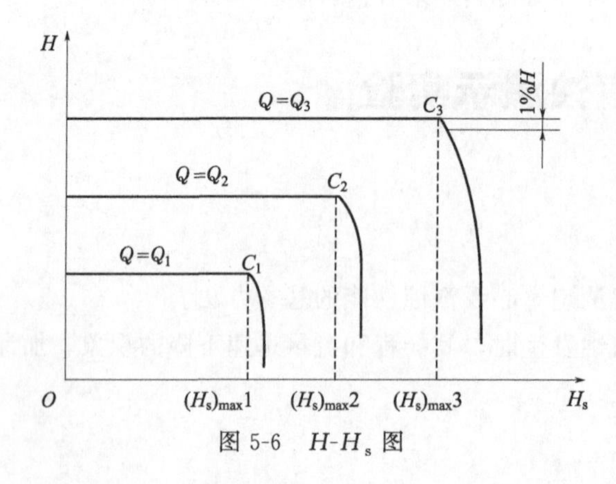

图 5-6　H-H_s 图

离心泵的允许吸入真空度$[H_s]=(H_s)_{max}-K(mH_2O)$(米水柱)。

K 为安全裕量，$K=0.5mH_2O$。在不同流量 Q 下测不同的最大吸入真空度 $(H_s)_{max}$，考虑安全裕量就可以得到离心泵汽蚀性能 $[H_s]$-Q 关系，离心泵汽蚀性能另一种形式 $[NPSH_r]$-Q 也可以经过计算得到。

离心泵汽蚀实验可以在闭式或开式实验装置上进行。吸入真空度 H_s 改变，在封闭式实验装置内是靠储水罐液面真空度 H_A 的变化来实现的；开式实验装置是利用吸入液面水位（H_j）的变化或调节吸入阀门（$\Delta h_{A\text{-}s}$ 变化）来完成的。

封闭系统，使用真空泵来增加储水罐液面真空度 H_A，从而改变吸入真空度 H_s。实验时保持泵的转速和流量不变，测出不同液面真空度 H_A 下的吸入真空度 H_s 和排出压力 p_d，计算泵的扬程。在 $H\text{-}H_s$ 曲线上得到该流量下最大吸入真空度 $(H_s)_{max}$ 和允许吸入真空度 $[H_s]$。

5.2.3　实验装置及流程图

全透明离心泵汽蚀实验装置流程示意图如图 5-7 所示。

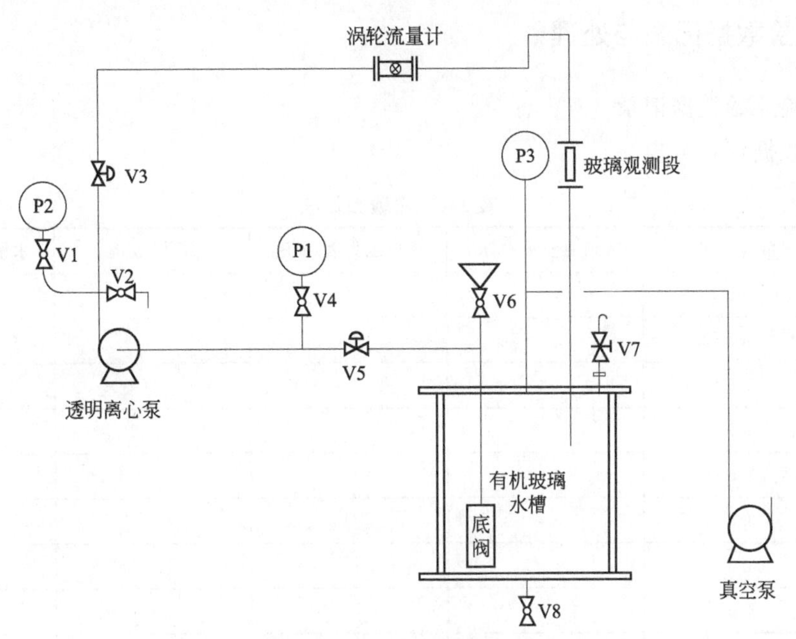

图 5-7　全透明离心泵汽蚀实验装置流程示意图

V1～V8—阀门；P1～P3—压力计

5.2.4　实验步骤

（1）向有机玻璃水箱灌水至 2/3 处。

（2）打开阀门 V2、V5、V6 和 V7，其余阀门全部关闭，向离心泵灌水并使泵充满水，泵灌满后关闭阀门 V6。

（3）检查各压力表指针是否回零。

（4）启动离心泵，慢慢打开排出阀和各仪表控制阀门。

（5）待离心泵工作稳定后，调节流量；待流量稳定后，启动真空泵。

（6）启动真空泵后，关闭真空放空阀，检查储水罐真空表是否动作。

（7）数据的测量　a. 将流量大小调至所需数值，流量的大小采用电磁流量转换器测量。b. 本实验为动态测量。测量各参数为液面真空度 H_A 吸入真空度 H_s 和排出压力 p_d。待流量稳定后同时测量各测点参数值。要求读数果断、迅速、准确。c. 当泵入口真空度 H_s 很高，汽蚀快要发生时，应集中精力观测和记录数据，并缩小测量间隔。若流量略有下降，应及时调节排出阀保持流量稳定。当吸入真空度 H_s 不再上升，出口压力急剧下降，流量 Q 也逐渐减小，调节排出阀已经不能保持流量时，说明离心泵已经严重汽蚀。

这时可停止测量。d. 打开放空阀降低液面真空度 H_A 和吸入真空度 H_s。重新调节流量。进行下一轮测量。

(8) 停车 a. 关闭排出阀和入口真空表阀门；b. 停离心泵；c. 打开真空泵放空阀，待储水罐液面真空度回零后停真空泵。注意：放空阀未开时不要停真空泵，否则会将真空泵中液体抽回管道中。

5.2.5 实验数据记录与处理

(1) 实验原始数据记录

将实验数据记录至表 5-1。

表 5-1 实验数据表

序号	流量/(m^3/h)	入口真空表/MPa	出口压力表/MPa	压头/MPa	水槽真空度/MPa
1	3.5				
2	3.5				
3	3.5				
4	3.5				
5	3.5				
6	3.5				
7	3.5				
8	3.5				
9	3.5				
10	3.5				

注：流量在 0～3.5$m^3 \cdot h^{-1}$ 之间变化，测定共 6 组流量，每组流量测十组数据。

(2) 实验数据处理

① 数据处理方法（计算举例，案例中的原始数据应区别于同组成员）

② 数据处理结果（计算结果列表，数据图、表要求计算机绘制，打印粘贴至实验报告中）

在坐标纸绘制离心泵入口压力-压头曲线。

5.2.6 思考题

(1) 什么是离心泵的汽蚀？有哪些危害？

(2) 本装置是用什么方法作汽蚀特性的？还可用哪些方法作离心泵的汽蚀特性？

(3) 做实验时为什么要保持流量不变？如何保证流量不变？

(4) 离心泵发生汽蚀时有哪些伴随现象？

(5) 汽蚀余量有哪些？它们分别是如何定义的？正常情况下这些汽蚀余量之间的大小关系如何？

(6) 临界汽蚀余量和必需汽蚀余量受哪些因素的影响？是如何影响的？

(7) 一台离心泵正确安装后，运行中仍可能发生汽蚀，请说出可能的原因。

5.3 非均相气-固分离演示实验

5.3.1 实验目的

(1) 通过观察现象了解旋风分离器、降尘室的结构、特点和工作原理。

(2) 定性地观察降尘室和旋风分离器的分离效果。

(3) 定性地观察并通过计算了解进口气速对旋风分离器分离性能的影响。

5.3.2 实验内容

直观演示含尘气体依次通过降尘室、旋风分离器和布袋除尘器时，含尘气体、固体尘粒和纯净气体的运动路线。

5.3.3 实验原理

(1) 降尘室的工作原理 颗粒随气流进入降尘室后，颗粒随气流有一水平向前的运动速度 u，同时在重力作用下，以沉降速度 u_t 向下沉降。只要颗粒能够在气体水平通过降尘室的时间内降至室底，便可从气流中分离出来。即只有气体水平通过降尘室的时间 θ 大于等于颗粒的沉降时间 θ_t，颗粒才可以被沉降分离，部分颗粒由于粒度较小，沉降时间 θ_t 较大而不能够被分离。

(2) 旋风分离器工作原理 含尘气体由旋风分离器圆筒部分上的进气管沿切线方向进入，受气壁的约束而作向下的螺旋形运动。气体和尘粒同时受到惯性离心力作用，因尘粒的密度远大于气体的密度，所以尘粒所受到的惯性离心力远大于气体的。在这个惯性离心力的作用下，尘粒在作向下旋转运动的同时也作向外的径向运动，其结果是尘粒被甩向器壁与气体分离，然后在气流摩擦力和重力作用下，再沿器壁表面作向下的螺旋运动，最后落入锥底的排灰口内。含尘气体在作向下螺旋运动的过程中逐渐净化。在到达分离器的圆锥部分时，被净化了的气流由以靠近器壁的空间为范围的下行螺旋运动改为以中心轴附近空间为范围的上行螺旋运动，最后由分离器顶部的排气管排出。下行螺旋在外，上行螺旋在内，但两者的旋转方向是相同的。下行螺旋流的上部是主要的除尘区。

(3) 进口气速对分离效果和流动阻力的影响 气体在分离器内的流速常用进口气速 u_i 来表示。临界直径 d_c 和分割粒径 d_{50} 的计算公式如下：

$$d_c=\sqrt{\frac{9\mu B}{\pi N_e u_i \rho_s}} \tag{5-7}$$

$$d_{50}=0.27\sqrt{\frac{\mu D}{u_i \rho_s}} \tag{5-8}$$

式中 d_c, d_{50}——临界直径和分割直径，m；

μ——流体动力黏度，Pa·s；

B——进气口宽度，m；

N_e——流体在分离器内旋转的圈数；

u_i——进口气速，m/s；

ρ_s——颗粒密度，kg/m^3；

D——分离器直径，m。

由上式可看出，提高分离器的进口气速 u_i，可以减小临界直径 d_{50}，提高分离效率。但若进口气速过高，则会导致分离器内气体的涡流加剧，破坏固体尘粒在径向上的正常运动，延长尘粒离心沉降的时间，甚至使之不能到达器壁，或者沉降后又被气体涡流重新卷起而带走，造成分离效果下降。

在任何情况下，永远是进口气速 u_i 愈大，气体通过分离器的流动阻力 $\Delta p=\zeta\frac{\rho u_i^2}{2}$愈大，且由$\frac{d(\Delta p)}{du_i}=\left(\zeta\frac{p}{2}\right)2u_i$ 式可知，u_i 值愈大，Δp 随 u_i 的变化率$\frac{d(\Delta p)}{du_i}$就愈大。因此，旋风分离器的进口气速过小或过大都不好，一般控制 $u_i=10\sim25$m/s 为宜。

5.3.4 实验装置的基本情况

（1）实验装置流程示意图　实验装置流程示意图见图 5-8。

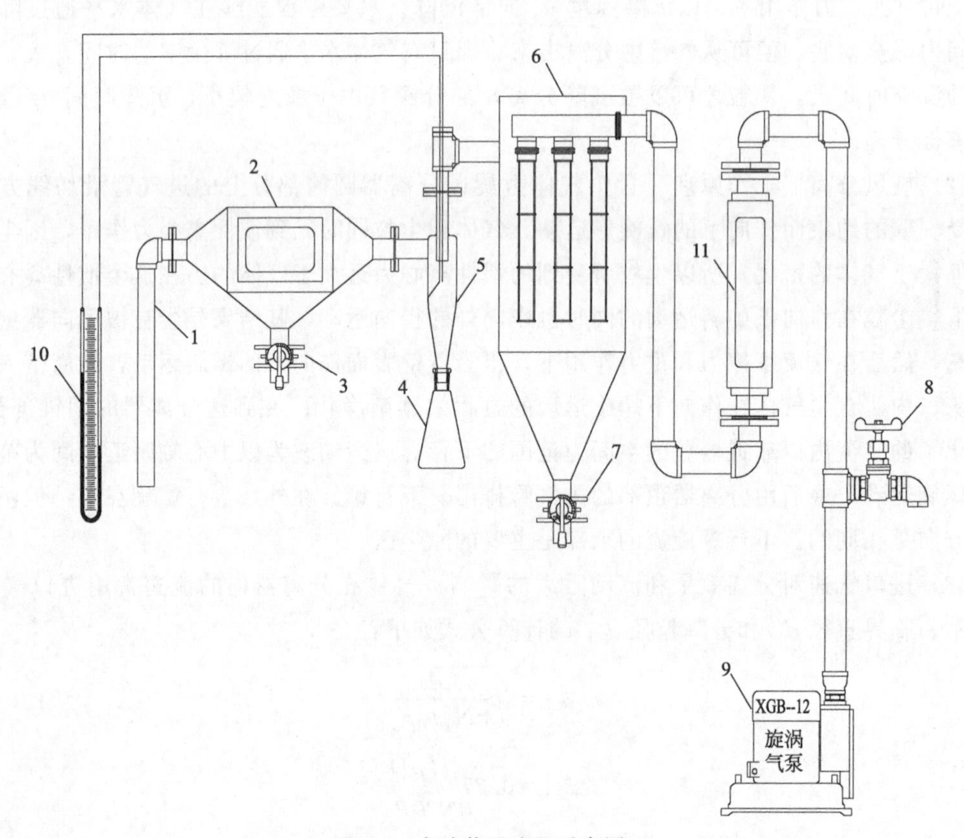

图 5-8　实验装置流程示意图

1—进料口；2—沉降室；3—放料阀；4—三角瓶；5—旋风分离器；6—布袋除尘柜；7—放料阀；8—气体旁路调节阀；9—风机；10—U 形管压差计；11—转子流量计

(2) 实验装置流程简介　含尘气体被风机抽送，依次经过降尘室、旋风分离器和布袋除尘柜进行气体的除尘。通过旁路控制阀控制气体的流量和进口气速，旋风分离力可通过压差计观测压降大小。降尘室和旋风分离器透明，可观察含尘气体和颗粒的运动轨迹，直观感受分离过程。

(3) 实验设备主要技术参数

① 旋风分离器：圆筒部分的直径 D＝80mm。为同时兼顾便于加工、流动阻力小和分离效果好三方面的要求，本装置所取旋风分离器的进气管为圆管，其直径确定方法如下：

$$d_{\mathrm{i}}=\frac{1}{2}\times(D-D_1) \tag{5-9}$$

式中　D——圆筒部分的直径，m；

D_1——排气管的直径，m。

② 鼓风机（旋涡气泵）：型号 XGB-12

5.3.5　实验方法及步骤

(1) 置气体旁路调节阀 8 处于全开状态。接通风机电源开关，启动风机。

(2) 逐渐关小流量调节阀，增大通过沉降室、旋风分离器的风量，了解气体流量的变化趋势，记录转子流量计读数。

(3) 将空气流量调节阀关闭，将实验用的固体物料（玉米面、洗衣粉等）倒入容器中，靠近物料进料口 1 处，观察沉降室与旋风分离器中物料的运动情况。为了能在较长时间内连续观察到上述现象，可用手轻轻拍打容器，推动尘粒连续加入。虽然观察者实际所看到的是尘粒的运动轨迹，但因尘粒沿器壁的向下螺旋运动是由气流带动所致，所以完全可以由此推断出含尘气流和气体的运动路线。

(4) 结束实验时，先将流量调节阀全开，再切断鼓风机电源开关。若今后一段时间该设备不使用，应将集尘室清理干净。

5.3.6　实验注意事项

(1) 开车或停车操作时，要先将流量调节阀置于全开状态，然后再接通或切断风机的电源开关。

(2) 旋风分离器的排灰管与集尘室的连接要比较密封，以免因内部负压漏入空气而将已分离下来的尘粒重新吹起被带走。

(3) 实验时，若气体流量足够小，且固体粉粒比较潮湿，则会发生固体粉粒沿着向下螺旋运动轨迹贴附在器壁上的现象。若想去掉贴附在器壁上的粉粒，可加大进气流量，利用从含尘气体中分离出来的高速旋转的新粉粒，将贴附在器壁上的粉粒冲刷掉。

5.3.7　思考题

(1) 试分析颗粒密度变化和颗粒直径变化对沉降时间的影响。

(2) 若采用多层降尘室，其生产能力如何变化？除尘效率有无变化，为什么？

（3）旋风分离器的分离因数如何定义？为什么旋风分离器的分离效果要好于重力沉降？

（4）为什么旋风分离器的进口管须“切向进入”，若改成正对圆心进入筒体会有什么影响，为什么？

（5）旋风分离器的临界粒径和 d_{50} 都可以表达旋风分离器的分离性能，试述其联系和区别。

5.4 升-降膜蒸发演示实验

5.4.1 实验目的

（1）能够了解升-降膜蒸发器的结构和工作原理。

（2）观察流体水（泡状流、弹状流、搅拌流和环状流）在升膜蒸发器及降膜蒸发器内的流动状态。

5.4.2 实验原理

（1）升膜蒸发器工作原理　在垂直管内，气液两相形成的流型一般可分为泡状流、弹状流、搅拌流及环状流。泡状流是指在液相中有近似均匀分散的小气泡的流动状态。弹状流是指大多数气体是以较大的枪弹状气泡存在并流动，在弹状气泡与管壁之间以及两个弹状气泡之间的液层中充满了小气泡。搅拌流是弹状流的发展，弹状气泡被破坏成狭条状，这种流型较混乱。环状流则是指含有液滴的连续气相沿管中心向上流动，含有小气泡的液相则沿管壁向上爬行。垂直管内两相流型示意图如图 5-9 所示。

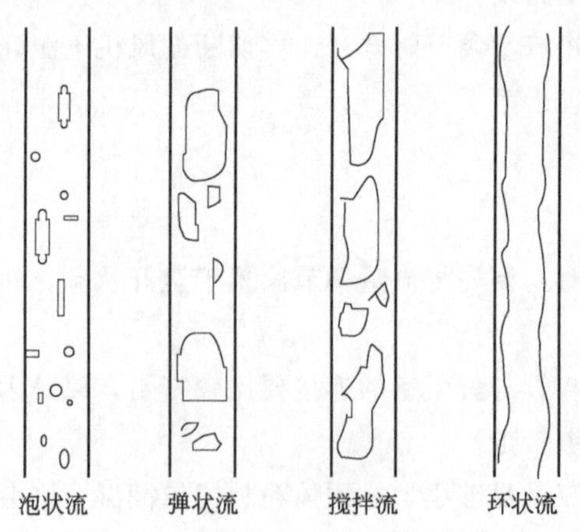

图 5-9　垂直管内两相流型示意图

影响气液两相流型的主要因素有流体物性（黏度、表面张力、密度等），流道的几何形状、放置方式（水平、垂直或倾斜）、尺寸、流向以及气液相的流速等。对于垂直气液两相向上流动的升膜蒸发器，当流道直径及实验物料固定后，由于实验物料的物理性质确定，此时各种流型的转变主要取决于气液流量，关键参数是气速。环状流出现一般气速不小于10m/s，此时料液贴在管道内壁，被上升的气体拉拽成薄膜状向上流动形成环状流，环状液膜上升时必须克服其重力以及与壁面的摩擦力。

（2）降膜蒸发器工作原理　降膜蒸发是将料液自降膜蒸发器加热室上管箱加入，经液体分布及成膜装置，均匀分配到各换热管内，在重力和真空诱导及气流作用下，成均匀膜状自上而下流动。流动过程中，被壳程加热介质加热汽化，产生的蒸汽与液相共同进入蒸发器的分离室，气液经充分分离，蒸汽进入冷凝器冷凝（单效操作）或进入下一效蒸发器作为加热介质，从而实现多效操作，液相则由分离室排出。

5.4.3　实验装置及流程

流程简介：升-降膜蒸发实验装置流程示意图如图 5-10 所示。实验装置主体为玻璃单管升膜蒸发器和降膜蒸发器，蒸发器管外自上向下通入蒸汽，蒸汽是由蒸汽发生器内电热器加热蒸馏水而产生。升膜蒸发器是进料水泵将物料从原料箱通过转子流量计 F1 注入到蒸发器中，升膜蒸发器管内的液体被加热后蒸发产生蒸汽形成气液两相流，气液两相在气液分离器中分离，气体经冷凝器冷凝沿下端管滴入蒸汽冷凝接收器（3）。降膜蒸发器是进料水泵将物

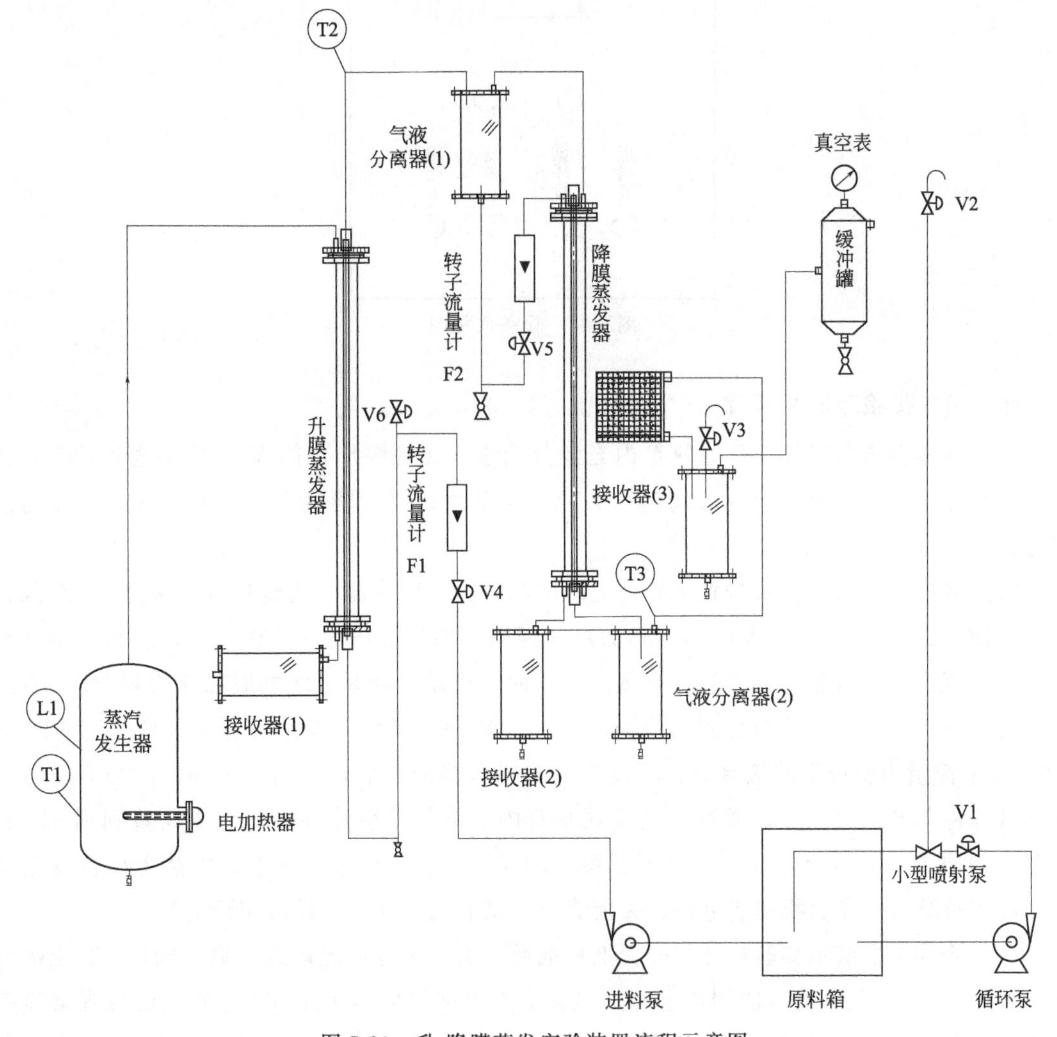

图 5-10　升-降膜蒸发实验装置流程示意图

料从原料箱通过转子流量计 F2 注入到降膜蒸发器中，降膜蒸发器管内的液体被加热后蒸发产生蒸汽并经冷凝器冷凝进入接收器（2）。

实验装置面板图见图 5-11。

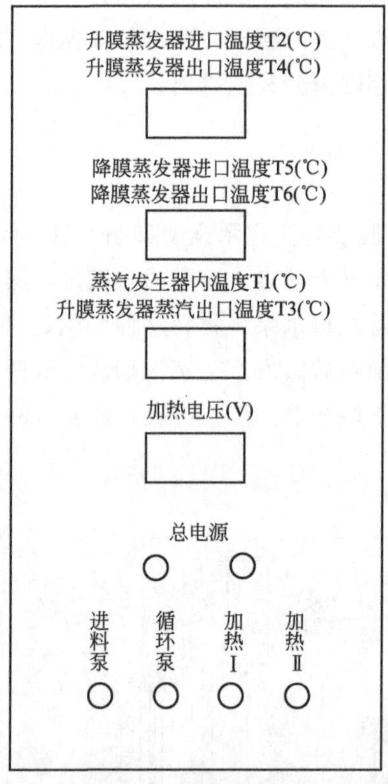

图 5-11 设备面板图

5.4.4 实验方法和步骤

（1）实验前准备工作　a. 原料箱内充满蒸馏水，循环泵出口阀 V19 处于全开状态，转子流量计 F1、F2 下的流量调节阀门 V6、V7 全部关闭。b. 将蒸汽发生器内注入 3/4 的蒸馏水。

（2）升膜蒸发演示实验步骤　a. 合上总电源开关，风冷器电风扇开启，阀门 V1 全部打开，关闭 V2。把蒸汽发生器加热Ⅰ和加热Ⅱ通电，加热电压为 100V 左右，注意观察蒸汽的产生过程。b. 待升膜蒸发器管外有蒸汽产生时，启动循环泵，缓冲罐内压力表 P1 真空产生，打开阀门 V13，升膜蒸发器内有负压产生，启动进料泵电源后打开转子流量计调节阀 V6，调节流量为所设定的流量值，蒸发管内充满待测液体后，关闭进料阀。c. 当升膜蒸发器内液体沸腾产生蒸汽后，通过玻璃段观察管内流体的流型并将液体流量调整到到 4L/h。d. 稳定操作 10min 以上，开始记录下观察到的流型、进料流量、温度、加热电压及真空度等。e. 实验结束，先切断加热电路、关闭流量计调节阀、停泵，最后切断电源。

（3）降膜蒸发演示实验步骤　a. 合上总电源开关，风冷器电风扇开启，阀门 V2 全部打开，关闭 V1。把蒸汽发生器加热Ⅰ和加热Ⅱ通电，加热电压为 100V 左右，注意观察蒸汽的产生过程。b. 待降膜蒸发器管外有蒸汽产生时，启动循环泵，缓冲罐内压力表 P1 真空产生，打开阀门 V14，降膜蒸发器内有负压产生，启动进料泵电源后打开转子流量计 F2，调节阀 V7 调节流量为所设定的流量值，蒸发管内充满待测液体后，关闭进料阀。c. 当降膜蒸发器内液体沸腾产生蒸汽后，通过玻璃段观察管内流体的流型并将液体流量调整到到 4L/h。d. 稳定操作 10min 以上，开始记录下观察到的流型、进料流量、温度、加热电压及真空度等。e. 实验结束，先切断加热电路、关闭流量计调节阀、停泵，最后切断电源。

5.4.5　实验注意事项

（1）蒸汽发生器是通过电加热器产生蒸汽的，操作时要注意安全阀门 V1 和 V2 不能同时关闭。

（2）实验过程中稳定时间应不少于 15min，操作全部稳定后再读取数据。

（3）实验过程要密切观察流型变化，严防干壁现象。

（4）调节真空度时一定要缓慢调节，否则会出现异常现象。

第6章 化工单元操作实训

6.1 流体输送单元操作实训

6.1.1 实训目的

（1）认识流体输送的设备及测量仪表。

（2）认识流体输送的各种方法。

（3）掌握流体流动装置的运行操作技能。

（4）学会流体输送中各种异常现象的判别及处理方法。

6.1.2 基本原理

化工生产中所处理的原料及产品大多都是流体，液体和气体统称为流体。流体的特征是具有流动性，其抗剪和抗张的能力很小；无固定形状，随容器的形状而变化；在外力作用下其内部发生相对运动。流体流动的规律是化工原理的重要基础。

在化工生产中，通常按照生产工艺的要求把原料依次输送到各种设备内，进行化学反应或物理变化；制成的产品又常需要输送到储罐内储存。化工中经常要应用流体流动基本原理及流动规律的主要有两个方面：

① 流体的输送　流体通常是通过设备之间的管道从一个设备送到另一个设备，需要选用适宜的流动速度，确定输送管路的直径。在流体的输送过程中，经常要采用输送设备，这就需要计算流体在流动过程中应加入的外功，为选用输送设备提供依据。

② 压强、流速和流量的测量　为了了解和控制生产过程，需要对管路或设备内的压强、流速及流量等一系列参数进行测定，以便合理地选用和安装测量仪表，这些仪表的操作原理主要是以流体的静止或流动规律为依据。

（1）流体流动阻力　流体在管道内流动时，由于流体的黏性作用和涡流的影响会产生阻力。直管的摩擦系数是雷诺数（Re）和管壁相对粗糙度（ε/d）的函数，即 $\lambda=\phi(Re,\varepsilon/d)$，因此，相对粗糙度一定，$\lambda$ 与 Re 有一定的关系。根据流体力学的基本理论，摩擦系数与阻力损失之间存在如下关系：

$$h_f=\lambda \frac{l}{d}\frac{u^2}{2} \tag{6-1}$$

式中　h_f——阻力损失，J/kg；

l——管段长度，m；

d——管径，m；

u——流速，m/s；

λ——摩擦系数。

管路的摩擦系数是根据这一理论关系来测定的。对已知长度、管径的直管，在一定流速范围内，测出阻力损失，然后按式(6-1) 求出摩擦系数。根据能量守恒方程：

$$\frac{p_1}{\rho}+z_1g+\frac{u_1^2}{2}+w=\frac{p_2}{\rho}+z_2g+\frac{u_2^2}{2}+h_f \tag{6-2}$$

在一条等直径的水平管上选取两个截面，测定 λ-Re 的关系，则这两截面间管段的阻力损失便简化为

$$h_f=\frac{p_1-p_2}{\rho}=\frac{\Delta p}{\rho} \tag{6-3}$$

两截面间管段的压差 Δp 可以用压差传感器测量，故可计算出 h_f。

用流量计测出流体通过已知管段的流量，在已知 d 的情况下通过式 $V=\frac{\pi}{4}d^2u$ 可计算出流速，已知流体温度可查得流体的密度、黏度，从而由每一组测得的数据可分别计算出对应的 λ 和 Re。

(2) 流体流量的测定　在生产或实验研究中，为控制一个连续过程必须测量流量。各种反应器、搅拌器、燃烧炉中流速分布的测量，更是改进操作性能、开发新型化工设备的重要途径。

① 文丘里流量计　节流式流量计是利用流体流经节流装置时产生压力差而实现流量测量的。它通常是由能将被测流量转换成压力信号的节流元件（如孔板、喷嘴等）和测量压力差的压差计组成。文丘里流量计的流量采用下式计算：

$$V_s=CA_0\sqrt{\frac{2\Delta p}{\rho}} \tag{6-4}$$

式中　V_s——被测流体的体积流量，m^3/s；

C——流量系数，无量纲；

A_0——流量计节流孔截面积，m^2；

Δp——流量计上、下游两取压口之间的压差，Pa；

ρ——被测流体的密度，kg/m^3。

文丘里流量计的流量系数 C 约为 0.98～0.99，阻力损失（J/kg）为：

$$h_f=0.1u_0^2 \tag{6-5}$$

式中，u_0 为喉孔流速，m/s。

它的能量损失是各种节流装置中最小的，流体流过文丘里管后压力基本能恢复。但制造加工复杂，成本高。

② 转子流量计　转子流量计的特点是恒流速、恒压差。当被测流体以一定的流量通过转子流量计时，流体在环隙中的速度较快，压强减小，于是在转子的上、下端面形成一个压差，转子将“浮起”。转子的悬浮高度随流量而变，转子的位置一般是上端平面指示流量的大小。

③ 涡轮流量计　涡轮流量计为速度式流量计，是在动量矩守恒原理的基础上设计的。涡轮叶片因流动流体冲击而旋转，旋转速度随流量的变化而改变。通过适当的装置，将涡轮转速转换成电脉冲信号。通过测量脉冲频率，或用适当的装置将电脉冲转换成电压或电流输

出，最终测取流量。

(3) 离心泵　用来输送液体的机械通称为泵。离心泵是最常见的液体输送设备。在一定的型号和转速下，离心泵的扬程 H、轴功率 N 及效率 η 均随流量 Q 而改变。通常通过实验测定并用曲线表示出 H-Q、N-Q 及 η-Q 的关系，该曲线称为离心泵的特性曲线。特性曲线是确定泵的适宜操作条件和选用泵的重要依据。泵特性曲线的具体测定方法如下。

① H 的测定　在泵的吸入口和排出口之间列伯努利方程：

$$z_{入}+\frac{p_{入}}{\rho g}+\frac{u_{入}^{2}}{2g}+H=z_{出}+\frac{p_{出}}{\rho g}+\frac{u_{出}^{2}}{2g}+H_{f入-出} \tag{6-6}$$

$$H=(z_{出}-z_{入})+\frac{p_{出}-p_{入}}{\rho g}+\frac{u_{出}^{2}-u_{入}^{2}}{2g}+H_{f入-出} \tag{6-7}$$

上式中，$H_{f入-出}$是泵的吸入口和压出口之间管路内的流体流动阻力（不包括泵体内部的流动阻力所引起的压头损失），当所选的两截面很接近泵体时，与伯努利方程中其他项比较，$H_{f入-出}$值很小，故可忽略。于是式(6-7) 变为：

$$H=(z_{出}-z_{入})+\frac{p_{出}-p_{入}}{\rho g}+\frac{u_{出}^{2}-u_{入}^{2}}{2g} \tag{6-8}$$

将测得的（$z_{出}-z_{入}$）和（$p_{出}-p_{入}$）的值以及计算所得的 $u_{入}$、$u_{出}$ 代入上式即可求得 H 值。

② N 的测定　功率表测得的功率为电动机的输入功率。由于泵由电动机直接带动，传动效率可视为 1.0，所以电动机的输出功率等于泵的轴功率。即：

泵的轴功率 N＝电机的输出功率＝电机的输入功率×传动效率

电机的输入功率＝功率表的读数×电动机效率

N＝功率表的读数×电动机效率　(6-9)

③ η 的测定：

$$\eta=\frac{N_{e}}{N} \tag{6-10}$$

其中
$$Ne=\frac{HQ\rho g}{1000}=\frac{HQ\rho}{102}$$

式中　η——泵的效率；

N——泵的轴功率，kW；

N_{e}——泵的有效功率，kW；

H——泵的压头，m；

Q——泵的流量，m^3/h；

ρ——被测流体的密度，kg/m^3。

(4) 管路特性曲线　当离心泵在特定的管路系统中工作时，实际的工作压头和流量不仅与离心泵本身的性能有关，还与管路特性有关。也就是说，在液体输送过程中，泵和管路二者是相互制约的。

管路特性曲线是指流体流经管路系统的流量与所需压头之间的关系。若将泵的特性曲线与管路特性曲线绘在同一坐标图上，两曲线交点即为泵在该管路的工作点。正如通过改变阀门开度来改变管路特性曲线，求出泵的特性曲线一样，也可通过改变泵转速来改变泵的特性曲线，从而得出管路特性曲线。泵的压头 H 计算同上。

6.1.3　实训装置及流程

（1）流程图　流体输送实验流程图如图 6-1 所示。

（2）主要设备及参数　图 6-1 所示装置中主要设备及仪表见表 6-1 和表 6-2。

表 6-1　流体流动实训装置设备一览表

位号	名称	用途	规格
P101	离心泵	为流体输送提供动力	WB70/055,流量 1.2～7.2m^3/h,扬程 19～14m,功率 550W
P103			
P104			
P102	旋涡泵	为流体输送提供动力	L-02,流量 50L/min,扬程 70m,功率 750W
V104	循环水槽	为真空喷射器提供水	400×400×1100
V101	水槽	被输送介质储罐	ϕ600×900
J101	真空喷射器	提供真空环境	RPB 系列 80 型真空喷射器,保证真空度－98kPa,保证抽气量 80m^3/h
V103	真空缓冲罐	提供稳定的真空环境	ϕ300×500
R101	反应釜	反应设备	ϕ500×700
V102	高位槽	为流体提供势能	400×400×600

表 6-2　仪表及测量传感器

序号	位号	仪表用途	仪表位置	规格		执行器
				传感器	显示仪	
1	FIC01	流量控制	集中	LWY-40C 涡轮流量计 2～20m^3/h,精度 0.5 级	AI-708	电动调节阀
2	FI02	流量显示	集中	文丘里流量计,喉径 25mm	AI-501	手动截止阀
3	FI03	流量控制	现场	LZB-40 转子流量计,160～1600L/h		手动截止阀
4	LAI01	储槽液位	集中	CYB101J,0～20kPa 压力传感器	AI-501	
5	LAI02	储槽液位	集中	CYB101J,0～20kPa 压力传感器	AI-501	
6	LAI03	储槽液位	集中	CYB101J,0～20kPa 压力传感器	AI-501	
7	TI01	温度显示	集中	ϕ3×90 K-型热电偶	AI-501	
8	PI01	光滑管压降	集中	CYB100L,0～20kPa 压差传感器	AI-501	
9	PI02	粗糙管压降	集中	CYB100L,0～100kPa 压差传感器	AI-501	
10	PI03	泵入口真空度	现场	Y-100 指针真空表,－0.1～0MPa		
11	PI04	泵出口压力	现场	Y-100 指针压力表,0～0.4MPa		
12	PI05	泵入口真空度	现场	Y-100 指针真空表,－0.1～0MPa		
13	PI06	泵出口压力	现场	Y-100 指针压力表,0～1.0MPa		
14	PI07	水槽压力	现场	Y-100 指针压力表,0～0.4MPa		
15	PI08	泵入口真空度	现场	Y-100 指针真空表,－0.1～0MPa		
16	PI09	泵出口压力	现场	Y-100 指针压力表,0～0.4MPa		
17	PI10	真空缓冲罐真空度	现场	Y-60 指针真空表,－0.1～0MPa		

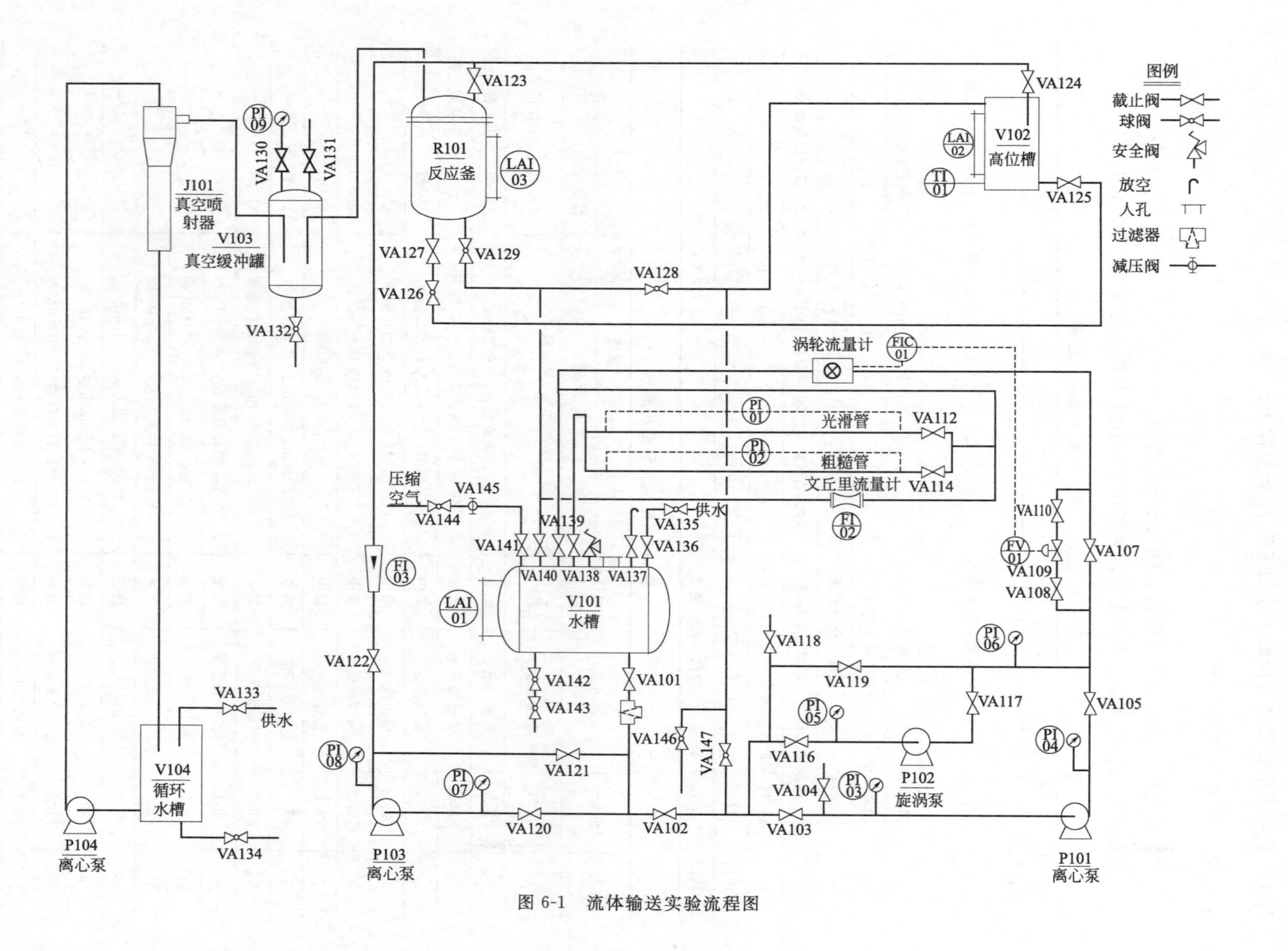

图 6-1 流体输送实验流程图

各项工艺操作指标

① 操作压力　真空缓冲罐操作真空度≥−0.1MPa，压力输送操作压力≤0.1MPa。

② 温度控制　高位槽温度：常温；各电机温升≤65℃。

③ 液位控制　高位槽液位≤2/3；反应釜液位≤2/3。

(3) 主要控制点的控制方式、仪表控制、装置和设备的报警连锁

① 流体流量控制　流量控制图如图6-2所示。

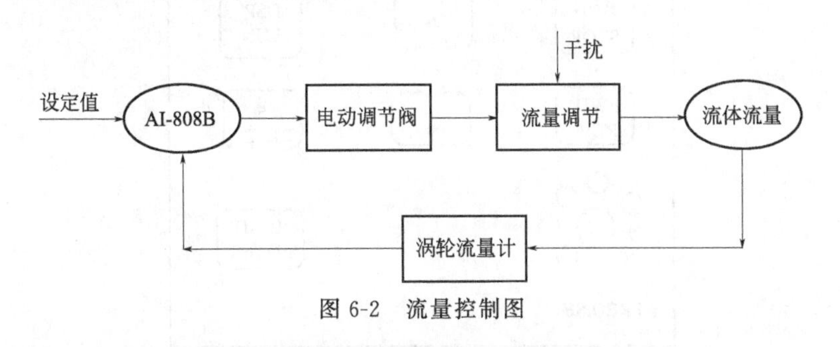

图6-2　流量控制图

② 离心泵频率控制　离心泵频率控制图如图6-3所示。

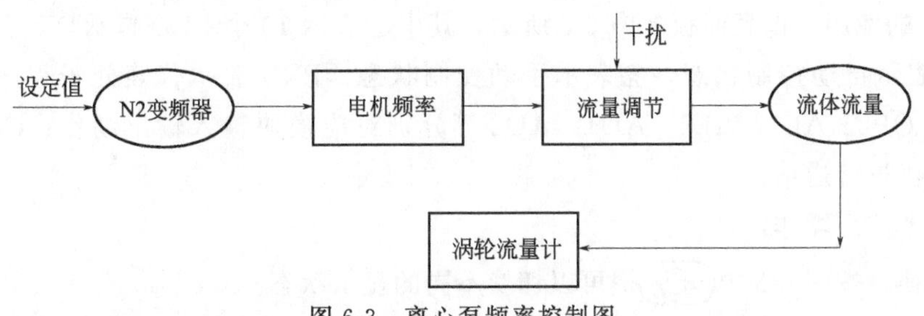

图6-3　离心泵频率控制图

③ 变频器的使用　变频器面板图如图6-4所示。

a. 首先按下[DSP FUN]键，若面板LED上显示F _ XXX（X代表0～9中任意一位数字），则进入步骤b；如果仍然只显示数字，则继续按[DSP FUN]键，直到面板LED上显示F _ XXX时才进入步骤b。

b. 按动[▲]或[▼]键选择所要修改的参数号，由于N2系列变频器面板LED能显示四位数字或字母，可以使用[< RESET]键来横向选择所要修改的数字的位数，以加快修改速度，将F _ XXX设置为F _ 011后，按下[READ ENTER]键进入步骤c。

c. 按动[▲]、[▼]键及[< RESET]键设定或修改具体参数，将参数设置为0000（或0002）。

d. 改完参数后，按下[READ ENTER]键确认，然后按动[DSP FUN]键，将面板LED显示切换到频率显示的模式。

e. 按动[▲]、[▼]键及[< RESET]键设定需要的频率值，按下[READ ENTER]键确认。

f. 按下[RUN STOP]键运行或停止。

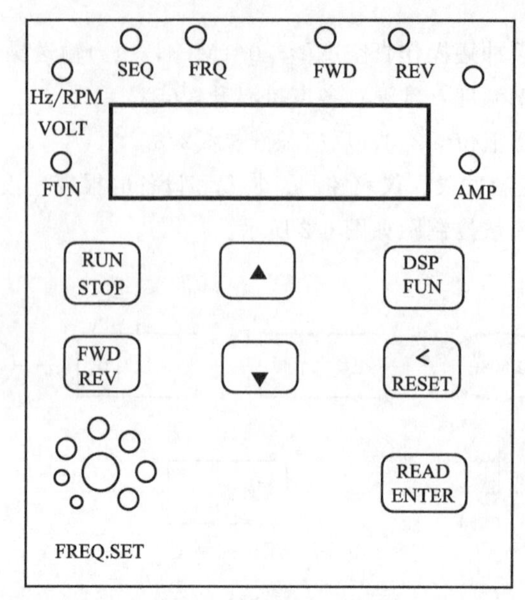

图 6-4　变频器面板图

④ 仪表的使用　仪表面板如图 6-5 所示，其中⑦表示 10 个 LED 指示灯，具体功能为：MAN 灯灭表示自动控制状态，亮表示手动控制状态；PRG 表示仪表处于程序控制状态；M2、OP1、OP2、AL1、AL2、AU1、AU2 等分别对应模块输入输出动作；COM 灯亮表示正与上位机进行通信。

仪表基本使用操作：

显示切换：按图 6-5 中 键可以切换不同的显示状态。

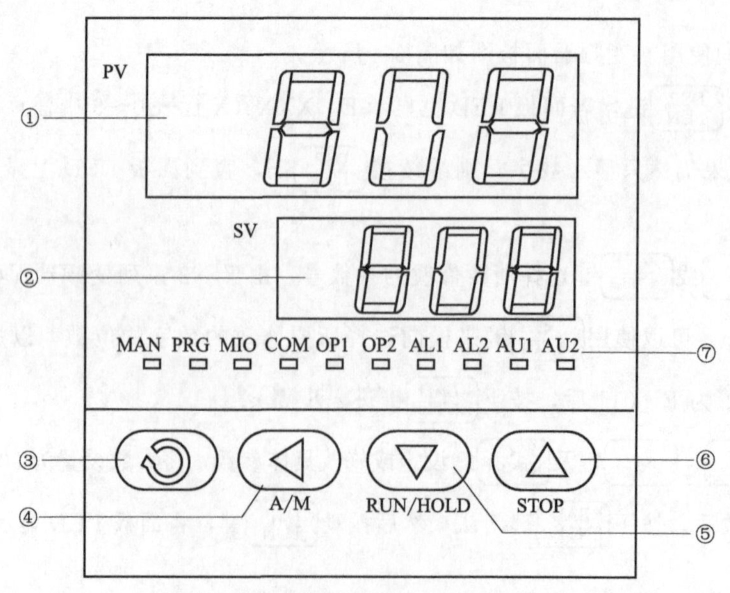

图 6-5　仪表面板图

①上显示窗；②下显示窗；③设置键；④数据移位（兼手动/自动切换）；⑤数据减少键；⑥数据增加键；⑦LED 指示灯

修改数据：需要设置给定值时，可将仪表切换到如图 6-6 所示左侧显示状态，即可通过按◁、▽或△键来修改给定值。AI 仪表同时具备数据快速增减法和小数点移位法。按▽键减小数据，按△键增大数据，可修改数值位的小数点同时闪动（如同光标）。按键并保持不放，可以快速地增大/减小数值，并且速度会随小数点右移自动加快（3 级速度）。而按◁键则可直接移动修改数据的位置（光标），操作快捷。

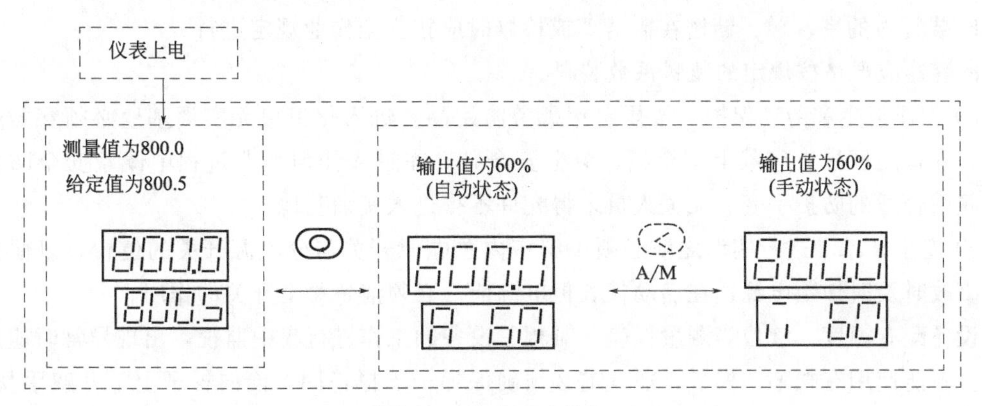

图 6-6　仪表显示状态

设置参数：仪表参数设定见图 6-7。在基本状态下按⟲键并保持约 2s，即进入参数设置状态。在参数设置状态下按⟲键，仪表将依次显示各参数，例如上、下限报警值 HIAL、LoAL 等。用◁、▽、△等键可修改参数值。按◁键并保持不放，可返回显示上一参数。先按◁键不放接着再按⟲键可退出设置参数状态。如果没有按键操作，约 30s 后会自动退出设置参数状态。

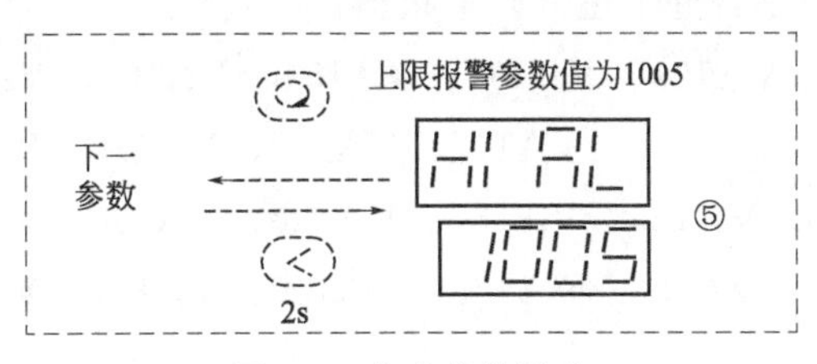

图 6-7　仪表参数设定

（4）安全生产技术

① 生产事故及处理预案　离心泵汽蚀现象：离心泵在运行过程中，泵体振动并发出噪声，流量、扬程和效率都明显下降，严重时甚至吸不上液体。

a. 检查泵体的固定螺栓是否紧固。如果螺栓松动，将其上紧。

b. 检查阀门 VA104，看其是否处于关闭状态。

② 动设备操作安全注意事项

a. 确认工艺管线、工艺条件正常。

b. 启动电机前先盘车，正常才能通电。通电时立即查看电机是否启动；若启动异常，应立即断电，避免电机烧毁。

c. 启动电机后看其工艺参数是否正常。

d. 观察有无过大噪声、振动及松动的螺栓。

e. 观察有无泄漏。

f. 电机运转时不允许接触转动件。

③ 静设备操作安全注意事项

a. 操作及取样过程中注意防止静电产生。

b. 装置内的塔、罐、储槽在需清理或检修时应按安全作业规定进行。

c. 容器应严格按规定的装料系数装料。

④ 工业卫生和劳动保护　按规定穿戴劳防用品：进入化工单元实训基地必须穿戴劳防用品，在指定区域正确戴上安全帽，穿上安全鞋，在进入任何作业过程中佩戴安全防护眼镜，佩戴合适的防护手套。无关人员未得允许不得进入实训基地。

⑤ 安全技术　进行实训之前必须了解室内总电源开关与分电源开关的位置，以便出现用电事故时及时切断电源；在启动仪表柜电源前，必须清楚每个开关的作用。

设备配有温度、液位等测量仪表，对相关设备的工作进行集中监视，出现异常时应及时处理。不能使用有缺陷的梯子，登梯前必须确保梯子支撑稳固，面向梯子上下并双手扶梯，一人登梯时要有同伴护稳梯子。

6.1.4 实验操作方法与步骤

(1) 开车前的准备工作

① 了解流体输送的基本原理。

② 熟悉流体输送实训工艺流程、实训装置及主要设备。

③ 检查公用工程是否处于正常供应状态。

④ 检查流程中各阀门是否处于正常开车状态：

关闭阀门：VA101、VA102、VA103、VA104、VA105、VA107、VA111、VA112、VA113、VA114、VA115、VA116、VA117、VA118、VA119、VA120、VA121、VA122、VA123、VA124、VA125、VA126、VA127、VA128、VA130、VA131、VA132、VA133、VA134、VA136、VA137、VA138、VA139、VA140、VA141、VA142、VA143、VA144、VA145、VA146；

全开阀门：VA108、VA110、VA129、VA135。

⑤ 设备上电，检查各仪表状态是否正常，启动设备试车。

⑥ 了解本实训所用水和压缩空气的来源。

⑦ 按照要求制订操作方案。

⑧ 发现异常情况，必须及时报告指导教师进行处理。

(2) 流体阻力测定

训练目标：学习直管摩擦阻力 Δp_f、直管摩擦系数 λ 的测定方法，掌握直管摩擦系数 λ 与雷诺数 Re 和相对粗糙度 $\frac{\varepsilon}{d}$ 之间关系的测定方法及变化规律，学习压差的几种测量方法。

操作要求：打开阀门 VA101、VA102、VA103 和 VA138；启动离心泵 P101，全开

阀门 VA105；在大流量下进行管路排气；打开阀门 VA112 和 VA113（或 VA114 和 VA115）；将涡轮流量计设定到某一数值，待流动稳定后记录流量 FIC01 与摩擦压降 PI01（或 PI02）的读数；切换到另一条管路进行实验；关闭离心泵，将各阀门恢复至开车前的状态。

将实验数据记录至表 6-3。

表 6-3　流体阻力实验数据记录

测量管规格 $\phi 22\times 3$，长 1.8m			
序号	流量/(m^3/h)	压降/kPa	摩擦系数
1			
2			
3			
4			
5			
6			
7			
8			
9			
10			

（3）离心泵性能测定

打开阀门 VA101、VA102 和 VA103，启动离心泵 P101；泵出口调节阀 VA105 全开，将涡轮流量计设定到某一数值，待流动稳定后同时读取流量（FIC01）、泵出口处的压强（PI04）、泵进口处的真空度（PI03）、功率等数据；从大流量到小流量依次测取 10～15 组实验数据；将电动调节阀 VA109 全开，逐次调节离心泵的频率（20～50Hz 之间），分别在不同的频率下读取流量（FIC01）、泵出口处的压强（PI04）、泵进口处的真空度（PI03）等数据；实验完毕，关闭泵的出口阀门，停泵。

将实验数据记录至表 6-4。

表 6-4　离心泵性能实验数据记录

序号	流量/(m^3/h)	入口真空度/kPa	出口压强/kPa	压头 H/m	功率 Ne/W	功率表读数/W	泵效率 η/%
1							
2							
3							
4							
5							
6							
7							
8							

续表

序号	流量/(m^3/h)	入口真空度/kPa	出口压强/kPa	压头 H/m	功率 Ne/W	功率表读数/W	泵效率 η/%
9							
10							
11							
12							
13							
14							
15							

根据实验数据画出 H-Q、Ne-Q、η-Q 之间的关系曲线。

(4) 流体输送

训练目标：掌握正确的流体输送方法，了解相应的操作原理。

离心泵输送流体

① 打开阀门 VA101、VA120 和 VA121，再关闭 VA121，启动离心泵 P103；

② 打开阀门 VA123，调节离心泵出口阀门 VA122，观察流量 FI03 以及反应釜液位（LAI03）的变化；

③ 当 LAI03 达到一定值后，关闭离心泵，打开阀门 VA129 和 VA140，将反应釜内流体放回水槽 V101；

④ 将各阀门恢复开车前的状态。

压缩空气输送流体

① 打开阀门 VA101、VA102 和 VA147，关闭阀门 VA137；

② 打开阀门 VA141 和 VA144，调节减压阀 VA145，将流体输送到高位槽 V102，同时观察减压阀压力示数和高位槽液位（LAI02）的变化；

③ 当 LAI02 达到一定值时，关闭阀门 VA145、VA141 和 VA144；

④ 将各阀门恢复开车前的状态。

重力输送流体

① 依次打开阀门 VA125、VA126 和 VA127，观察高位槽液位（LAI02）与反应釜液位（LAI03）的变化；

② 当 LAI03 达到一定值后，关闭阀门 VA125、VA126 和 VA127，将反应釜内流体放回水槽 V101；

③ 将各阀门恢复开车前的状态。

真空抽送流体

① 打开阀门 VA101、VA121、VA122 和 VA123，关闭阀门 VA131；

② 启动离心泵 P104，观察真空缓冲罐的压力（PI09）和反应釜液位（LAI03）的变化；

③ 当 LAI03 达到一定值时，关闭离心泵，打开阀门 VA131；

④ 打开阀门 VA129 和 VA140，将流体放回水槽 V101；

⑤ 将各阀门恢复开车前的状态。

反应釜液位控制

在向反应釜内输送流体的同时，打开阀门VA128、VA129和VA147，并启动离心泵P101，调节其频率（或控制流量），使反应釜液位维持恒定。

(5) 文丘里流量计标定

训练目标：了解常用流量计的构造、工作原理、主要特点，掌握流量计的标定方法；了解节流式流量计流量系数C随雷诺数Re的变化规律以及流量系数C的确定方法。

操作要求：

① 打开阀门VA101、VA102、VA103、VA111、VA140，启动离心泵P101，全开阀门VA105；

② 将涡轮流量计（FIC01）固定在某一流量，待流动稳定后记录与之相对应的文丘里流量计的压降读数；

③ 依次增大涡轮流量计的流量，重复步骤②；

④ 实验结束时关闭离心泵，将各阀门恢复开车前的状态。

将实验数据记录至表6-5。

表6-5　流量计标定数据记录

文丘里流量计喉径25mm			
序号	涡轮流量计读数/(m^3/h)	雷诺数Re	文丘里流量计压降/kPa
1			
2			
3			
4			
5			
6			
7			
8			
9			
10			

6.1.5　操作事故及处理预案

(1) 离心泵汽蚀现象　离心泵在运行过程中，泵体振动并发出噪声，流量、扬程和效率都明显下降，严重时甚至吸不上液体。

① 检查泵体的固定螺栓是否紧固。如果螺栓松动，将其上紧。

② 检查阀门VA104，看其是否处于关闭状态。

(2) 气缚现象　如果离心泵在启动前壳内充满的是气体，则启动后叶轮中心气体被抛时不能在该处形成足够大的真空度，这样槽内液体便不能被吸上，这一现象称为气缚。

为防止气缚现象的发生，离心泵启动前要用外来的液体将泵壳内空间灌满，这一步操作称为灌泵。为防止灌入泵壳内的液体因重力流入低位槽内，在泵吸入管路的入口处装有止逆阀（底阀）；如果泵的位置低于槽内液面，则启动时无需灌泵。

(3) 真空泵正确使用方法及注意事项

① 先拧开加油螺塞，从加油孔中加油至油标界线位置，因出厂运输关系，真空泵腔内无泵油灌入，后从进气管内加入少许泵油（可能出厂时间太长引起泵腔内干燥，以润滑泵腔，避免开机后出现咬死发热现象）。

② 按规定接上三项电源线（三项电机要注意电机旋转方向应与泵支架上的箭头方向一致，单相电机，直接插上插座即可，试运转一下，再开始正常工作）。

③ 与泵进气管口的连接管道不宜过长，千万注意检查真空泵外连接管道、接头及容器绝对不漏气，要密封，否则影响极限真空及真空泵寿命。

④ 将本机平放于工作台上，首次使用时，打开水箱上盖注入清洁的凉水（亦可经由放水软管加水），当水面即将升至水箱后面的溢水嘴下高度时停止加入，重复开机可不再加水。但最长时间每星期更换一次水，如水质污染严重，使用率高，可缩短更换水的时间，最终目的要保持水箱中的水质清洁。

⑤ 抽真空作业，将需要抽真空的设备的抽气套管紧密接于本机抽气嘴上，检查循环水开关应关闭，接通电源，打开电源开关，即可开始抽真空作业，通过与抽气嘴对应的真空表可观察真空度。

⑥ 当本机需长时间连续作业时，水箱内的水温将会升高，影响真空度。此时，可将放水软管与水源（自来水）接通，溢水嘴作排水出口，适当控制自来水流量，即可保持水箱内水温不升，使真空度稳定。

⑦ 当需要为反应装置提供冷却循环水时，将需要冷却装置的进水、出水管分别接到本机后部的循环水出水嘴、进水嘴上，转动循环水开关至 ON 位置，即可实现循环冷却水供应。

6.2 精馏单元操作实训

6.2.1 实训目的

(1) 认识精馏设备结构。

(2) 认识精馏装置流程及仪表。

(3) 掌握精馏装置的运行操作技能。

6.2.2 工艺流程说明

(1) 精馏基本原理　混合物的分离是化工生产中的重要过程。混合物可分为非均相物系和均相物系。非均相物系的分离主要依靠质点运动与流体流动原理实现分离。而化工中遇到的大多是均相物系，例如，石油是由许多碳氢化合物组成的液相混合物，空气是由氧气、氮气等组成的气相混合物。

均相物系的分离条件是必须造成一个两相物系，然后依据物系中不同组分间某种物性的差异，使其中某个组分或某些组分从一相向另一相转移，以达到分离的目的。精馏是分离液体混合物的典型单元操作，它是通过加热造成气、液两相物系，利用物系中各组分挥发度不同的特性以实现分离的目的。

精馏分离是根据溶液中各组分挥发度（或沸点）的差异，使各组分得以分离。其中较易挥发的称为易挥发组分（或轻组分），较难挥发的称为难挥发组分（或重组分）。它通过气、液两相的直接接触，使易挥发组分由液相向气相传递，难挥发组分由气相向液相传递，是气、液两相之间的传递过程。

塔设备是最常采用的精馏装置，填料塔与板式塔在化工生产过程中应用广泛。单有精馏塔不能完成精馏操作，必须同时有塔底再沸器和塔顶冷凝器，有时还要配原料液预热器、回流液泵等附属设备，才能实现整个操作。再沸器的作用是提供一定量的上升蒸气流，冷凝器的作用是提供塔顶液相产品及保证有适宜的液相回流，因而使精馏能连续稳定地进行。

现取第 n 板为例来分析精馏过程和原理。

塔板的形式有多种，最简单的一种是板上有许多小孔（称筛板塔），每层板上都装有降液管，来自下一层（$n+1$ 层）的蒸气通过板上的小孔上升，而上一层（$n-1$ 层）来的液体通过降液管流到第 n 板上，在第 n 板上气、液两相密切接触，进行热量和质量的交换。进、出第 n 板的物流有四种：

① 由第 $n-1$ 板溢流下来的液体量为 L_{n-1}，其组成为 x_{n-1}，温度为 t_{n-1}；

② 由第 n 板上升的蒸气量为 V_n，组成为 y_n，温度为 t_n；

③ 从第 n 板溢流下去的液体量为 L_n，组成为 x_n，温度为 t_n；

④ 由第 $n+1$ 板上升的蒸气量为 V_{n+1}，组成为 y_{n+1}，温度为 t_{n+1}。

因此，当组成为 x_{n-1} 的液体及组成为 y_{n+1} 的蒸气同时进入第 n 板，由于存在温度差和浓度差，气、液两相在第 n 板上密切接触进行传质和传热的结果会使离开第 n 板的气、液两相平衡（如果为理论板，则离开第 n 板的气、液两相成平衡），若气、液两相在板上的接触时间长，接触比较充分，那么离开该板的气、液两相相互平衡，通常称这种板为理论板（y_n，x_n 成平衡）。

精馏塔中每层板上都进行着与上述相似的过程，其结果是上升蒸气中易挥发组分浓度逐渐增高，而下降的液体中难挥发组分越来越浓，只要塔内有足够多的塔板数，就可使混合物达到所要求的分离纯度（共沸情况除外）。

加料板把精馏塔分为两段，加料板以上的塔，即塔上半部完成了上升蒸气的精制，除去其中的难挥发组分，因而称为精馏段。加料板以下（包括加料板）的塔，即塔的下半部完成了下降液体中难挥发组分的提浓，除去了易挥发组分，因而称为提馏段。一个完整的精馏塔应包括精馏段和提馏段。

精馏操作涉及气、液两相间的传热和传质过程。塔板上两相间的传热速率和传质速率不仅取决于物系的性质和操作条件，而且还与塔板结构有关，因此它们很难用简单方程加以描述。引入理论板的概念，可使问题简化。

所谓理论板，是指在其上气、液两相都充分混合，且传热和传质过程阻力为零的理想化塔板。因此不论进入理论板的气、液两相组成如何，离开该板时气、液两相达到平衡状态，即两温度相等，组成互相平衡。

实际上，由于板上气、液两相接触面积和接触时间是有限的，因此在任何形式的塔板上，气、液两相难以达到平衡状态，即理论板是不存在的。理论板仅用作衡量实际板分离效率的依据和标准。通常，在精馏计算中，先求得理论板数，然后利用塔板效率予以修正，即求得实际板数。引入理论板的概念，对精馏过程的分析和计算是十分有用的。

对于二元物系，如已知其气液平衡数据，则根据精馏塔的原料液组成、进料热状况、操作回流比及塔顶馏出液组成、塔底釜液组成，可由图解法或逐板计算法求出该塔的理论板数。

典型的连续精馏过程如图 6-8 所示，原料液经预热器加热到指定温度后，送入精馏塔的进料板，在进料板上与自塔上部下降的回流液体汇合后，逐板溢流，最后流入塔底再沸器中。在每层板上，回流液体与上升蒸气互相接触，进行热和质的传递过程。操作时，连续地从再沸器取出部分液体作为塔底产品（釜残液），部分液体汽化，产生上升蒸气，依次通过各层塔板。塔顶蒸气进入冷凝器中被全部冷凝，并将部分冷凝液用泵送回塔顶作为回流液体，其余部分经冷却器后被送出作为塔顶产品（馏出液）。

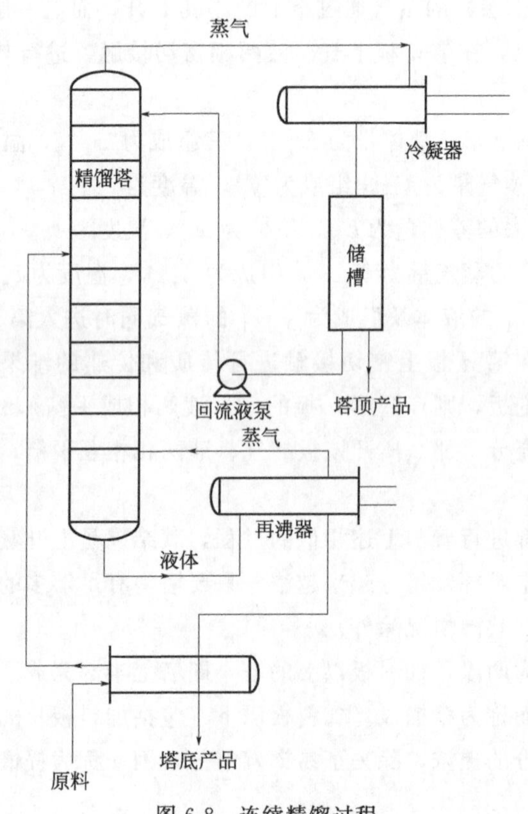

图 6-8　连续精馏过程

精馏分离具有如下特点：通过精馏分离可以直接获得所需要的产品；精馏分离的适用范围广，它不仅可以分离液体混合物，而且可用于气态或固态混合物的分离；精馏过程适用于各种组成混合物的分离；精馏操作是通过对混合液加热建立气、液两相体系进行的，所得到的气相还需要再冷凝化。因此，精馏操作耗能较大。

（2）带控制点的工艺及设备流程图　精馏实训装置流程图如图 6-9 所示。

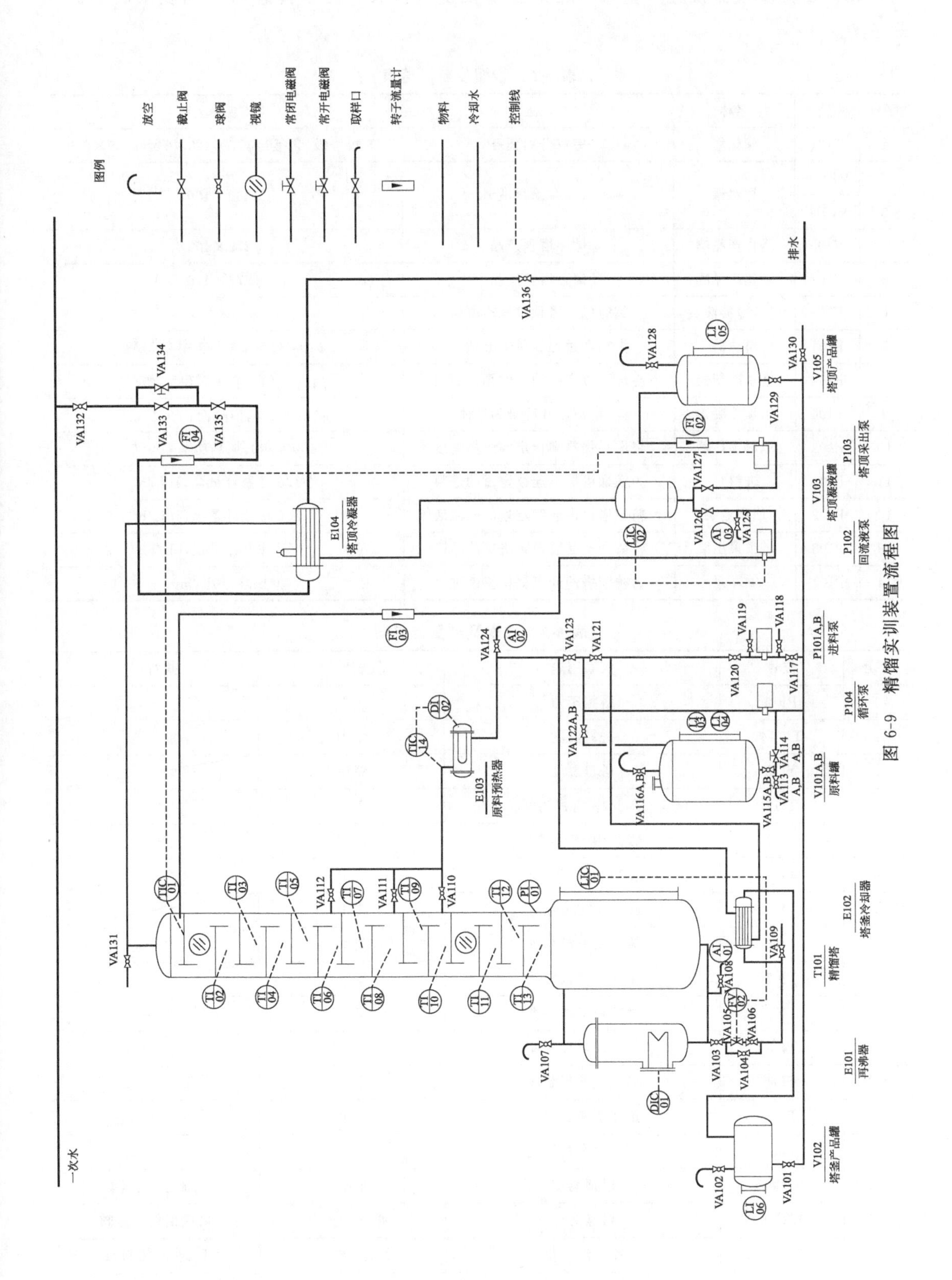

图 6-9　精馏实训装置流程图

(3) 设备及仪器仪表一览表　精馏主要设备及仪表、测量传感器一览表见表 6-6 和表 6-7。

表 6-6　精馏设备一览表

序号	位号	名称	用途	规格
1	T101	精馏塔	完成分离任务	15 块塔板(含釜),ϕ76×120,塔釜 ϕ159×500
2	V101A	原料罐	储存原料液	ϕ300×400
3	V101B			
4	V105	塔顶产品罐	储存塔顶产品	ϕ219×400
5	V102	塔釜产品罐	储存塔釜产品	ϕ273×400
6	V103	塔顶冷凝液罐	临时储存塔顶蒸气冷凝液	ϕ76×400
7	E101	再沸器	为精馏过程提供上升蒸气	ϕ159×300,加热功率 2.5kW
8	E102	塔釜冷却器	冷却塔釜产品的同时预热原料	ϕ108×400,换热面积 0.15m^2
9	E104	塔顶冷凝器	将塔顶蒸气冷凝为液体	ϕ108×400,换热面积 0.15m^2
10	E103	原料预热器	将原料加热到指定的进料温度	ϕ50×300,加热功率 600W
11	P101	进料泵	为精馏塔提供连续定量的进料	J-1.6 柱塞计量泵,10L/h
12	P102	回流液泵	为精馏塔提供连续定量的回流液体	J-1.6 柱塞计量泵,10L/h
13	P103	塔顶采出泵	将塔顶产品输送到塔顶产品罐	J-W 柱塞计量泵,6L/h
14	P104	循环泵	为精馏塔的开车提供快速进料	增压泵,10L/min

表 6-7　仪表及测量传感器

序号	位号	仪表用途	仪表位置	执行器
1	PI01	塔釜压力	集中	
2	TIC14	进料温度	集中	加热器
3	TI13	塔釜温度	集中	
4	TI12	第 14 块塔板温度	集中	
5	TI11	第 13 块塔板温度	集中	
6	TI10	第 11 块塔板温度	集中	
7	TI09	第 10 块塔板温度	集中	
8	TI08	第 9 块塔板温度	集中	
9	TI07	第 8 块塔板温度	集中	
10	TI06	第 7 块塔板温度	集中	
11	TI05	第 6 块塔板温度	集中	
12	TI04	第 5 块塔板温度	集中	
13	TI03	第 4 块塔板温度	集中	
14	TI02	第 3 块塔板温度	集中	
15	TIC01	塔顶温度	集中	回流泵、出料泵
16	LIC01	塔釜液位	就地/集中	塔底出料电磁阀
17	LIC02	冷凝液液位	就地/集中	回流泵、出料泵
18	LI03	原料罐 A 液位	就地	

续表

序号	位号	仪表用途	仪表位置	执行器
19	LI04	原料罐 B 液位	就地	
20	LI05	塔顶产品罐液位	就地	
21	LI06	塔釜产品罐液位	就地	
22		进料流量	就地	变频器
23		回流流量	集中	变频器
24		出料流量	集中	变频器
25	FI04	冷却水流量	就地	

6.2.3　工艺过程控制

在化工生产中，对各工艺变量有一定的控制要求。有些工艺变量对产品的数量和质量起着决定性作用。例如，精馏塔的塔顶温度必须保持一定，才能得到合格的产品。有些工艺变量虽不直接影响产品的数量和质量，然而保持其平稳却是使生产获得良好控制的前提。例如，用蒸汽加热的再沸器，在蒸汽压力波动剧烈的情况下，要把塔釜温度控制好极为困难。

为了实现控制要求，可以有两种方式，一是人工控制，二是自动控制。自动控制是在人工控制的基础上发展起来的，使用了自动化仪表等控制装置来代替人的观察、判断、决策和操作。

先进控制策略在化工生产过程的推广应用，能够有效提高生产过程的平稳性和产品质量的合格率，对于降低生产成本、节能减排降耗、提升企业的经济效益具有重要意义。

(1) 工艺操作指标

塔釜压力：0～2.0kPa

温度控制：进料温度≤65℃；塔顶温度 78.2～80.0℃；塔釜温度 90.0～92.0℃

加热电压：140～200V

流量控制：进料流量 3.0～8.0L/h；冷却水流量 300～400L/h

液位控制：塔釜液位 220～350mm；塔顶凝液罐液位 100～200mm

产品质量要求：塔顶乙醇质量分数≥90%；塔釜水质量分数≤5%

(2) 主要控制点的控制方法、仪表控制、装置和设备的报警连锁

塔釜加热电压控制示意图如图 6-10 所示。

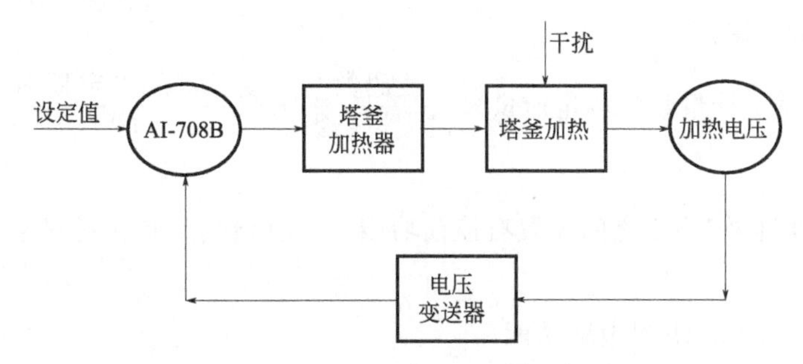

图 6-10　塔釜加热电压控制示意图

塔顶凝液罐液位控制示意图如图 6-11 所示。

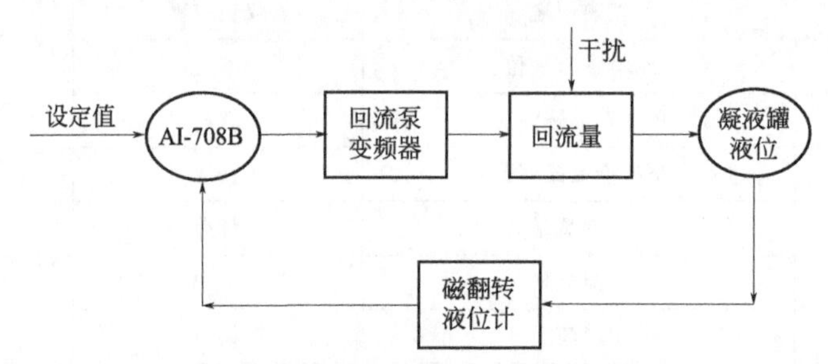

图 6-11　塔顶凝液罐液位控制示意图

回流泵流量控制：

方案一：固定变频器的输出值，调节回流泵的行程；

方案二：固定回流泵的行程，调节变频器的输出值。

柱塞计量泵流量控制原理：

柱塞计量泵的流量取决于泵内柱塞的行程及其往复的频率，柱塞的行程受调量手轮的控制，而往复频率则受电机转速的控制。方案一是通过调节柱塞的行程达到改变流量的目的。方案二则是通过改变电机的转速来实现流量调节。

工业领域所用的电机大部分是感应式交流电机，此类电机的旋转速度取决于电机的极数和频率，即：

$$n=\frac{60f}{p} \tag{6-11}$$

式中　n——同步转数；

f——电源频率；

p——电机极数。

电机的极数是固定不变的，而频率是电机电源的电信号，所以该值能够在电机的外面调节后再供给电机，这样电机的旋转速度就可以被自由的控制。因此，以控制频率为目的的变频器是作为电机调速设备的优选设备。

本装置所采用的 N2 系列变频器是将电压源的直流变换为交流，直流回路的滤波是电容。柱塞计量泵的流量正比于泵内柱塞的往复次数，而柱塞的往复次数正比于电机的转速，电机的转速又正比于其电源的频率。因此，在固定柱塞行程的情况下，计量泵的流量正比于其电机的电源频率。

柱塞泵的流量计算：

$$流量=计量泵的额定流量\times\frac{拨码数}{最大拨码数}\times\frac{变频器的设定频率值}{50} \tag{6-12}$$

报警连锁：

原料预热和进料泵 P101 之间设置有连锁功能，进料预热只有在进料泵开启的情况下才能开启。

塔釜液位设置有上、下限报警功能：

当塔釜液位超出上限报警值（350mm）时，仪表对塔釜常闭电磁阀 VA105 输出报警信号，电磁阀开启，塔釜排液；当塔釜液位降至上限报警值时，仪表停止输出信号，电磁阀关闭，塔釜停止排液。

当塔釜液位低于下限报警值时，仪表对再沸器加热器输出报警信号，加热器停止工作，以避免干烧；当塔釜液位升至下限报警值时，报警解除，再沸器加热器才能开始工作。

6.2.4　精馏单元操作规程

（1）开车前准备

① 熟悉各取样点及温度和压力测量与控制点的位置。

② 检查公用工程（水、电）是否处于正常供应状态。

③ 设备通电，检查流程中各设备、仪表是否处于正常开车状态，启动设备试车。

④ 检查塔顶产品罐是否有足够空间储存实训产生的塔顶产品；如空间不够，关闭阀门VA101、VA115A（B）和VA123，打开阀门VA116A（B）、VA117、VA120、VA121、VA128、VA129、VA122A（B），启动循环泵P104，将塔顶产品倒到原料罐A（B）。

⑤ 检查塔釜产品罐是否有足够空间储存实训产生的塔釜产品；如空间不够，关闭阀门VA115A（B）、VA129和VA123，打开阀门VA101、VA102、VA116A（B）、VA117、VA120、VA121和VA122，启动循环泵P104，将塔釜产品倒到原料罐A（B）。

⑥ 检查原料罐是否有足够原料供实训使用，检测原料浓度是否符合操作要求（原料体积分数10%～20%），如有问题进行补料或调整浓度的操作。

⑦ 检查流程中各阀门是否处于正常开车状态：

关闭阀门VA101、VA104、VA108、VA109、VA110、VA111、VA112、VA113A（B）、VA117、VA118、VA119、VA120、VA121、VA122A（B）、VA123、VA124、VA125、VA126、VA127、VA129、VA130、VA133、VA136；全开阀门VA102、VA103、VA105、VA107、VA114A（B）、VA115A（B）、VA116A（B）、VA128、VA131、VA132、VA136。

⑧ 按照要求制订操作方案。

⑨ 填写操作记录表6-8。

（2）正常开车

① 从原料取样点AI02取样分析原料组成。

② 精馏塔有3个进料位置，根据实训要求，选择进料板位置，打开相应进料管线上的阀门。

③ 操作台总电源通电。

④ 启动循环泵P104。

⑤ 当塔釜液位指示计LIC01达到300mm时，关闭循环泵，同时关闭VA107阀门。

注意：塔釜液位指示计LIC01严禁低于260mm。

⑥ 打开再沸器E101的电加热开关，加热电压调至200V，加热塔釜内原料液。

⑦ 通过第十二节塔段上的视镜和第二节玻璃观测段，观察液体加热情况。当液体开始沸腾时，注意观察塔内气液接触状况，同时将加热电压设定在130～150V之间的某一数值。

⑧ 当塔顶观测段出现蒸气时，打开塔顶冷凝器冷却水调节阀 VA135，使塔顶蒸气冷凝为液体，流入塔顶冷凝液罐 V103。

⑨ 当凝液罐中的液位达到规定值后，启动回流液泵 P102 进行全回流操作，适时调节回流流量，使塔顶冷凝罐 V103 的液位稳定在 150～200mm 之间的某一值。

回流泵流量控制：

方案一：固定变频器的输出值，调节回流泵的行程；

方案二：固定回流泵的行程，调节变频器的输出值。

泵的流量计算：

$$\text{流量}=\text{计量泵的额定流量}\times\frac{\text{拨码数}}{\text{最大拨码数}}\times\frac{\text{变频器的设定频率值}}{50} \tag{6-13}$$

柱塞计量泵流量控制原理：

柱塞计量泵的流量取决于泵内柱塞的行程及其往复的频率，柱塞的行程受调量手轮的控制，而往复频率则受电机转速的控制。方案一是通过调节柱塞的行程达到改变流量的目的。方案二则是通过改变电机的转速来实现流量调节。

电机的极数是固定不变的，而频率是电机电源的电信号，所以该值能够在电机的外面调节后再供给电机，这样电机的旋转速度就可以被自由的控制。因此，以控制频率为目的的变频器是作为电机调速设备的优选设备。

本装置所采用的 N2 系列变频器是将电压源的直流变换为交流，直流回路的滤波是电容。柱塞计量泵的流量正比于泵内柱塞的往复次数，而柱塞的往复次数正比于电机的转速，电机的转速又正比于其电源的频率。因此，在固定柱塞行程的情况下，计量泵的流量正比于其电机的电源频率。

⑩ 随时观测塔内各点温度、压力、流量和液位值的变化情况，每 5min 记录一次数据。

⑪ 当塔顶温度 TIC01 稳定一段时间（15min）后，在塔釜和塔顶的取样点 AI01、AI03 位置分别取样分析。

（3）正常操作

① 待全回流稳定后，切换至部分回流，将原料罐、进料泵 P101 和进料口管线上的相关阀门全部打开，使进料管路通畅。

② 将进料柱塞计量泵 P101 的行程调至 4L/h，然后开启进料泵 P101、塔顶出料泵 P103 开关，适时调节回流泵和采出泵的流量，以使塔顶冷凝液罐 V103 液位稳定（采出泵的调节方式同回流泵）。

③ 观测塔顶回流液位变化，以及回流和出料流量计值的变化。在此过程中可根据情况小幅增大塔釜加热电压值（5～10V）以及冷却水流量。

④ 塔顶温度稳定一段时间后，取样测量浓度。

（4）正常停车

① 关闭塔顶采出泵、进料泵。

② 停止再沸器 E101 加热。

③ 待没有蒸气上升后，关闭回流液泵 P102。

④ 关闭塔顶冷凝器 E104 的冷却水。

⑤ 将各阀门恢复到初始状态。

⑥ 关仪表电源和总电源。

⑦ 清理装置，打扫卫生。

6.2.5 操作运行数据分析

(1) 根据实际产品浓度，分析主要工艺条件（温度、回流比、产品采出量等）对产品质量的影响。

(2) 塔板效率计算

精馏段操作方程为：

$$y_{n+1}=\frac{R}{R+1}x_n+\frac{x_D}{R+1} \tag{6-14}$$

提馏段操作方程为：

$$y_{n+1}=\frac{RD+qF}{(R+1)D-(1-q)F}x_n-\frac{F-D}{(R+1)D-(1-q)F}x_w \tag{6-15}$$

式中　R——操作回流比；

F——进料摩尔流量，kmol/h；

D——塔顶馏出液摩尔流量，kmol/h；

L——提馏段下降液体的摩尔流量，kmol/h；

q——进料的热状态参数。

x_n——第 n 块板液相摩尔分数；

x_D——塔顶产品液相摩尔分数；

x_w——塔釜产品液相摩尔分数；

y_{n+1}——第 $n+1$ 块板气相摩尔分数。

部分回流时，进料热状况参数的计算式为：

$$q=\frac{C_{pm}(t_{BP}-t_F)+r_m}{r_m} \tag{6-16}$$

式中　t_F——进料温度，℃；

t_{BP}——进料的泡点温度，℃；

C_{pm}——进料液体在平均温度 $(t_F+t_{BP})/2$ 下的比热容，J/(mol·℃)；

r_m——进料液体在其组成和泡点温度下的汽化热，J/mol。

$$C_{pm}=C_{p1}x_1+C_{p2}x_2 \tag{6-17}$$

$$r_m=r_1x_1+r_2x_2 \tag{6-18}$$

式中　C_{p1},C_{p2}——分别为纯组分 1 和组分 2 在平均温度下的比热容，kJ/(kg·℃)；

r_1,r_2——分别为纯组分 1 和组分 2 在泡点温度下的汽化热，kJ/kg；

x_1,x_2——分别为纯组分 1 和组分 2 在进料中的摩尔分数。

精馏操作涉及气、液两相间的传热和传质过程。塔板上两相间的传热速率和传质速率不仅取决于物系的性质和操作条件，而且还与塔板结构有关，因此它们很难用简单方程加以描述。引入理论板的概念，可使问题简化。

所谓理论板，是指在其上气、液两相都充分混合，且传热和传质过程阻力为零的理想化塔板。因此不论进入理论板的气、液两相组成如何，离开该板时气、液两相达到平衡状态，即两温度相等，组成互相平衡。

实际上，由于板上气、液两相接触面积和接触时间是有限的，因此在任何形式的塔板上，气、液两相难以达到平衡状态，即理论板是不存在的。理论板仅用作衡量实际板分离效率的依据和标准。通常，在精馏计算中，先求得理论板数，然后利用塔板效率予以修正，即求得实际板数。引入理论板的概念，对精馏过程的分析和计算是十分有用的。

对于二元物系，如已知其气液平衡数据，则根据精馏塔的原料液组成、进料热状况、操作回流比及塔顶馏出液组成、塔底釜液组成可由图解法或逐板计算法求出该塔的理论板数 N_T。按照下式可以得到总板效率 E_T，其中 N_P 为实际塔板数。

$$E_T=\frac{N_T-1}{N_P}\times 100\% \tag{6-19}$$

6.2.6 操作事故及处理预案

（1）塔顶温度的异常　塔顶温度异常的原因主要有：进料浓度的变化、进料量的变化、回流量与温度的变化、再沸器加热量的变化。

装置达到稳定状态后，出现塔顶温度上升异常现象的处理措施：

检查回流量是否正常：先检查回流泵工作状态，若回流泵故障，及时报告指导教师进行处理；若回流泵正常，而回流量变小，则检查塔顶冷凝器是否正常。对于以水为冷流体的塔顶冷凝器，如工作不正常，一般是冷却水供水管线上的阀门故障，此时可以打开与电磁阀并联的备用阀门；若发现一次水管网供水中断，及时报告指导教师进行处理。

检测进料浓度：如发现进料发生了变化，及时报告指导教师，并根据浓度的变化调整进料板的位置和再沸器的加热量。

以上检查结果正常时，可适当增加进料量或减小再沸器的加热量。

装置达到稳定状态后，塔顶温度下降异常现象的处理措施：

检查回流量是否正常：若回流量变大，则适当减小回流量（若同时加大采出量，则能达到新的稳态）。

检测进料浓度：如发现进料发生了变化，及时报告指导教师，并根据浓度的变化调整进料板的位置和再沸器的加热量。

以上检查结果正常时，可适当减小进料量或增加再沸器的加热量。

（2）液泛或漏液现象的处理措施　塔底再沸器加热量过大、进料轻组分过多、进料温度过高均可能导致液泛。塔底再沸器加热量过小、进料轻组分过少、进料温度过低、回流量过大均可能导致漏液。

液泛处理措施：减小再沸器的加热功率（减小加热电压）；检测进料浓度，调整进料位置和再沸器的加热量；检查进料温度，作出适当处理。

漏液处理措施：增大再沸器的加热功率（增大加热电压）；检测进料浓度，调整进料位置和再沸器的加热量；检查进料温度，作出适当处理。

表 6-8 精馏实训操作记录表

<table>
<tr><td colspan="3">装置序号</td><td colspan="2">主操</td><td colspan="8"></td><td colspan="5">副操</td><td colspan="2"></td><td colspan="3">质检</td><td colspan="2"></td><td colspan="2">中控</td><td colspan="3"></td><td colspan="3">记录</td><td colspan="4"></td></tr>
<tr><td colspan="3">原料罐
初始液位</td><td colspan="10"></td><td colspan="6">原料罐终止液位</td><td colspan="4"></td><td colspan="2">原料温度/℃</td><td colspan="3"></td><td colspan="3">指导教师签名</td><td colspan="6"></td></tr>
<tr><td rowspan="3">序号</td><td rowspan="3">时间</td><td colspan="3">液位</td><td colspan="14">计量泵</td><td colspan="12">温度/℃</td><td colspan="6">乙醇浓度</td></tr>
<tr><td rowspan="2">原料罐</td><td rowspan="2">再沸器</td><td rowspan="2">塔顶冷凝液罐</td><td colspan="4">进料</td><td colspan="4">回流</td><td colspan="4">塔顶产品采出</td><td rowspan="2">塔釜采出/(L/h)</td><td rowspan="2">全凝器冷却水</td><td rowspan="2">塔顶</td><td rowspan="2">第3塔板</td><td rowspan="2">第4塔板</td><td rowspan="2">第5塔板</td><td rowspan="2">第6塔板</td><td rowspan="2">第7塔板</td><td rowspan="2">第8塔板</td><td rowspan="2">第9塔板</td><td rowspan="2">第10塔板</td><td rowspan="2">第11塔板</td><td rowspan="2">第12塔板</td><td rowspan="2">塔釜</td><td colspan="2">进料</td><td colspan="2">塔顶冷凝液</td><td colspan="2">塔釜</td></tr>
<tr><td>额定流量</td><td>拨码数</td><td>频率设定值</td><td>流量/(L/h)</td><td>额定流量</td><td>拨码数</td><td>频率设定值</td><td>流量/(L/h)</td><td>额定流量</td><td>拨码数</td><td>频率设定值</td><td>流量/(L/h)</td><td>体积浓度</td><td>质量浓度</td><td>体积浓度</td><td>质量浓度</td><td>体积浓度</td><td>质量浓度</td></tr>
<tr><td>1</td><td colspan="36"></td></tr>
<tr><td>2</td><td colspan="36"></td></tr>
<tr><td>3</td><td colspan="36"></td></tr>
<tr><td>4</td><td colspan="36"></td></tr>
<tr><td>5</td><td colspan="36"></td></tr>
<tr><td>6</td><td colspan="36"></td></tr>
<tr><td>7</td><td colspan="36"></td></tr>
<tr><td>8</td><td colspan="36"></td></tr>
<tr><td>9</td><td colspan="36"></td></tr>
<tr><td>10</td><td colspan="36"></td></tr>
<tr><td>11</td><td colspan="36"></td></tr>
<tr><td>12</td><td colspan="36"></td></tr>
<tr><td>13</td><td colspan="36"></td></tr>
</table>

(3) 防火措施　乙醇属于易燃易爆品，操作过程中要严禁烟火；当塔顶温度升高时，应及时处理，避免塔顶冷凝器放风口处出现雾滴（为乙醇溶液）。

6.3 吸收单元操作实训

6.3.1 实训目的

(1) 了解吸收、解吸的流程。

(2) 认识吸收装置的设备及仪表，以及解吸的方法。

(3) 掌握吸收装置的运行操作技能。

(4) 掌握吸收、解吸过程中常见异常现象的判别及处理方法。

6.3.2 工艺流程说明

气体吸收是典型的化工单元操作过程，其原理是根据气体混合物中各组分在选定液体吸收剂中物理溶解度或化学反应活性的不同而实现气体组分分离的传质单元操作。

吸收操作在石油化工、天然气化工以及环境工程中有极其广泛的应用，按工程目的可归纳为：

① 净化原料气或精制气体产品；

② 分离气体混合物以获得需要的目的组分；

③ 制取气体溶液作为产品或中间产品；

④ 治理有害气体的污染，保护环境。

解吸或提馏操作是与吸收操作相反的过程，即溶质从液相中分离出来而转移到气相的过程（用惰性气体吹扫溶液或将溶液加热或将其送入减压容器中使溶质放出）。

(1) 吸收的基本原理

物理吸收和化学吸收：气体中各组分因在溶剂中物理溶解度的不同而被分离的吸收操作称为物理吸收，溶质与溶剂的结合力较弱，解吸比较方便。但是，一般气体在溶剂中的溶解度不高。利用适当的化学反应，可大幅度地提高溶剂对气体的吸收能力。同时，化学反应本身的高度选择性也赋予吸收操作以高度选择性。这种利用化学反应而实现吸收的操作称为化学吸收。

① 气体在液体中的溶解度，即气-液平衡关系　在一定条件（系统的温度和总压力）下，气、液两相长期或充分接触后，两相趋于平衡。此时溶质组分在两相中的浓度分布服从相平衡关系。对气相中的溶质来说，液相中的浓度是它的溶解度；对液相中的溶质来说，气相分压是它的平衡蒸气压。气液平衡是气、液两相密切接触后所达到的终极状态。在判断过程进行的方向（吸收还是解吸）、吸收剂用量或是解吸吹扫气体用量，以及设备的尺寸时，气液平衡数据都是不可缺少的。

吸收用的气-液平衡关系可用亨利定律表示：气体在液体中的溶解度与它在气相中的分压成正比。即

$$p^* = EX$$

$$Y^* = mX \tag{6-20}$$

式中　p^*——溶质在气相中的平衡分压，kPa；

Y^*——溶质在气相中的摩尔分数；

X——溶质在液相中的摩尔分数。

E 和 m 为以不同单位表示的亨利系数，m 又称为相平衡常数。这些常数的数值越小，表明可溶组分的溶解度越大，或者说溶剂的溶解能力越大。E 与 m 的关系为：

$$m = \frac{E}{p} \tag{6-21}$$

式中　p——总压，kPa。

亨利系数随温度而变，压力不大（约 5MPa 以下）时，随压力而变得很小，可以不计。不同温度下，CO_2 的亨利系数见表 6-9。

表 6-9　不同温度下 CO_2 溶于水的亨利系数

温度/℃	0	5	10	15	20	25	30	35	40	45	50
E/MPa	73.7	88.7	105	124	144	166	188	212	236	260	287

吸收过程涉及两相间的物质传递，它包括三个步骤：

a. 溶质由气相主体传递到两相界面，即气相内的物质传递；

b. 溶质在相界面上的溶解，由气相转入液相，即界面上发生的溶解过程；

c. 溶质自界面被传递至液相主体，即液相内的物质传递。

一般来说，上述第二步即界面上发生的溶解过程很易进行，其阻力极小。因此，通常都认为界面上气、液两相的溶质浓度满足相平衡关系，即认为界面上总保持着两相的平衡。这样，总过程速率将由两个单相即气相与液相内的传质速率所决定。

常见的解吸方法有升温、减压、吹气，其中升温与吹气最为常见。溶剂在吸收与解吸设备之间循环，其间加热与冷却、泄压与加压必消耗较多的能量。如果溶剂的溶解能力差，离开吸收设备的溶剂中溶质浓度较低，则所需的溶剂循环量较大，再生时的能量消耗也大。同样，若溶剂的溶解能力对温度变化不敏感，所需解吸温度较高，溶剂再生的能耗也将增大。

② 流体力学性能　填料塔是一种应用很广泛的气液传质设备，它具有结构简单、压降低、填料常用耐腐蚀材料制造等优点。

在填料塔内液膜所流经的填料表面是由许多填料堆积而成的，填料表面形状极不规则。这种不规则的填料表面有助于造成液膜的湍动。特别是当液体自一个填料通过接触点流至下一个填料时，原来在液膜内层的液体可能转而处于表面，而原来处于表面的液体可能转入内层，由此产生所谓的表面更新现象。这有力地加快液相内部的物质传递，是填料塔内气液传质中的有利因素。

同时也应该看到，在乱堆填料层中可能存在某些液流所不及的死角。这些死角虽然是湿润的，但液体基本上处于静止状态，对两相传质贡献不大。

液体在乱堆填料层内流动所经历的路径是随机的。当液体集中在某点进入填料层并沿填料流下，液体将成锥形逐渐散开。这表明乱堆填料是具有一定的分散液体的能力。因此，乱堆填料对液体预分布没有苛刻的要求。另一方面，在填料表面流动的液体部分地汇集成小沟，形成沟流，使部分填料表面未能润湿。降低了有效接触面积，使吸收效果较低。

综上所述两方面的因素，液体在流经足够高的一段填料层之后，将形成一个发展了的液体分布，称为填料的特征分布。特征分布是填料的特性，规整填料的特征分布优于散装填料。在同一填料塔中，液体喷淋量越大，特征分布越均匀。

在填料塔中流动的液体占有一定的体积，操作时单位填充体积所具有的液体量称为持液量（m^3/m^3）。持液量与填料表面的液膜厚度有关。液体喷淋量大，液膜增厚，持液量也加大。在一般填料塔操作的气速范围内，由于气体上升对液膜流下造成的阻力可以忽略，气体流量对液膜厚度及持液量的影响不大。

在填料层内，由于气体的流动通道较粗，因而一般处于湍流状态。气体通过干填料层的压降与流速的关系如右图所示，其斜率为 1.8～2.0。

当气、液两相逆流流动时，液膜占去了一部分气体流动的空间。在相同的气体流量下，填料空隙间的实际气速有所增加，压降也相应增大。同理，在气体流量相同的情况下，液体流量越大，液膜越厚，压降也越大。

已知在干填料层内，气体流量的增大，将使压降按 1.8～2.0 次方增长。当填料层内存在两相逆流流动（液体流量不变）时，压强随气体流量增加的趋势要比干填料层大。这是因为气体流量的增大，使液膜增厚，塔内自由界面减少，气体的实际流速更大，从而造成附加的压降增大。

低气速操作时，膜厚随气速变化不大，液膜增厚所造成的附加压降增大并不明显。如图 6-12 所示，此时压降曲线基本上与干填料层的压降曲线平行。高气速操作时，气速增大引起的液膜增厚对压降有显著影响，此时压降曲线变陡，其斜率可远大于 2。

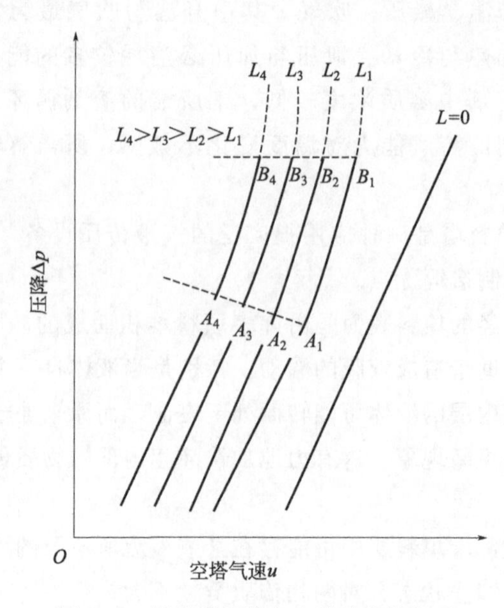

图 6-12　填料塔压降与空塔速度的关系

图6-12中A_1、A_2、A_3、A_4等点表示在不同液体流量下，气、液两相流动的交互影响开始变得比较显著。这些点称为载点。不难看出，载点的位置不是十分明确，但它提示人们，自载点开始，气、液两相流动的交互影响已不容忽视。

自载点以后，气、液两相的交互作用越来越强烈。当气、液流量达到某一定值时，两相的交互作用恶性发展。将出现液泛现象，在压降曲线上，出现液泛现象的标志是压降曲线近于垂直。压降曲线明显变为垂直的转折点（如图6-12所示的B_1、B_2、B_3、B_4等）称为泛点。

前已述及，在一定液体流量下，气体流量越大，液膜所受的阻力亦随之增大，液膜平均流速减小而液膜增厚。在泛点之前，平均流速减小可由膜厚增加而抵消，进入和流出填料层的液量可重新达到平衡。因此，在泛点之前，每一个气量对应一个膜厚，此时，液膜可能很厚，但气体仍保持为连续相。

但是，当气速增大至泛点时，出现了恶性循环。此时，气量稍有增加，液膜将增厚，实际气速将进一步增大；实际气速的增大反过来促使液膜进一步增厚。泛点时，尽管气量维持不变，如此相互作用终不能达到新的平衡，塔内持液量将迅速增加。最后，液相转为连续相，而气相转而成为分散相，以气泡形式穿过液层。

泛点对应于上述转相点，此时，塔内充满液体，压降剧增，塔内液体返混和气体的液沫夹带现象严重，传质效果极差。

③ 传质性能　吸收系数是决定吸收过程速率高低的重要参数，而实验测定是获取吸收系数的根本途径。对于相同的物系及一定的设备（填料类型与尺寸），吸收系数将随着操作条件及气、液接触状况的不同而变化。

虽然本实验所用气体混合物中二氧化碳的组成较高，所得吸收液的浓度却不高。可认为气-液平衡关系服从亨利定律，可用方程式$Y^*=mX$表示。常压操作，相平衡常数m仅是温度的函数。

N_{OG}、H_{OG}、K_Ya、φ_A可依下列公式进行计算

$$N_{OG}=\frac{Y_1-Y_2}{\Delta Y_m} \tag{6-22}$$

$$\Delta Y_m=\frac{\Delta Y_1-\Delta Y_2}{\ln\frac{\Delta Y_1}{\Delta Y_2}} \tag{6-23}$$

$$H_{OG}=\frac{Z}{N_{OG}} \tag{6-24}$$

$$K_Ya=\frac{q_{n,V}}{H_{OG}\cdot\Omega} \tag{6-25}$$

$$\varphi_A=\frac{Y_1-Y_2}{Y_1} \tag{6-26}$$

式中　Z——填料层的高度，m；

H_{OG}——气相总传质单元高度，m；

N_{OG}——气相总传质单元数，量纲为1；

$K_Y a$——气相总体积吸收系数，kmol/(m³·h)；

$q_{n,V}$——空气（B）的摩尔流量，kmol/h；

Ω——填料塔截面积，$\Omega=\frac{\pi}{4}D^2$，m²；

φ_A——混合气中二氧化碳被吸收的百分数（吸收率），量纲为1；

Y_1、Y_2——进、出口气体中溶质组分（A与B）的物质的量之比，$\frac{mol}{mol}$；

Y_m——所测填料层两端面上气相推动力的平均值；

ΔY_2、ΔY_1——分别为填料层上、下两端面上气相推动力。

$$Y_1 = Y_1 - mX_1 \tag{6-27}$$

$$Y_2 = Y_2 - mX_2 \tag{6-28}$$

式中　X_2、X_1——进、出口液体中溶质组分（A与S）的物质的量之比，$\frac{mol}{mol}$；

m——相平衡常数，无量纲。

操作条件下液体喷淋密度的计算：

$$喷淋密度U=\frac{流体流量}{塔截面积} \tag{6-29}$$

最小喷淋密度经验值U_{min}为0.2m³/(m²·h)。

④ 主要物料的平衡及流向　空气（载体）由旋涡气泵提供，二氧化碳（溶质）由钢瓶提供，二者混合后从吸收塔的底部进入吸收塔向上流动通过吸收塔，与下降的吸收剂逆流接触吸收，吸收尾气一部分进入二氧化碳气体分析仪，大部分排空；吸收剂（解吸液）存储于解吸液储槽，经解吸液泵输送至吸收塔的顶端向下流动经过吸收塔，与上升的气体逆流接触吸收其中的溶质（二氧化碳），吸收液从吸收塔底部进入吸收液储槽。

(2) 带控制点的工艺流程图

二氧化碳吸收实训装置流程图见图6-13。

(3) 设备一览表

吸收-解吸设备一览表见表6-10。

表6-10　吸收-解吸设备一览表

序号	位号	名称	用途	规格
1	T101	吸收塔	完成吸收任务	主体硬质玻璃DN100×1500 上部出口段，不锈钢ϕ114×200 下部入口段，不锈钢ϕ100×400 填料为ϕ10拉西环
2	P101	吸收剂泵	输送吸收剂	不锈钢，WB50/025，功率250W，1.2～7.2m³/h
3	V101	吸收液储槽	储存吸收液	不锈钢，ϕ400×600
4	V201	解吸液储槽	储存解吸液及吸收剂	不锈钢，ϕ400×600
5	P102	吸收气旋涡气泵	输送吸收用空气	XGB-8型旋涡气泵，功率370W，最大流量65m³/h

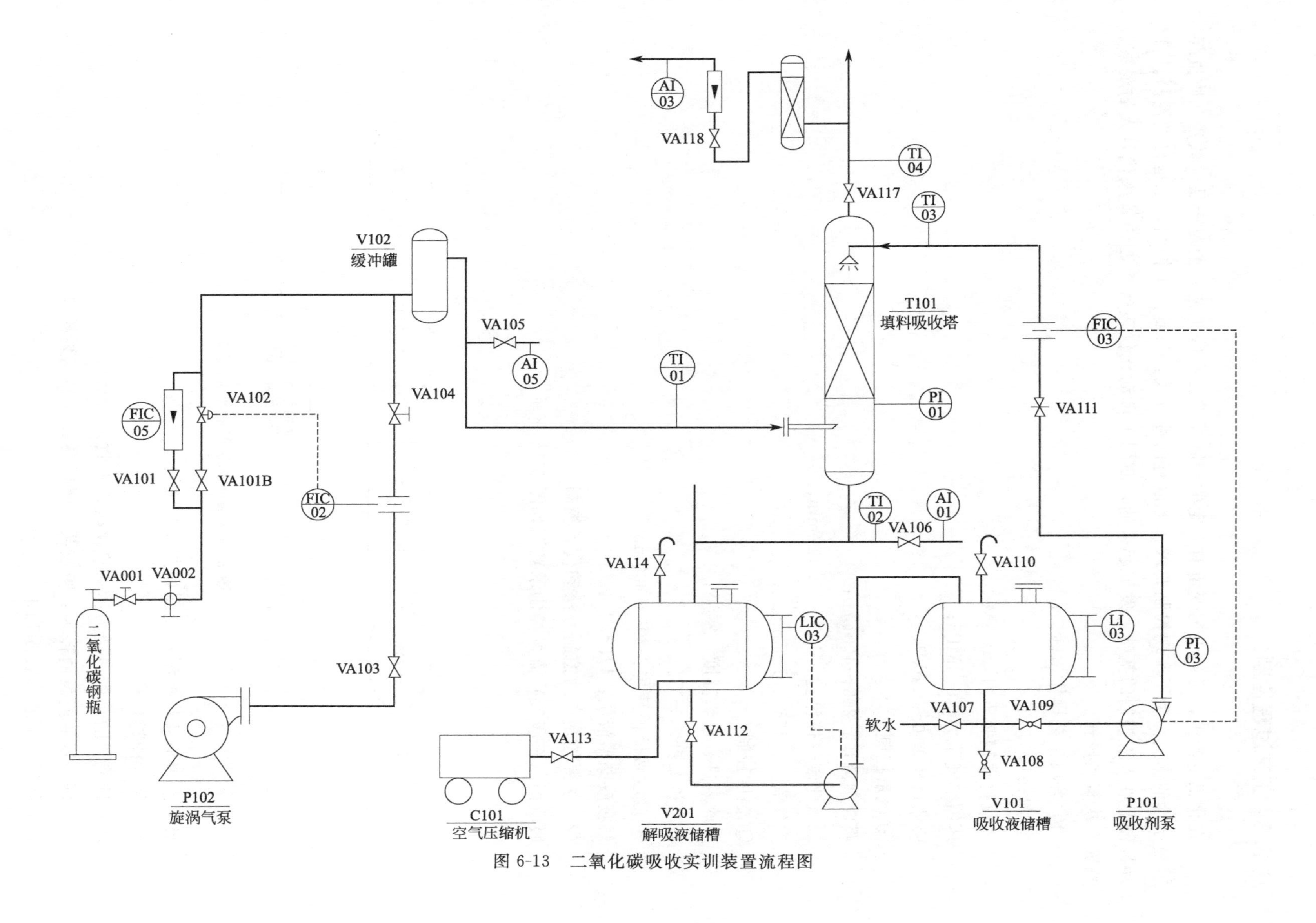

图 6-13　二氧化碳吸收实训装置流程图

6.3.3 工艺过程控制

在化工生产中，对各工艺变量有一定的控制要求。有些工艺变量对产品的数量和质量起着决定性的作用。为了实现控制要求，可以有两种方式：一是人工控制，二是自动控制。自动控制是在人工控制的基础上发展起来的，使用了自动化仪表等控制装置来代替人的观察、判断、决策和操作。

（1）各项工艺操作指标

① 操作压力

二氧化碳钢瓶压力≥0.5MPa；

压缩空气压力≤0.3MPa；

吸收塔压差 0～1.0kPa。

② 流量控制

吸收剂流量：200～400L/h；

二氧化碳气体流量：4.0～10.0L/min；

空气流量：15～40L/min。

③ 温度控制

吸收塔进、出口温度：室温；

各电机温升≤65℃。

④ 吸收液储槽液位：200～300mm

解吸液储槽液位：1/3～3/4。

（2）主要控制点的控制方法和仪表控制

吸收剂（解吸液）流量控制示意图如图 6-14 所示。

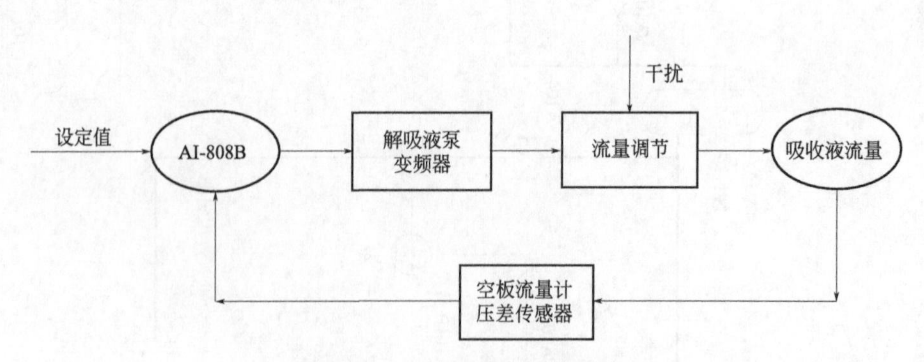

图 6-14 吸收剂流量控制示意图

吸收液储槽液位控制示意图如图 6-15 所示。

（3）物耗能耗指标

本实训装置的物质消耗为：二氧化碳，吸收剂（水）；

本实训装置的能量消耗为：吸收泵、解析泵和旋涡气泵耗电。

物耗能耗一览表见表 6-11。

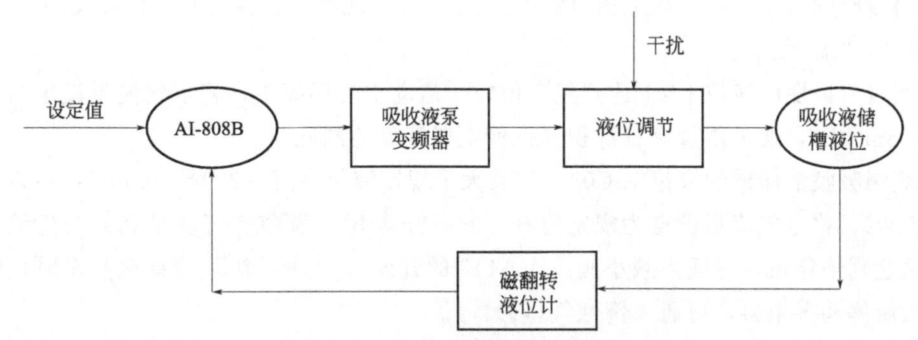

图 6-15　吸收液储槽液位控制示意图

表 6-11　物耗能耗一览表

名称	耗量	名称	耗量	名称	额定功率
水	循环使用	二氧化碳	可调节	吸收液泵	550W
				解吸液泵	550W
				旋涡气泵	370W
总计	80L	总计	600L/min	总计	1.5kW

6.3.4　吸收单元操作规程

（1）开车前准备

① 了解吸收和解吸传质过程的基本原理。

② 了解填料塔的基本构造，熟悉工艺流程和主要设备。

③ 熟悉各取样点及温度和压力测量与控制点的位置。

④ 熟悉使用转子流量计、孔板流量计和涡轮流量计测量流量。

⑤ 检查公用工程（水、电）是否处于正常供应状态。

⑥ 设备通电，检查流程中各设备、仪表是否处于正常开车状态，启动设备试车。

⑦ 了解本实训所用物系。

⑧ 检查吸收液储槽是否有足够空间储存实训过程的吸收液。

⑨ 检查解吸液储槽是否有足够解吸液供实训使用。

⑩ 检查 CO_2 钢瓶储量，是否有足够二氧化碳供实训使用。

⑪ 检查流程中各阀门是否处于正常开车状态：阀门 VA101、VA103、VA104、VA105、VA106、VA107、VA108、VA110、A111、VA112、VA113、VA114、VA115、VA116 关闭；阀门 VA109、VA117、VA118 全开。

⑫ 按照要求制订操作方案

发现异常情况，必须及时报告指导教师进行处理。

（2）正常开车

① 确认阀门 VA111 处于关闭状态，启动吸收剂泵 P201，逐渐打开阀门 VA111，吸收剂（解吸液）通过孔板流量计 FIC04 从顶部进入吸收塔。

② 将吸收剂流量设定为规定值（200～400L/h），观测孔板流量计 FIC03 显示和解吸液入口压力 PI03 显示。

③ 当吸收塔底的液位 LI01 达到规定值时，启动空气压缩机，将空气流量设定为规定值（1.4～1.8m^3/h），通过质量流量计积算仪使空气流量达到此值。

④ 观测吸收液储槽的液位 LIC03，待其大于规定液位高度（200～300mm）后，启动旋涡气泵 P202，将空气流量设定为规定值（4.0～18m^3/h），调节空气流量到此规定值（若长时间无法达到规定值，可适当减小阀门 VA118 的开度）。（注：新装置首次开车时，解吸塔要先通入液体润湿填料，再通入惰性气体。）

（3）正常操作

① 打开二氧化碳钢瓶阀门，调节二氧化碳流量到规定值，打开二氧化碳减压阀保温电源。

② 二氧化碳和空气混合后制成实训用混合气从塔底进入吸收塔。

③ 注意观察二氧化碳流量变化情况，及时调整到规定值。

④ 操作稳定 20min 后，分析吸收塔顶放空气体（AI03）、解吸塔顶放空气体（AI05）。

⑤ 气体在线分析方法：二氧化碳传感器检测吸收塔顶放空气体（AI03）中的二氧化碳体积分数，传感器将采集到的信号传输到显示仪表中，在显示仪表 AI03 和 AI05 上读取数据。

在操作过程中，可以改变一个操作条件，也可以同时改变几个操作条件。需要注意的是，每次改变操作条件，必须及时记录实训数据，操作稳定后及时取样分析和记录。操作过程中发现异常情况，必须及时报告指导教师进行处理。

（4）正常停车

① 关闭二氧化碳钢瓶总阀门，关闭二氧化碳减压阀保温电源。

② 10min 后，关闭吸收剂泵 P101 电源，关闭空气压缩机电源。

③ 5min 后，关闭旋涡气泵 P102 电源。

④ 关闭总电源。

6.3.5 操作事故及处理预案

（1）吸收塔出口气体二氧化碳含量升高　造成吸收塔出口气体二氧化碳含量升高的原因主要有入口混合气中二氧化碳含量的增加、混合气流量增大、吸收剂流量减小、吸收贫液中二氧化碳含量增加和塔性能的变化（填料堵塞、气液分布不均等）。

处理的措施有：

① 检查二氧化碳的流量，如发生变化，调回原值。

② 检查入吸收塔的空气流量 FIC02，如发生变化，调回原值。

③ 检查入吸收塔的吸收剂流量 FIC03，如发生变化，调回原值。

④ 打开阀门 V112，取样分析吸收贫液中二氧化碳含量，如二氧化碳含量升高，增加解吸塔空气流量。

如上述过程未发现异常，在不发生液泛的前提下，加大吸收剂流量 FIC03，增加解吸塔空气流量，使吸收塔出口气体中二氧化碳含量回到原值，同时向指导教师报告，观测吸收塔内的气液流动情况，查找塔性能恶化的原因。待操作稳定后，记录实验数据；继续进行其他实验。

（2）解吸塔出口吸收贫液中二氧化碳含量升高　造成吸收贫液中二氧化碳含量升高的原因主要有解吸空气流量不够、塔性能的变化（填料堵塞、气液分布不均等）。

处理的措施有：

① 检查入解吸塔的空气流量，如发生变化，调回原值。

② 检查解吸塔塔底的液封，如液封被破坏要恢复，或增加液封高度，防止解吸空气泄漏。

如上述过程未发现异常，在不发生液泛的前提下，加大解吸空气流量，使吸收贫液中二氧化碳含量回到原值，同时向指导教师报告，观察塔内气、液两相的流动状况，查找塔性能恶化的原因。

第7章 化工单元操作安全

单元操作在化工生产中占主要地位，决定整个生产的经济效益。在化工生产中，单元操作的设备费用和操作费用一般可占到80%～90%，可以说没有单元操作就没有化工生产过程。同样，没有单元操作的安全，也就没有化工生产的安全。为了使学生初步认识和了解化工生产过程中的潜在危险性，实现化工单元的安全操作，本章主要从安全的角度，简要说明主要单元操作中应注意的问题。

7.1 物料输送

在化工生产过程中，经常需要将原材料、中间产品、最终产品以及副产品或废弃物从一个工序输送到另一个工序，这个过程就是物料输送。根据输送物料的形态不同（固态、液态、气态等），要采取的输送设备也是不同的，所要求的安全技术也不同。

化工生产中流体的输送是物料输送的主要部分。流体流动也是化工生产中最重要的单元操作之一。由于流体在流动过程中：a. 有阻力损失；b. 流体可能从低处流向高处，位能增加；c. 流体可能需从低压设备流向高压设备，压强增大。因此，流体在流动过程中要外界对其提供能量，即需要流体输送机对流体做功，以增加流体的机械能。

流体输送机械按被输送流体的压缩性可分为：a. 液体输送机械，如离心泵等。b. 气体输送机械，如风机、压缩机等，按其工作原理可分为：动力式（叶轮式），利用高速旋转的叶轮使流体获得机械能，如离心泵；正位移式（容积式），利用活塞或转子挤压使流体升压排出，如往复泵；其他，如喷射泵、隔膜泵等。

固体物料的输送主要有气力输送、皮带输送机输送、链斗输送机输送、螺旋输送机输送、刮板输送机输送、斗式提升机输送和位差输送等多种形式。

7.1.1 物料输送危险性分析

7.1.1.1 流体输送

（1）腐蚀　化工生产中需输送的流体常具有腐蚀性，许多流体的腐蚀性甚至很强，因此需要注意流体输送机械、输送管道以及各种管件、阀门的腐蚀性。

（2）泄漏　流体输送中流体往往与外界存在较高压差，因此在流体输送机械（如轴封等处）、输送管道、阀门以及各种其他管件的连接处都有发生泄漏的可能，特别是与外界存在高压差的场所发生的概率更高，危险性更大。一旦发生泄漏，不仅直接造成物料的损失，而且危害环境，并易引发中毒、火灾等事故。当然，泄漏也包括外界空气进入负压设备，这可能会造成生产异常，甚至发生爆炸等。

（3）中毒　由于化工生产中需输送的流体常具有毒性，一旦发生泄漏事故，往往存在人员中毒的危险。

（4）火灾、爆炸　化工生产中需输送的流体常具有易燃性和易爆性，当有火源（如静电）存在时容易发生火灾、爆炸事故。国内外已发生过很多输油管道、天然气管道燃爆等重大事故。

（5）人身伤害　流体输送机械一般有运动部件，如转动轴，存在造成人身伤害的可能。此外，有些流体输送机械有高温区城，存在烫伤的危险。

（6）静电　流体与管壁或器壁的摩擦可能会产生静电，进而有引燃物料发生火灾、爆炸的危险。

（7）其他　如果输送流体骤然中断或大幅度波动，可能会导致设备运行故障，甚至造成严重事故。

7.1.1.2　固体输送

（1）粉尘爆炸　这是固体输送中需要特别注意的。

（2）人身伤害　许多固体输送设备往返运转，还有可能连续加料、卸载等，较易造成人身伤害。

（3）堵塞　固体物料较易在供料处、转弯处、偏错或焊缝突起等障碍处黏附管壁（具有黏性或湿度过高的物料更为严重），最终造成管路堵塞；输料管径突然扩大，或物料在输送状态中突然停车时，也易造成堵塞。

（4）静电　固体物料会与管壁或皮带发生摩擦而使系统产生静电，高黏性的物料也易产生静电，进而有引燃物料发生火灾、爆炸的危险。

7.1.2　输送管路安全

根据管道输送介质的种类、压力、温度以及管道材质的不同，管道有不同的分类。

① 按设计压强可分为：高压管道、中压管道、低压管道和真空管道。

② 按管内输送介质可分为：天然气管道、氢气管道、冷却水管道、蒸气管道、原油管道等。

③ 按管道的材质可分为：金属管道（如铸铁管、碳钢管、合金钢管、有色金属管等）、非金属管道（如塑料管、陶瓷管、橡胶管等）、衬里管（把耐腐蚀材料衬在管子内壁上以提高管道的耐腐蚀性能）。

④ 按管道所承受的最高工作压强、温度，介质和材料等因素综合考虑，将管道分为Ⅰ～Ⅴ五类。

化工生产中输送管道必须与所输送物料的种类、性质（黏度、密度、状态等）以及温度、压力等操作条件相匹配。如普通铁管一般用于输送压力不超过 1.6MPa，温度不高于120℃的水、酸性或碱性溶液，不能用于输送蒸气，更不能输送有爆炸性或有毒性的介质，否则容易因泄漏或爆裂引发安全事故。

管道与管道、管道与阀门及管件以及管道与设备的连接一般采用法兰连接、螺纹连接、焊接和承插连接四种连接方式。大口径管道、高压管道和需要经常拆卸的管道，常用法兰连接。用法兰连接管路时，必须采用垫片，以保证管道的密封性。法兰和垫片也是化工生产中最常用的连接管件，这些连接处往往是管路相对弱处，是发生泄漏或爆裂的高发地，应加强日常巡检和防护，输送酸、碱等强腐蚀性液体管道的法兰连接处必须设置防泄漏的防护装置。

化工生产中使用的阀门很多，按其作用可分为调节阀、截止阀、减压阀、止逆阀、稳压阀和转向阀等；按阀门的形状和构造可分为闸阀、球阀、蝶阀、旋塞阀和针形阀等。阀门易发生泄漏、堵塞以及开启与调节不灵等故障，如不及时处理不仅会影响生产，更易引发安全事故。

管道的铺设应沿走向有0.3%～0.5%的倾斜度，含有固体颗粒或可能产生结晶晶体的物料管线的倾斜度应不小于1%。由于物料流动易产生静电，输送易燃、易爆、有毒流体及含固体颗粒流体时，必须有防止静电积累的可靠接地，以防发生燃烧或爆炸事故。管道排布时要注意冷、热管道应有安全距离，在分层排布时，一般应遵循热管在上，冷管在下，有腐蚀性介质的管道在最下的原则。易燃气体、液体管道不允许同电缆一起铺设；而可燃气体管道同氧气管一同铺设时，氧气管道应设在旁边，并保持0.25m以上的净距，并根据实际需要安装止逆阀、水封和阻火器等安全装置。此外，由于管道会产生热胀冷缩，在温差较大的管道（如热力管道等）上应安装补偿器（如弯管等）。

当输送管道温度与环境温度差别较大时，一般应对管道做保温（冷）处理，一方面可以减少能量的损失，另一方面可以防止发生烫伤或冻伤事故。对于输送凝固点高于环境温度的流体或在输送中可能出现结晶的流体以及含有 H_2S、HCl、Cl_2 等的气体，可能出现冷凝形成水合物的流体，应采用加热保护措施。即使是工艺不要求保温的管道，如果温度高于65℃，在操作人员可能触及的范围内也应给予保温，作为防烫保护。噪声大的管道（如排空管等），应加隔声层以隔声，隔声层的厚度一般不小于50mm。

化工管道输送的流体往往具有腐蚀性，即使是空气、水、蒸汽管道，也会受周围环境的影响而发生腐蚀，特别是在管道的变径、拐弯部位，埋设管道外部的下表面，以及液体或蒸气管道在有温差的状态下使用，容易产生局部腐蚀。因此需采用合理的防腐措施，如涂层防腐（应用最广）、电化学防腐、衬里防腐、使用缓蚀剂防腐等。这样可以降低泄漏发生的概率，延长管道的使用寿命。

新投用的管道，在投用前应按规定进行管道系统强度、严密性实验以及系吹扫和润洗。在用管道要注意进行定期检查和正常防护，以确保安全。检查周期应根据管道的技术状况和使用条件合理确定。但一般每季度至少应进行一次外部检查：Ⅰ～Ⅲ类管道每年至少进行一次重点检查；Ⅳ、Ⅴ类管道每两年至少进行一次重点检查；各类管道每六年至少进行一次全面检查。

此外，对输送悬浮液或可能有晶体析出的溶液或高凝固点的熔融液的管道，应防止堵塞，冬季停运时管道（设备）内的水应排净，以防止冻坏管道（设备）。

7.1.3 液体输送设备安全技术措施

7.1.3.1 离心泵

离心泵在液体输送设备中应用最为广泛，约占化工用泵的80%～90%。

(1) 应避免离心泵发生汽蚀，安装高度不能超过最大允许安装高度。离心泵运转时，液体的压强随着泵吸入口向叶片入口而下降，叶片入口附近的压强为最低。如果叶片入口附近的压强低至输送条件下液体的饱和蒸气压，液体将发生汽化，含气泡的液体进入叶轮后，因压强升高，气泡立即凝聚。气泡的消失产生局部真空，周围的液体以高速涌向气泡中心，造成冲击和振动。尤其是当气泡的凝聚发生在叶片表面附近时，众多液体质点犹如细小的高频水锤撞击叶片，使叶片表面材质疲劳，由开始点蚀到形成裂缝；另外气泡中还可能带有氧气等气体，使金属材质发生化学腐蚀。这种现象称为泵的汽蚀。若长时间受到冲击力反复作用，加之液体中微量溶解氧对金属的化学腐蚀作用，叶轮的局部表面会出现斑痕和裂纹。当泵发生汽蚀时，泵内的气泡导致泵性能急剧下降，破坏正常操作。为了提高允许安装高度，即提高泵的抗汽蚀性能，应选用直径稍大的吸入管，且应尽可能地缩短吸入管长，尽量减少弯头等，以减小进口阻力损失。此外，为了避免汽蚀现象发生，应防止输送流体的温度明显升高（特别是操作温度提高时更应注意），以保证其安全运行。

(2) 安装离心泵时，应确保基础稳固，且基础不应与墙壁、设备或房柱基础相连接，以免产生共振。在靠近泵出口的排出管路上装有调节阀，供开车、停车和调节流量时使用。

(3) 在启动前需要进行灌泵操作，即向泵壳内灌被输送的液体。离心泵启动时，如果泵壳与吸入管路内没有充满液体，则泵壳内存在空气，由于空气的密度远小于液体的密度，产生的离心力小，因而叶轮中心处所形成的低压不足以将储槽内的液体吸入泵内，此时若启动离心泵也不能输送液体，这种现象称为气缚。这同时也说明了离心泵无自吸能力，若离心泵的吸入口位于被吸液储槽液面的上方，一般在吸入管路的进口处应装一单向底阀以防止启动前所灌入的液体从泵内漏失，对不洁净或含有固体的液体，应安装滤网以阻拦液体中的固体物质被吸入而堵塞管路和泵壳。

(4) 启动前还要进行检查并确保泵轴与泵之间的轴封密封良好，以防止高压液体从泵壳内沿轴往外漏（这是最常见的故障之一），同时防止外界空气以相反方向漏入泵壳内。同时还要进行盘泵操作，观察泵的润滑、盘动是否正常，进出口管道是否畅通，出口阀是否关闭，待确认可以启动时方可启动离心泵。运转过程中注意观察泵入口真空表和出口压力表是否正常、声音是否正常、泵轴的润滑与发热情况、泄漏情况等，发现问题及时处理，同时注意储槽或设备内液位的变化，防止液位过高或过低。在输送可燃液体时，注意管内流速不应超过安全流速，且管道应有可靠的接地措施以防静电危害。

(5) 停泵前，关闭泵出口阀门，以防止高压液体倒冲回泵造成水锤而破坏泵体，为避免叶轮反转，常在出口管道上安装止逆阀。在化工生产中，若输送的液体是不允许中断的，则需要配置备用泵和备用电源。

此外，由于电机的高速运转，泵与电机的联轴节处应加防护罩以防绞伤。

7.1.3.2　正位移泵

正位移特性是指泵的输液能力只取决于泵本身的几何尺寸和活塞（或转子等）的运动率，与管路情况无关，而所提供的压头则只取决于管路的特性，具有这种特性的泵称为正位移泵，也是一类容积式泵。化工生产中常用的正位移主要有往复泵和旋转泵（如齿轮、螺杆等）。这里主要强调与离心泵不同的安全技术要点。

由于容积式泵只要运动一周，泵就排出一定体积的液体，因此应安装安全阀，且其流量调节不能采用出口阀门调节（否则将造成泵与电机的损坏甚至发生爆炸事故），要想改变往复泵的输液能力，可采取如下流量调节措施。

（1）旁路调节　往复泵旁路调节流量示意图如图 7-1 所示。因往复泵的流量一定，通过阀门调节旁路流量，使一部分压出流体返回吸入管路，从而达到调节主管流量的目的。显而易见，旁路调节流量并没有改变泵的总流量，只是改变了流量在旁路之间的分配。旁路调节很不经济，造成了功率的无谓消耗，但对于流量变化幅度较小的经常性调节非常方便，生产上常采用。

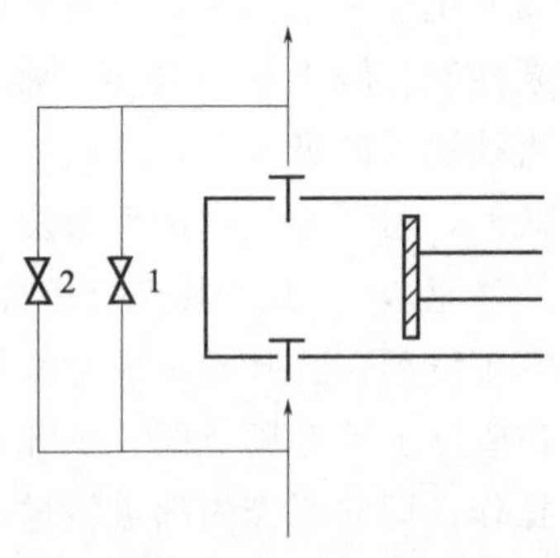

图 7-1　往复泵旁路调节流量示意图

1—旁路阀；2—安全阀

（2）改变曲柄转速（往复频率）和活塞行程　因电动机是通过减速装置与往复泵相连的，因此改变减速装置的传动比可以更方便地改变曲柄转速，达到调节流量的目的。所以，调节活塞冲程或往复频率均可达到改变流量的目的，而且能量利用合理，改变曲柄转速调节是最常用的经济方法。

往复泵主要适用于较小流量、高扬程、清洁、高黏度液体的输送，它不适于输送腐蚀性液体和含有固体粒子的悬浮液。由于吸液是靠容积的扩张造成低压进行的，因此，启动时不必灌泵，即正位移泵具有自吸能力，但须开启旁路阀。

7.1.4　气体输送设备安全技术措施

气体因具有压缩性，故在输送机械内部气体压强变化的同时，体积和温度也将随之发生变化。这些变化对气体输送机械的结构、形状有很大的影响。因此气体输送机械除了按其结构和作用原理进行分类外，还可以根据它所能产生的进、出口压差或压强比（称为压缩比）进行分类，方便选择。

① 通风机　出口压强（表压）不大于 15kPa，压缩比为 1～1.15；

② 鼓风机　出口压强（表压）为 15kPa～0.3MPa，压缩比小于 4；

③ 压缩机　出口压强（表压）为 0.3MPa，压缩比大于 4；

④ 真空泵　用于减压，出口压强为 0.1MPa，其压缩比由真空度决定。

气体输送机械与液体输送机械的工作原理大致相同，如离心式风机与离心泵、往复式压缩机与往复泵等。但与液体输送相比，气体输送具有体积流量大、流速高、管径粗、阻力压头损失大的特点，而且由于气体具有可压性，在高压下，气体压缩的同时温度升高，因此高压气体输送设备中往往带有换热器，如压缩机。因此，从安全角度看，气体输送机械有一些区别于液体输送机械须引起重视之处，现简要说明如下。

7.1.4.1 通风机和鼓风机

在风机出口设置稳压罐，并安装安全阀；在风机转动部件处安装防护罩，并确保完好，避免发生人身伤害事故；尽量安装隔声装置，减小噪声污染，如本教材4.3传热综合实验、4.5吸收实验和4.8流化床干燥实验均设置有减噪器。

7.1.4.2 压缩机

（1）应控制排出气体的温度，防止超温 压缩比不能太大，当大于8时，应采用多级压缩以避免高温。压缩机在运行中不能中断润滑油和冷却水（同时应避免冷却水进入气缸产生水锤作用，损坏缸体引发事故），确保散热良好，否则也将导致温度过高。一旦温度过高，易造成润滑剂分解，摩擦增大，功耗增加，甚至因润滑油分解、燃烧，发生爆炸事故。

（2）要防止超压 为避免压缩机气缸、储气罐以及输送管路因压力过高而引起爆炸，除要求它们要有足够的机械强度外，还要安装经校验的压力表和安全阀（或爆破片），安全阀泄压应将其危险气体导至安全的地方。还可安装超压报警器、自动调节装置或超压自动停车装置。经常检查压缩机调节系统的仪表，避免因仪表失灵发生错误判断，操作失误引起压力过高，发生燃烧、爆炸事故。

（3）严格控制爆炸性混合物的形成，杜绝发生燃炸 压缩机系统中空气须彻底置换干净后才能启动压缩机：在输送易燃气体时，进气口应该保持一定的余压，以免造成负压吸入空气；同时气体在高压下，极易发生泄漏，应经常检查垫圈、阀门、设备和管道的法兰、焊接处和密封等部位；对于易燃、易爆气体或蒸气压缩设备的电机部分，应全部采用防爆型；易燃气体流速不能过高，管道应良好接地，以防止产生静电；雾化的润滑油或其分解产物与压缩空气混合，同样会产生爆炸性混合物，若压强不高，输送可燃气体，采用液环泵比较安全。

（4）注意安全检查 启动前，务必检查电机转向是否正常，压缩机各部件是否松动，安全阀工作润滑系统及冷却系统是否正常，确定一切正常后方可启动。压缩机运行中，注意观察各运转部件的动作与声音，辨别其工作是否正常；检查排气温度、润滑油温度和液位、吸气压强、排气压强是否在规定范围；注意电机温度、轴承温度和电流表和电压表指示是否正常，同时用手感应压缩机各部分温度是否正常。如发现不正常现象，应立即处理或停车检查。

7.1.4.3 真空泵

应确保系统密封良好，否则不仅达不到工艺要求的真空度，更重要的是在输送易燃气体时，空气的吸入易引发爆炸事故。此外，输送易燃气体时应尽可能采用液环式真空泵。

7.1.5 固体输送安全技术措施

7.1.5.1 机械输送

（1）避免发生人身伤害事故 输送设备的润滑、加油和清扫工作，是操作者在日常维护中致伤的主要原因。首先，应安装自动注油和清扫装置，以减少这类工作的次数，降低操作者发生危险的概率，在设备没有安装自动注油和清扫装置的情况下，一律停车进行维护操作。其次，在输送设备的高危部位必须安装防护罩，即使这样操作者也要特别当心。例如，皮带同皮带轮接触的部位，齿轮与齿轮、齿条、链带相啮合的部位以及轴、联轴节、联轴器、联轴键及固定钉等，对于操作者是极其危险的部位，可造成断肢伤害甚至危及生命安全。严禁随意拆卸这些部位的防护装置，因检修拆卸下的防护装置，事后应立即恢复。

(2) 防止传动机构发生故障　对于皮带输送机，应根据输送物料的性质、负荷情况进行合理选择皮带的规格与形式，应有足够的强度，皮带胶接应平滑，并要根据负荷调整松紧度。要防止在运行过程中，发生高温物料烧坏皮带或因斜偏刮挡撕裂皮带的事故。

对于靠齿轮传动的输送设备，其齿轮、齿条和链条应具有足够的强度，并确保它们相互间磨合良好。同时，应严密注意负荷的均匀、物料的粒度情况以及混入其中的杂物，防止因卡料而拉断链条、链板，甚至拉毁整个输送设备机架。

此外，应防止链斗输送机下料器下料过多、料面过高而造成链带拉断；斗式提升机应有因链带拉断而落的防护装置。

(3) 重视开、停车操作　操作者应熟悉物料输送设备的开、停车操作规程。为保证安全，输送设备除应设有事故自动停车和就地手动事故按钮停车系统外，还应安装超负荷、超行程停车保护装置和设在操作者经常停留部位的紧急事故停车开关。停车检修时，开关应上锁或拔掉电源。对于长距离输送系统，应安装开、停车联系信号，以及给料、输送、中转系统的自动联锁装置或程序控制系统。

7.1.5.2 气力输送

气力输送就是利用气体在管内流动以输送粉粒状固体的方法。作为输送介质的气体常用空气，但在输送易燃易爆粉末时，应采用惰性气体。气力输送按输送气流压强可分为吸引式气力输送（输送管中的压强低于常压的输送）和压送式气力输送（输送管中压强高于常压的输送）；按气流中固相浓度高低又可分为稀相输送和密相输送。

气力输送方法因与其他机械输送方法相比具有系统密闭（避免了物料的飞扬、受潮、受污染，改善了劳动条件），设备紧凑，易于实现连续化、自动化操作，便于同连续的化工过程相衔接以及可在输送过程中同时进行粉碎、分级、加热、冷却以及干燥操作等优点，故其在化工生产上的应用日益增多。但也存在动力消耗大、物料易于破碎、管壁易磨损以及输送颗粒尺寸不大（一般<30mm）等缺点。从安全技术考虑，气力输送系统除设备本身因故障损坏外，还应注意避免系统的堵塞和由静电引起的粉尘爆炸。

为避免堵塞，设计时应确定合适的输送速度，如果过高，动力消耗大，同时增大了装置尾部气-固分离设备的负荷；过低，管线堵塞危险性增加。一般水平输送时应略大于其沉积速度；垂直输送时应略大于其噎噻速度。同时，合理选择管道的结构和布置形式，尽量减少弯管、接头等管件的数量，且管内表面尽量光滑、不准有皱褶或凸起。此外，气力输送系统应保持良好的密封性，否则，吸引式系统的漏风会导致管道堵塞（压送式系统漏风，会将物料带出污染环境）。

为了防止产生静电，可采取如下措施：

① 根据物料性质，选取产生静电小而导电性较好的输送管道（可以通过实验进行筛

选），且直径要尽量大些，管内壁应平滑，不许装设网格之类的部件，管路弯曲和变径处要少且应尽可能平缓。

② 确保输送管道接地良好，特别是绝缘材料的管道，管外应采取可靠的接地措施。

③ 控制好管道内风速，保持稳定的固气比。

④ 要定期清扫管壁，防止粉料在管内堆积。

7.2 非均相物系分离

非均相混合物的分离方法主要有过滤和沉降。

7.2.1 非均相物系分离危险性分析

（1）存在中毒、火灾和爆炸危险　悬浮液中的溶剂都有一定的挥发性，特别是有机溶剂还具有毒性、易燃易爆性，在过滤或沉降（如离心沉降）过程中不可避免地存在溶剂暴露问题，特别是在卸渣时更为严重。因此，在操作过程中应注意做好个人防护，避免发生中毒。同时，加强通风，防止形成爆炸性混合物引发火灾或爆炸事故。

（2）存在粉尘危害　含尘气体经过沉降设备后必然还含有少量细小颗粒，尾气的排放一定要符合规定，同时操作场所应加强通风除尘，严格控制粉尘浓度，避免粉尘集聚，引发粉尘爆炸或对操作人员带来健康危害。

（3）存在机械损伤危险　离心机的转速较高，应设置防护罩，严格按操作规程进行操作，避免发生人身伤害事故。

7.2.2 过滤安全技术措施

根据悬浮液的性质及分离要求，合理选择分离方式。间歇过滤一般包括设备组装、加料、过滤、洗涤、卸料、滤布清洗等操作过程，操作周期长，且人工操作劳动强度大，直接接触物料，安全性低。而连续过滤过程的过滤、洗涤、卸料等各个步骤自动循环，其过滤速度较间歇过滤快，且操作人员与有毒物料接触机会少，安全性较高。因此可优先选择连续过滤方式。此外，操作时应注意观察滤布的磨损情况。

过滤安全技术措施有：

（1）加压过滤　最常用的是板框压滤机。操作时应注意以下几点：

① 当压滤机散发有害和爆炸性气体时，要采用密闭式过滤机，并以压缩空气或惰性气体保持压力。取滤渣时，应先释放压力，否则会发生事故。

② 防静电　为防静电，压滤机应有良好的接地装置。

③ 做好个人防护　卸渣和装卸板框需要人力操作，作业时应注意做好个人防护，避免发生接触伤害。

（2）真空过滤　最常用的是真空过滤机。操作时应注意以下几点：

① 防静电　过滤时开始时，速度要慢，经过一段时间后，再慢慢提高过滤速度。真空过滤机应有良好的接地装置。

② 防止滤液蒸气进入真空系统　在真空泵前应设置蒸气冷凝回收装置。

(3) 离心过滤　最常用的是三足离心机。操作时应注意以下几点：

① 腐蚀性物料处理　不应采用铜制转鼓，而应采用钢质衬铝或衬硬橡胶的转鼓。

② 注意离心机选材与安装　转鼓、盖子、外壳及底座应使用韧性材料，对于负荷轻的转鼓（50kg以内），可用铜制转鼓。安装时应用工字钢或槽钢制成金属骨架，并注意内外壁间隙以及转鼓与刮刀的间隙。

③ 防止剧烈振动　离心机过滤操作中，当负荷不均匀时会发生剧烈振动，造成轴承磨损、转鼓撞击外壳而引发事故，因此设备应有减震装置。

④ 限制转鼓转速，以防止转鼓承受高压而引起爆炸　在有爆炸危险的生产中，最好不使用离心机而采用转鼓式、带式真空过滤机。

⑤ 防止杂物落入　当离心机无盖时，工具和其他杂物容易落入其中，并可能以高速飞出；有盖时应与离心机启动联锁。

(4) 连续式过滤机　连续式过滤机循环周期短，能自动洗涤和自动卸料，其过滤速度较间歇式过滤机高，且操作人员脱离与有毒物料的接触，因而较为安全。故连续式过滤机比间歇式过滤机安全。

7.2.3 沉降安全技术措施

对于气-固系统的沉降，要特别重视粉尘的危害，尽量从源头上加以控制。沉降安全技术措施有：

① 应使流体在设备内均匀分布，停留时间满足工艺要求以保证分离效率，同时尽可能减少对沉降过程的干扰，以提高沉降速度。

② 应避免已沉降颗粒的再度扬起，如降尘室内气体应处于层流流动，旋风分离器的灰斗应密闭良好（防止空气漏入）。

③ 加强尾气中粉尘的捕集，确保达标排放。

④ 控制气速，避免颗粒和设备的过度磨损。

⑤ 应加强操作场所的通风除尘，防止粉尘污染。

7.3 传热

只要有温差存在的地方，就必有热量的传递。它是由物体内部或物体之间的温差引起的。传热广泛用于化工生产过程的加热或冷却（如反应、精馏、干燥、蒸发等）、热能的综合利用和废热回收以及化工设备和管道的保温，是应用最普遍的单元操作之一。

在换热过程中，用于供给或取走热量的载体称为载热体。起加热作用的载热体称为加热剂或加热介质，而起冷却作用的载热体称为冷却剂或冷却介质。常用的加热剂有热水（40～100℃）、饱和水蒸气（100～180℃）、矿物油（180～250℃）、联苯混合物（255～380℃）、熔盐（142～530℃）、烟道气（500～100℃）或电加热（温度宽，易控，但成本高）。常用的冷却剂有水（水温随地区和季节变化，初温为20～30℃，地下水可低至15℃），水的传热效果好，成本低，使用最普遍；空气，在缺水地区采用，但传热系数低，需要的传热面积大。

常用冷冻剂有冷冻盐水（可低至零下十几摄氏度至几十摄氏度）、液氨蒸发（−33.4℃）、液氮等。

用于实现换热的设备称为换热器，其种类很多，化工生产中广泛采用的是间壁式换热器，而间壁式换热器的种类也很多。由于列管式（管壳式）换热器具有单位体积设备所能提供的传热面积大，传热效果好，设备结构紧凑，且能选用多种材料来制造，适用性较强等特点，因此在高温、高压和大型装置上多采用列管式换热器，在化工生产中其应用最为广泛。

在列管式换热器中，由于两流体的温度不同，使管束和壳体的温度也不相同，因此它们的膨胀程度也有差别。若两流体的温度相差较大（50℃以上）时，就可能由于热应力而引起设备的变形，甚至弯曲或破裂。因此设计时都必须考虑这种热膨胀的影响，根据热补偿的方法不同，列管式换热器又可分为固定管板式、浮头式和U形管式。

7.3.1 传热危险性分析

（1）腐蚀与结垢　传热过程中所使用的载热体，如导热油、冷冻盐水等工艺物料常具有腐蚀性。此外，参与换热的流体一般都会在换热面的表面形成污垢，如果介质不洁净或因温度变化易析出固体（如河水、自来水等），其结垢现象将更为严重。在换热器中一旦形成污垢，其传热热阻将显著增大，换热性能明显下降，同时壁温明显升高，而且污垢的存在往往还会加速换热面的腐蚀，严重时可造成换热器的损坏。因此不仅需要注意换热设备的耐腐蚀性，而且需要采取有效措施减轻或减缓污垢的形或，并对换热设备进行定期清洗。设计时，不洁净或易结垢的流体应走便于清洁的一侧，即管程。

（2）泄漏　在化工生产中，参与换热的两种介质具有一定压强和温度，有时甚至是高压、高温，与外界压强存在差距，在换热设备的连接处会有发生泄漏的可能。一旦发生泄漏，不仅直接造成物料的损失，而且危害环境，并易引发中毒、火灾甚至爆炸等事故。更重要的是，参与换热的两种介质往往性质各异，且不允许相互混合，但由于介质腐蚀、温度、压强作用，特别是压强、温度的波动或是突然变化（如开停车、不正常操作），这就存在高压流体泄漏入低压流体的可能。一般管板与管的连接处以及垫片和垫圈处（如板式换热器）最容易发生泄漏，这种泄漏隐蔽性较强，如果出现这样的内部泄漏，不仅造成介质的损失和污染，而且可能因为相互作用（如发生化学反应）造成严重的事故。

（3）堵塞　严重的结垢以及不洁净的介质易造成换热设备的堵塞。堵塞不仅造成换热器传热效率降低，还可引起流体压力增大，如硫化物等堵塞热管部分空间，致使阻力增大，加剧硫化物的沉积；某些腐蚀性物料的堵塞还能加重换热管和相关部位的腐蚀，最终造成泄漏。所以过量堵塞及腐蚀属于事故性破坏范畴。

（4）气体的集聚　当换热介质是液体或蒸气时，不凝性气体如空气，会发生集聚，这将严重影响换热效果，甚至根本完不成换热任务。如在蒸气冷凝过程中，如果存在1%的不凝性气体，其传热系数将下降60%：冬天家中暖气片不热往往也是这个原因。从安全角度考虑，不凝性气体大量集聚可造成换热器压力增大，尤其是不凝性可燃气体的集聚，形成了着火爆炸的隐患。因此，换热器应设置排气口，并定期排放不凝性气体。

7.3.2 加热安全技术措施

(1) 根据换热任务需要，合理选取加热方式及介质，在满足温度及热负荷的前提下，应尽可能选择安全性高、来源广泛、价格合理的加热介质，如在化工生产中能采用水蒸气作为加热介质的应优先采用。对于易燃、易爆物料，采用水蒸气或热水加热比较安全，但在处理与水会发生反应的物料时，不宜用水蒸气或热水加热。

(2) 在间歇过程或连续过程的开车阶段加热过程中，应严格控制升温速度。在正常生产过程中要严格按照操作条件控制温度。如对于吸热反应，一般随着温度升高，反应速率加快，有时可能导致反应过于剧烈，容易发生冲料，易燃物料大量汽化，可能会聚集在车间内与空气形成爆炸性混合物，引起燃烧、爆炸等事故。

(3) 用水蒸气或热水加热时，应定期检查蒸汽夹套和管道的耐压强度，并安装压力表和安全阀，以免设备或管道炸裂，造成事故。同时注意设备的保温，避免烫伤。

(4) 加热温度如果接近或超过物料的自燃点，应采用氮气保护。

(5) 工业上温度为200～350℃时常采用液态导热油作为加热介质，如常用的联苯混合物等。使用时，必须重视水等低沸点物质对导热油加热系统的破坏作用，因为水等低沸物进入加热炉中遇高温（200℃以上）会迅速汽化，压力骤增可导致爆炸。同时，导热油在运行过程中会发生结焦现象，如果结焦层生长，内壁积有焦炭的炉管壁温又进一步升高，就会形成恶性循环，如果不及时处理甚至会发生爆管造成事故。为了尽量减少结焦现象，就得尽量把传热膜的温度控制在一定的界限之下。此外，联苯混合物具有较强的渗透能力，它能透过软质衬垫物（如石棉、橡胶板），因此，管路连接最好采用焊接，或加金属垫片法兰连接，防止发生泄漏引发事故。

(6) 使用无机载热体加热，其加热温度可达350～500℃。无机载热体加热可分为熔盐（如亚硝酸钠和亚硝酸钾的混合物）和熔融金属（如铅、锡、锑等低熔点的金属）。在熔融的硝酸盐中，如加热温度过高，或硝酸盐进入加热炉燃烧室中，或有机物落入（硝酸盐具有强氧化性，与有机物会发生强烈的氧化还原反应），均能发生燃烧或爆炸。水及酸类流入高温熔盐或金属浴中，同样会产生爆炸危险。采用金属浴加热，操作时应防止其蒸气对人体的危害。

(7) 采用电加热，温度易于控制和调节，但成本较高。加热易燃物质以及受热能挥发可燃性气体的物质，应采用封闭式电炉。电感加热是一种新型较安全的加热设备，它在设备或管道上缠绕绝缘导线，通入交流电，由电感涡流产生的热量来加热物料，如果电炉丝与被加热的器壁绝缘不好，电感线圈绝缘破坏，受潮，发生漏电、短路，产生电火花、电弧，或接触不良发热，均能引起易燃易爆物质着火、爆炸。为了提高电加热设备的安全可靠性，可采用防潮、防腐蚀、耐高温的绝缘导线，添加绝缘保护层，增加绝缘层的厚度等措施。

(8) 直接用火加热，温度不易控制，易造成局部过热，引起易燃液体的燃烧和爆炸，危险性大，化工生产中尽量不使用。

7.3.3 冷却与冷凝安全技术措施

冷却与冷凝过程广泛应用于化工生产中反应产物的处理和分离过程。冷却与冷凝的区别仅在于有无相变，操作基本是一样的。其安全技术措施有：

(1) 应根据热物料的性质、温度、压强以及所要求冷却的工艺条件，合理选用冷却（凝）设备和冷却剂，降低发生事故的概率。

(2) 冷却（凝）设备所用的冷却介质不能中断，否则会造成热量不能及时导出，系统温度和压力增高，甚至产生爆炸。另一方面如果冷却介质中断或其流量显著减小，蒸气因来不及冷凝而造成生产异常，如果是有机蒸气发生外逸，可能导致燃烧或爆炸。用冷却介质控制系统温度时，最好安装自动调节装置。

(3) 对于腐蚀性物料的冷却，应选用耐腐蚀的冷却（凝）设备。如石墨冷却器、塑料冷却器、陶瓷冷却器、四氟冷却器或钛材冷却器等，化工生产中 HCl 的冷却采用的就是石墨冷却器。

(4) 确保冷却（凝）设备的密闭性良好，防止物料窜入冷却剂或冷却剂窜入被冷却的物料中。

(5) 冷却（凝）设备的操作程序是：开车时，应先通冷却介质；停车时，应先停物料后停冷却介质。

(6) 对于凝固点较低或遇冷易变得黏稠甚至凝固的物料，在冷却时要注意控制温度，防止物料堵塞设备及管道。

(7) 检修冷却（凝）器时，应彻底清洗、置换，切勿带料焊接，以防发生火灾、爆炸事故。

(8) 如有不凝性可燃气体须排空，为保证安全，应充氮保护。

7.3.4　冷冻安全技术措施

将物料温度降到比环境温度更低的操作称为制冷或冷冻。冷冻操作其实质是不断地由低温物料（被冷冻物料）取出热量并传给高温物料（水或空气），以使被冷冻的物料温度降低。热量由低温物体到高温物体的传递过程需要借助冷冻剂实现。一般冷冻范围在－100℃以内的称为冷冻；而在－100～－210℃或更低的温度，则称为深度冷冻，简称深冷。

(1) 冷冻剂

① 氨

适用范围：适用于－65～10℃的大、中型制冷机中。

优点：a. 在大气压下沸点为－33.5℃，冷凝压力不高，它的汽化潜热和单位质量冷冻能力均远超过其他冷冻剂，因此所需氨的循环量小，操作压力低；b. 与润滑油不互溶，对铁、铜无腐蚀作用；c. 价格便宜，易得；d. 一旦泄漏易察觉。

缺点：a. 有毒、有强烈的刺激性和可燃性，与空气混合时有爆炸危险；b. 当氨中有水时，对铜或铜合金有腐蚀作用。

注意：氨压缩机里不能使用含铜及其合金的零件。

② 氟利昂

适用范围：电冰箱一类的制冷装置。

优点：a. 无味不燃，同空气混合无爆炸危险；b. 对金属无腐蚀。

缺点：a. 汽化潜热比氨小，用量大、循环量大、实际消耗大；b. 价格昂贵；c. 因对大气臭氧层的破坏作用而被禁用。

③ 二氧化碳

适用范围：在船舶冷冻装置中广泛使用。

优点：a. 单位体积制冷能力最大；b. 密度大、无毒、无腐蚀，使用安全。

缺点：二氧化碳冷凝时操作压力过高，一般为 6000～8000kPa；蒸气压力不能低于 30kPa，否则二氧化碳将固化。

④ 碳氢化合物

适用范围：在石油化学工业中，常用乙烯、丙烯为冷冻剂进行裂解气的深冷分离。

优点：a. 凝固点低；b. 无臭，丙烷无毒；c. 对金属无腐蚀，且蒸发温度范围较宽。

缺点：a. 具有可燃性、易爆性；b. 乙烯、丙烯有毒。

(2) 载冷体

用来将制冷装置的蒸发器中所产生的冷量传递给冷却物体的媒介物质或中间物质。

① 水

适用范围：在化工系统中被广泛使用。

优点：a. 比热容大；b. 腐蚀性小、不燃烧、不爆炸，化学性质稳定等。

缺点：凝固点低，因而只能用于蒸发温度为 0℃以上的制冷循环。

② 冷冻盐水

适用范围：用作中低温制冷系统的载冷体，其中应用最广的是氯化钠水溶液，氯化钠水溶液一般适用于食品工业的制冷操作中。冻结温度取决于其浓度，浓度增大则冻结温度下降。而当操作温度达到或接近冻结温度时，制冷系统的管道、设备将发生冻结现象，严重阻碍设备的正常运行。因此，需要合理选择盐水溶液浓度，以使冻结温度低于操作温度，一般使盐水溶液冻结温度比系统中制冷剂蒸发温度低 10～13℃。

使用冷冻盐水做载冷体注意事项：

a. 使用冷冻盐水的浓度应较所需的浓度大，否则有冻结现象产生，使蒸发器蛇管外壁结冰，严重影响冷冻机的正常操作；

b. 一般采用封闭式盐水系统，并在盐水中加入少量的铬酸钠、重铬酸钠或其他缓蚀剂，以缓解腐蚀作用；

c. 使用时应尽量除去盐水中的杂质（如硫酸钠等），这样也可大大降低盐水的腐蚀性。

③ 有机溶液

适用范围：有机载冷体的凝固点很低，适用于低温装置。

乙二醇、丙三醇溶液，乙醇、三氯乙烯、二氯甲烷等均可作为载冷体。

(3) 冷冻机

一般常用的压缩冷冻机由压缩机、冷凝器、蒸发器和膨胀阀四个基本部分组成，在使用氨冷冻机时应注意：

a. 采用不发生火花的电气设备；

b. 在压缩机出口方向，应在气缸与排气阀间设一个能使氮气通到吸入管的安全装置，以防压力超高；

c. 易于污染空气的油分离器应设于室外，压缩机要采用低温不冻结且不与氨发生化学反应的润滑油；

d. 制冷系统压缩机冷凝器、蒸发器以及管路系统，应注意其耐压程度和气密性，防止设备、管路产生裂纹，同时要加强安全阀、压力表等安全装置的检查与维护；

e. 制冷系统因发生事故或停电而紧急停车时，应注意被冷物料的排空处理；

f. 装有冷物料的设备及容器，应注意其低温材质的选择，防止低温脆裂。

7.4　蒸发

蒸发是将含非挥发性物质的稀溶液加热沸腾使部分溶剂汽化并使溶液得到浓缩的过程，它是化工、轻工、食品、医药等工业生产中常用的一种单元操作。蒸发按其操作压强可分为常压蒸发和真空蒸发。按蒸发器的效数可分为单效蒸发和多效蒸发。

由于被蒸发溶液的种类和性质不同，蒸发过程所需的设备和操作方式也有很大的差异。如有些热敏性物料在高温下易分解，必须设法降低溶液的加热温度，并缩短物料在加热区的停留时间；有些物料有较强的腐蚀性；有些物料在浓缩过程中会析出结晶或在传热面上大量结垢等。因而蒸发设备的种类和型式很多，但其实质上是一个换热器，一般由加热室和分离室两部分组成。常用的主要有循环型蒸发器（如中央循环管式蒸发器、外加热式蒸发器、强制循环蒸发器等）、膜式蒸发器（如升膜蒸发器、降膜蒸发器等）和旋转刮片式蒸发器。蒸发的辅助设备主要包括除沫器（除去二次蒸气中所夹带的液滴）、冷凝器和疏水器等。

7.4.1　蒸发危险性分析

蒸发与加热单元操作类似，其设备除本身存在泄漏、腐蚀与结垢、堵塞以及不凝性气体集聚的危险以外，物料一侧的加热表面上更易形成污垢层。溶液在沸腾汽化、浓缩过程中常在加热表面上析出溶质（沉淀）而形成污垢层，使传热过程恶化，并可能造成局部过热，促使物料分解引发燃烧或爆炸。

7.4.2　蒸发安全技术措施

（1）根据需蒸发溶液的性质，如溶液的黏度、发泡性、腐蚀性、热敏性，以及是否容易结垢、结晶等情况，选取合适的蒸发设备。应设法防止或减少污垢的生成，尽量采用传热面易于清理的结构形式，并经常清洗传热面。

（2）对热敏性物料的蒸发，须注意严格控制蒸发温度不能过高，物料受热时间不宜过长。为防止热敏性物料的分解，可采用真空蒸发，以降低蒸发温度或尽量缩短溶液在蒸发器内的停留时间和与加热面的接触时间，可采用膜式蒸发等。

（3）对腐蚀性较强溶液的蒸发，应考虑设备的腐蚀问题，为此有些设备或部件需采用耐腐蚀材料制造。

（4）保证蒸发器内的液位，一旦蒸发器内溶液被蒸干，应停止供热，待冷却后，再加料开始操作。

7.5 均相混合物分离

均相混合物是化工生产中涉及最多的一类混合物，其分离方法主要有吸收、蒸馏、萃取等。

7.5.1 均相混合物分离危险性分析

（1）因溶剂及物料的挥发，存在中毒、火灾和爆炸危险　在化工生产中，无论是吸收剂、萃取剂，还是精馏过程中产生的物料蒸气，大多数都是易燃、易爆、有毒的危险化学品，这些溶剂或物料的挥发或泄漏必将加大中毒、火灾和爆炸事故发生的概率，因此，应高度重视系统的密闭性以及耐腐蚀性。此外，还应注意控制尾气中溶剂及物料的浓度。

（2）传质分离设备运行故障　除了可能因为物料腐蚀造成设备故障外，由于气液或液液在传质分离设备内湍动，可能会造成部分内构件（如塔板、分布器、填料、溢流装置等）移位、变形，造成气液或液液分布不均、流动不畅，影响分离效果。

（3）传质分离设备的爆裂　真空（减压）操作时空气的漏入与物料形成爆炸性混合物，或者加压操作使系统压力的异常升高，都有可能造成传质分离设备的爆裂。

7.5.2 吸收安全技术措施

（1）根据气体混合物的性质及分离要求，选取合适的吸收剂，这对分离的经济性以及安全性起到决定性的作用。应该优先选用挥发度小（因为离开吸收设备的尾气中往往被蒸发的吸收剂所饱和）、选择性高、毒性低、燃烧爆炸性小的溶剂作为吸收剂。

（2）合理选取温度、压强等操作条件。低温、高压有利于吸收，但同时应兼顾经济性，并注意吸收剂物性如黏度、熔点等会随之改变，可能会引起塔内流动情况恶化，甚至出现堵塞进而引发安全事故。当然，对放热显著的吸收过程，如用水吸收 HCl 气体，需要及时移走吸收过程放出的热量。

（3）吸收塔开车时应先进吸收剂，待其流量稳定以后，再将混合气体送入塔中；停车时应先停混合气体，再停吸收剂。长期不操作时应将塔内液体卸空。

（4）操作时，注意控制好气流速度。气速太小，对传质不利；若太大，达到或接近液泛气速，易造成过量雾沫夹带甚至液泛。同样应注意吸收剂流量稳定，避免操作中出现波动，适宜的喷淋密度是保证填料的充分润湿和气液接触良好的前提。吸收剂流量减小或中断，或喷淋不良，都将使尾气中溶质含量升高，如不及时处理，容易引发中毒、火灾或爆炸事故。

（5）注意监控排放尾气中溶质和吸收剂的含量，避免因易燃、易爆、有毒物质的过量排放，造成环境污染和物料损失，并引发中毒、火灾或爆炸等安全事故。一旦出现异常增高现象，应有联锁等事故应急处理设施。

（6）塔设备应定期进行清洗、检修，避免气液通道的减小或堵塞以及出现泄漏问题。

7.5.3 蒸馏安全技术措施

(1) 根据被分离混合物的性质，包括沸点、黏度、腐蚀性等，合理选择操作压强以及塔设备的材质与结构形式，这是蒸馏过程安全的基础。如对于沸点较高、而在高温下蒸馏时又能引起分解、爆炸或聚合的物质（如硝基甲苯、苯乙烯等），采用真空蒸馏较为合适。

(2) 蒸馏过程开车的一般程序是：首先开启冷凝器的冷却介质，然后通氮气进行系统置换至符合操作规定，若为减压蒸馏可启动真空系统，开启进料阀待塔釜液位达到规定值（一般不低于30%）后再缓慢开启加热介质阀门给再沸器升温。在此过程中注意控制进料速度和升温速度，防止过快。停车时倒过来，应首先关闭加热介质，待塔身温度降至接近环境温度后再停真空（只对减压操作）和冷却介质。

(3) 采用水蒸气加热较为安全，易燃液体的蒸馏不能采用明火作为热源。

(4) 蒸馏过程中需密切注意回流罐液位、塔釜液位、塔顶和塔底的温度与压强以及回流、进料、塔釜采出的流量是否正常，一旦超出正常操作范围应及时采取措施进行调整，避免出现液泛等非正常操作，继而引发物料溢出造成中毒、燃烧或爆炸事故。此外，应特别注意冷却介质不能中断或其流量显著减小（造成换热负荷下降）。否则，会有未冷凝蒸气逸出，使系统温度增高，分离效果下降，逸出的蒸气更可能引发中毒、燃烧甚至爆炸事故。对于凝固点较高的物料应当注意防止其凝结堵塞管道（冷凝温度不能偏低），使塔内压强增高，蒸气逸出而引起爆炸事故。

(5) 对于高温蒸馏系统，应防止冷却水突然窜入塔内。否则水迅速汽化，致使塔内压力突然增高，而将物料冲出或发生爆炸。同时注意定期或及时清理塔内的结焦等残渣，防止引发爆炸事故。

(6) 确保减压蒸馏系统的密闭性良好。系统一旦漏入空气，与塔内易燃气混合形成爆炸性混合物，就有引起着火或爆炸的危险。因此，减压蒸馏所用的真空泵应安装单向阀，以防止突然停泵而使空气倒入设备。减压蒸馏易燃物质的排气管应通至厂房外，管道上应安装阻火器。

(7) 蒸馏易燃易爆物质时，厂房要符合防爆要求，有足够的泄压面积，室内电机、照明等电气设备均应采用防爆产品，且应灵敏可靠。同时应注意消除系统的静电，特别是苯、丙酮、汽油等不易导电液体的蒸气，更应将蒸馏设备、管道良好接地。室外蒸馏塔应安装可靠的避雷装置。应设置安全网，其排气管与火炬系统相接，安全阀起跳即可将物料排入火炬烧掉。

(8) 应防止蒸馏塔壁、塔盘、接管、焊缝等的腐蚀泄漏，导致易燃液体或蒸气逸出，遇明火或灼热的炉壁而发生燃烧、爆炸事故，特别是蒸馏腐蚀性液体更应引起重视。

(9) 蒸馏设备应经常检查、维修，认真搞好开车前、停车后的系统清洗、置换，避免发生事故。

7.5.4 萃取安全技术措施

(1) 选取合适的萃取剂，萃取剂必须与原料液混合后能分成两个液相，且对原料液中的溶质有显著的溶解能力，而对其他组分应不溶或少溶，即萃取剂应有较好的选择性；同时尽量选取毒性、燃烧性和爆炸性小以及化学稳定性和热稳定性高的萃取剂，这是萃取操作的关键。萃取剂的性质决定了萃取过程的危险性和经济性。

（2）选取合适的萃取设备。对于腐蚀性强的物质，宜选取结构简单的填料塔，或采用由耐腐蚀金属或非金属材料（如塑料、玻璃钢）作为内衬或内涂的萃取设备。对于放射性化学物质的处理，可采用无需机械密封的脉冲塔。如果物系有固体悬浮物存在，为避免设备堵塞，可选用转盘塔或混合澄清器。如果原料的处理量较小时，可用填料塔、脉冲塔；处理量较大时，可选用筛板塔、转盘塔以及混合澄清器。此外，在选择设备时还要考虑物料的稳定性与停留时间。若要求有足够的停留时间（如有化学反应或两相分离较慢），选用混合澄清器较为合适。

（3）萃取过程有许多稀释剂或萃取剂属易燃介质，相混合、相分离以及泵输送等操作容易产生静电，若是搪瓷反应釜，液体表层积累的静电很难被消除，甚至会在物料放出时产生电火花。因此，应采取有效的静电消除措施。

（4）萃取剂甚至稀释剂和有些溶质往往都是有毒、易燃、易爆的危险化学品，操作中要控制其挥发，防止其泄漏，并加强通风，避免发生中毒、火灾或爆炸事故。同时，加强对设备巡检，发现问题按操作规程及时处理。

7.6 干燥

干燥（或称为固体的干燥）就是通过加热的方法使水分或其他溶剂汽化，借此来除去固体物料中湿分的操作，它是化工生产中一种必不可少的单元操作。该法去湿程度高，但过程及设备较复杂，能耗较高。

干燥按其操作压强可分为：常压干燥和真空干燥（操作温度较低，蒸气不易外泄，故适宜于处理热敏性、易氧化、易爆或有毒物料以及产品要求含水量较低、要求防止污染及湿分蒸气需要回收的情况）。

按操作方式可分为：连续干燥和间歇干燥。

按热量供给方式可分为：传导干燥、辐射干燥、介电加热干燥（包括高频干燥和微波干燥）和对流干燥。对流干燥又称为直接加热干燥。载热体（又称为干燥介质，如热空气和热烟道气）将热能以对流的方式传给与其直接接触的湿物料，以供给湿物料中溶剂或水分汽化所需要的热量，并将蒸气带走。干燥介质通常为热空气，因其温度和含湿量容易调节，因此物料不宜过热。其生产能力较大，相对来说设备费较低，操作控制方便，应用最广泛；但其干燥介质用量大，带走的热量较多，热能利用率比传导干燥低。目前在化工生产中应用最广的是对流干燥，通常使用的干燥介质是空气，被除去的湿分是水分。

在化工生产中，由于被干燥物料的形状（如块状、粒状、溶液、浆状及膏状等）和性质（耐热性、含水量、分散性、黏性、酸碱性、防爆性及湿态等）都各不相同；生产规模或生产能力悬殊；对于干燥后的产品要求（含水量、形状、强度及粒径等）也不尽相同，所以采用的干燥方法和干燥器的型式也就多种多样，每一类型的干燥器也都有其适应性和局限性。总体来说，希望干燥器具有对被干燥物料的适应性强、设备的生产能力要高、热效率高、设备系统的流动阻力小以及操作控制方便、劳动条件好等优点。当然，对于具体的某一台干燥器很难满足以上所有要求，但可以此来评价干燥设备的优劣。

7.6.1　干燥危险性分析

（1）火灾或爆炸　干燥过程中散发出现的易燃蒸气或粉尘，同空气混合达到爆炸极限时，遇明火、炽热表面和高温即发生燃烧或爆炸；此外，干燥温度、干燥时间如果控制不当，可造成物料分解发生爆炸。

（2）人身伤害　化工干燥操作常处于高温、粉尘或有害气体的环境中，可造成操作人员发生中暑、烫伤、粉尘吸入过量以及中毒；此外，许多转动的设备还可能对人员造成机械损伤。因此，应设置必要的防护设施（如通风、防护罩等），并加强操作人员的个人防护（如戴口罩、手套等）。

（3）静电　一般干燥介质温度较高，湿度较低。在此环境中，物料与气流、物料与干燥器器壁等容易产生静电，如果没有良好的防静电措施，容易引发火灾或爆炸事故。

7.6.2　干燥安全技术措施

（1）根据所需处理的物料性质与工艺要求，合理选择干燥方式与干燥设备。间歇干燥，物料大部分靠人力输送，操作人员劳动强度大，且处于有害环境中，同时由于一般采用热空气作为热源，温度较难控制，易造成局部过热物料分解甚至引起火灾或爆炸。而连续干燥采用自动化操作，干燥连续进行，物料过热的危险性较小，且操作人员脱离了有害环境，所以连续干燥比间歇干燥安全，可优先选用。

（2）应严格控制干燥过程中物料的温度，干燥介质流量及进、出口温度等工艺条件，一方面要防止局部过热，以免造成物料分解引发火灾或爆炸事故；另一方面干燥介质的出口温度偏低，可导致干燥产品返潮，并造成设备的堵塞和腐蚀。特别是对于易燃易爆及热敏性物料的干燥，要严格控制干燥温度及时间，并应安装温度自动调节装置、自动报警装置以及防爆泄压装置。

（3）易燃易爆物料干燥时，干燥介质不能选用空气或烟道气，排气所用设备应采用具有防爆措施的设备（电机包含在设备里）。同时由于在真空条件下易燃液体蒸发速度快，干燥温度可适当控制得低一些，防止了由于高温引起物料局部过热和分解，可以降低火灾、爆炸的可能性，因此采用真空干燥比较安全。但在卸真空时，一定要注意使温度降低后才能卸真空。否则，空气的过早进入，会引起干燥物燃烧甚至爆炸。如果采用电烘箱烘烤散发易燃蒸气的物料时，电炉丝应完全封闭，电烘箱上应安装防爆门。

（4）干燥室内不得存放易燃物，干燥器与生产车间应用防火墙隔绝，并安装良好的通风设备，一切非防爆型电气设备开关均应装在室外或箱外；在干燥室或干燥箱内操作时，应防止可燃的干燥物直接接触热源，特别是明火，以免引起燃烧或爆炸。

（5）在气流干燥、喷雾干燥、沸腾床干燥以及滚筒式干燥中，多以烟道气、热空气为热源。必须防止干燥过程中所产生的易燃气体和粉尘同空气混合达到爆炸极限。在气流干燥中，物料由于快速运动，相互激烈碰撞、摩擦易产生静电，因此，应严格控制干燥气速，并确保设备接地良好。对于滚筒式干燥应适当调整刮刀与筒壁间隙，并将刮刀牢牢固定，或采用有色金属材料制造刮刀，以防产生火花。利用烟道气直接加热可燃物时，在滚筒或干燥器上应安装防爆片，以防烟道气混入一氧化碳而引起爆炸。同时，注意加料不能中断，滚筒不能中途停止转动，如有断料或停转应切断烟道气并通入氮气。常压干燥器应密闭良好，防止可燃气体及粉尘泄漏至作业环境中，并要定期清理设备中的积灰和结垢以及墙壁积灰。

(6) 对易燃易爆物料，应避免粉料在干燥器内堆积，否则会氧化自燃，引起干燥系统燃烧。同时，还应注意干燥系统的粉料，如袋式过滤器或旋风分离器内，可能因摩擦产生静电，静电放电打出火花，引燃细粉料，也会引起爆燃，同样会给装置安全运行带来极大的危害。

此外，当干燥物料中含有自燃点很低及其他有害杂质时，必须在干燥前彻底清除。采用洞道式、滚筒式干燥器干燥时，应有各种防护装置及联系信号以防止产生机械伤害。

附录

附录 1　化工实验常用基础数据表

1. 干空气的物理性质（101.3kPa）

温度 t /℃	密度 ρ /(kg/m³)	比热容 c_p /[kJ/(kg·℃)]	热导率 $\lambda\times10^2$ /[W/(m·℃)]	黏度 $\mu\times10^5$ /(Pa·s)	普朗特数 Pr
−50	1.584	1.013	2.035	1.46	0.728
−40	1.515	1.013	2.117	1.52	0.728
−30	1.453	1.013	2.198	1.57	0.723
−20	1.395	1.009	2.279	1.62	0.716
−10	1.342	1.009	2.360	1.67	0.712
0	1.293	1.005	2.442	1.72	0.707
10	1.247	1.005	2.512	1.77	0.705
20	1.205	1.005	2.593	1.81	0.703
30	1.165	1.005	2.675	1.86	0.701
40	1.128	1.005	2.756	1.91	0.699
50	1.093	1.005	2.826	1.96	0.698
60	1.060	1.005	2.896	2.01	0.696
70	1.029	1.009	2.966	2.06	0.694
80	1.000	1.009	3.047	2.11	0.692
90	0.792	1.009	3.128	2.15	0.690
100	0.946	1.009	3.210	2.19	0.688
120	0.898	1.009	3.338	2.29	0.686
140	0.854	1.013	3.489	2.37	0.684
160	0.815	1.017	3.640	2.45	0.682
180	0.779	1.022	3.780	2.53	0.681
200	0.746	1.026	3.931	2.60	0.680
250	0.674	1.038	4.288	2.74	0.677
300	0.615	1.048	4.605	2.97	0.674
350	0.566	1.059	4.908	3.14	0.676
400	0.524	1.068	5.210	3.31	0.678

续表

温度 t /℃	密度 ρ /(kg/m³)	比热容 c_p /[kJ/(kg·℃)]	热导率 $\lambda \times 10^2$ /[W/(m·℃)]	黏度 $\mu \times 10^5$ /(Pa·s)	普朗特数 Pr
500	0.456	1.093	5.745	3.62	0.687
600	0.404	1.114	6.222	3.91	0.699
700	0.362	1.135	6.711	4.18	0.706
800	0.329	1.156	7.176	4.43	0.713
900	0.301	1.172	7.630	4.67	0.717
1000	0.277	1.185	8.041	4.90	0.719
1100	0.257	1.197	8.502	5.12	0.722
1200	0.239	1.206	9.153	5.35	0.724

2. 水的物理性质

温度 /℃	饱和蒸气压 /kPa	密度 /(kg/m³)	焓 /(kJ/kg)	比热容 /[kJ/(kg·℃)]	热导率 $\lambda \times 10^2$ /[W/(m·℃)]	黏度 $\mu \times 10^5$ /(Pa·s)	体积膨胀系数 $\beta \times 10^4$ /(1/℃)	表面张力 $\sigma \times 10^3$ /(N/m)	普朗特数 Pr
0	0.6082	999.9	0	4.212	55.13	179.21	—0.63	75.6	13.66
10	1.2262	999.7	42.04	4.191	57.45	130.77	0.70	74.1	9.52
20	2.3349	998.2	83.90	4.183	59.89	100.50	1.82	72.6	7.01
30	4.2474	995.7	125.69	4.174	61.76	80.07	3.21	71.2	5.42
40	7.3766	992.2	167.51	4.174	63.38	65.60	3.87	69.6	4.32
50	12.34	988.1	209.30	4.174	64.78	54.94	4.49	67.7	3.54
60	19.923	983.2	251.12	4.178	65.94	46.88	5.11	66.2	2.98
70	31.164	977.8	292.99	4.187	66.76	40.61	5.70	64.3	2.54
80	47.379	971.8	334.94	4.195	67.45	35.65	6.32	62.6	2.22
90	70.136	965.3	376.98	4.208	68.04	31.65	6.95	60.7	1.96
100	101.33	958.4	419.10	4.220	68.27	28.38	7.52	58.8	1.76
110	143.31	951.0	461.34	4.238	68.50	25.89	8.08	56.9	1.61
120	198.64	943.1	503.67	4.260	68.62	23.73	8.64	54.8	1.47
130	270.25	934.8	546.38	4.266	68.62	21.77	9.17	52.8	1.36
140	361.47	926.1	589.08	4.287	68.50	20.10	9.72	50.7	1.26
150	476.24	917.0	632.20	4.132	68.38	18.63	10.3	48.6	1.18
160	618.28	907.4	675.33	4.346	68.27	17.36	10.7	46.6	1.11
170	792.59	897.3	719.29	4.379	67.92	16.28	11.3	45.3	1.05
180	1003.5	886.9	763.25	4.417	67.45	15.30	11.9	42.3	1.00
190	1255.6	876.0	807.63	4.460	66.69	14.42	12.6	40.0	0.96
200	1554.77	863.0	852.43	4.505	65.48	13.63	13.3	37.7	0.93

续表

温度/℃	饱和蒸气压/kPa	密度/(kg/m³)	焓/(kJ/kg)	比热容/[kJ/(kg·℃)]	热导率$\lambda\times10^2$/[W/(m·℃)]	黏度$\mu\times10^5$/(Pa·s)	体积膨胀系数$\beta\times10^4$/(1/℃)	表面张力$\sigma\times10^3$/(N/m)	普朗特数Pr
210	1917.72	852.8	879.65	4.555	64.55	13.04	14.1	35.4	0.91
220	2320.88	840.3	943.70	4.614	63.73	12.46	14.8	33.1	0.89
230	2798.59	827.3	990.18	4.618	62.80	11.97	15.9	31	0.88
240	3347.91	813.6	1037.49	4.756	62.80	11.47	16.8	28.5	0.87
250	3977.67	799.0	1085.64	4.844	61.76	10.98	18.1	26.2	0.86
260	4693.75	784.0	1135.04	4.949	64.48	10.59	19.7	23.8	0.87
270	5503.99	767.9	1185.28	5.070	59.96	10.20	21.6	21.5	0.88
280	6417.24	750.7	1236.28	5.229	57.45	9.81	23.7	19.1	0.89
290	7443.29	732.3	1289.95	5.485	55.82	9.42	26.2	16.9	0.93
300	8592.94	712.5	1344.80	5.736	53.96	9.12	29.2	14.4	0.97
310	9877.6	691.1	1402.16	6.076	52.34	8.83	32.9	12.1	1.02
320	11300.3	667.1	1462.03	6.573	50.59	8.3	38.2	9.81	1.11
330	12879.6	640.2	1526.19	7.243	48.73	8.14	43.3	7.67	1.22
340	14615.8	610.1	1594.75	8.164	45.71	7.75	53.4	5.67	1.38
350	16538.5	574.4	1671.37	9.504	43.03	7.26	66.8	3.81	1.60
360	18667.1	528.0	1761.39	13.984	39.54	6.67	109	2.02	2.36
370	21040.9	450.5	1892.43	40.319	33.73	5.69	264	0.471	6.80

3. 饱和水蒸气压（以温度为准）

温度/℃	压力		温度/℃	压力	
	/mmHg	/Pa		/mmHg	/Pa
−20	0.772	102.93	−8	2.321	309.46
−19	0.850	113.33	−7	2.532	337.59
−18	0.935	124.66	−6	2.761	368.12
−17	1.027	136.93	−5	3.008	401.05
−16	1.128	150.40	−4	3.276	436.79
−15	1.238	165.06	−3	3.556	476.45
−14	1.357	180.93	−2	3.876	516.78
−13	1.486	198.13	−1	4.216	562.11
−12	1.627	216.93	0	4.579	610.51
−11	1.780	237.33	1	4.93	657.31
−10	1.946	259.46	2	5.29	705.31
−9	2.125	283.32	3	5.69	758.64

续表

温度/℃	压力		温度/℃	压力	
	/mmHg	/Pa		/mmHg	/Pa
4	6.10	813.31	38	49.65	6619.78
5	6.54	871.97	39	52.44	6991.77
6	7.01	934.64	40	55.32	7375.75
7	7.51	1001.30	41	58.34	7778.41
8	8.05	1073.30	42	61.50	8199.73
9	8.61	1147.96	43	64.80	8639.71
10	9.21	1227.96	44	68.26	9101.03
11	9.84	1311.96	45	71.88	9583.68
12	10.52	1402.62	46	75.65	10086.33
13	11.23	1497.28	47	79.60	10612.98
14	11.99	1598.61	48	83.71	11160.96
15	12.79	1705.27	49	88.02	11735.61
16	13.63	1817.27	50	92.51	12333.43
17	14.53	1937.27	51	97.20	12959.57
18	15.48	2063.93	52	102.12	13612.88
19	16.48	2197.26	53	107.2	14292.86
20	17.54	2338.59	54	112.5	14999.50
21	18.65	2468.58	55	118.0	15732.81
22	19.83	2643.7	56	123.8	165.5.12
23	21.07	2809.24	57	129.8	17306.09
24	22.38	2983.90	58	136.1	18146.06
25	23.76	3167.89	59	142.6	19012.70
26	25.21	3361.22	60	149.4	19919.34
27	26.74	3565.21	61	156.4	20852.64
28	28.35	3779.87	62	163.8	21839.27
29	30.04	4005.20	63	171.4	22852.57
30	31.82	4242.53	64	179.3	23905.87
31	33.70	4493.18	65	187.5	24999.17
32	35.66	4754.51	66	196.1	264145.80
33	33.73	5030.50	67	205.0	27332.42
34	39.90	5319.82	68	214.2	28559.50
35	42.18	5623.81	69	223.7	29825.67
36	44.56	5941.14	70	233.7	31158.96
37	47.07	6275.79	71	243.9	32518.92

续表

温度/℃	压力		温度/℃	压力	
	/mmHg	/Pa		/mmHg	/Pa
72	254.6	33945.54	87	466.1	62140.45
73	265.7	35425.49	88	487.1	64944.50
74	277.2	36958.77	89	506.1	67477.76
75	289.1	38545.38	90	525.8	70104.33
76	301.4	40185.33	91	546.1	72810.91
77	314.1	41878.61	92	567.0	75597.49
78	327.3	43638.55	93	588.6	78477.39
79	341.0	45465.15	94	610.9	81450.63
80	355.1	47345.09	95	633.9	84517.89
81	369.3	49235.08	96	657.6	87677.08
82	384.9	51318.29	97	682.1	90943.64
83	400.6	53411.56	98	707.3	64303.53
84	416.8	55571.49	99	733.2	97756.75
85	433.6	57811.41	100	760.0	101330.0
86	450.9	60118.00			

4. 饱和水蒸气压（以压力为准）

绝对压力/kPa	温度/℃	蒸汽密度/(kg/m^3)	焓/(kJ/kg)		汽化热/(kJ/kg)
			液体	蒸汽	
1.0	6.3	0.00773	26.48	2503.1	2476.8
1.5	12.5	0.01133	52.26	2515.3	2463.0
2.0	17.0	0.01486	71.21	2524.2	2452.9
2.5	20.9	0.01836	87.45	2531.8	2444.3
3.0	23.5	0.02179	98.38	2536.8	2438.4
3.5	26.1	0.02523	109.30	2541.8	2432.5
4.0	28.7	0.02867	120.23	2546.8	2426.6
4.5	30.8	0.03205	129.00	2550.9	2421.9
5.0	32.4	0.03537	135.69	2554.0	2418.3
6.0	35.6	0.04200	149.06	2560.1	2411.0
7.0	38.8	0.04864	162.44	2566.3	2403.8
8.0	41.3	0.05514	172.73	2571.0	2398.2
9.0	43.3	0.06156	181.16	2574.8	2393.6
10.0	45.3	0.06798	189.59	2578.5	2388.9
15.0	53.5	0.09956	224.03	2594.0	2370.0

续表

绝对压力/kPa	温度/℃	蒸汽密度/(kg/m³)	焓/(kJ/kg)		汽化热/(kJ/kg)
			液体	蒸汽	
20.0	60.1	0.13068	251.51	2606.4	2354.9
30.0	66.5	0.19093	288.77	2622.4	2333.7
40.0	75.0	0.24975	315.93	2634.1	2312.2
50.0	81.2	0.30799	339.80	2644.3	2304.5
60.0	85.6	0.36514	358.21	2652.1	2293.9
70.0	89.9	0.42229	376.61	2659.8	2283.2
80.0	93.2	0.47807	390.08	2665.3	2275.3
90.0	96.4	0.53384	403.49	2670.8	2267.4
100.0	99.6	0.58961	416.90	2676.3	2259.5
120.0	104.5	0.69868	437.51	2684.3	2246.8
140.0	109.2	0.80758	457.67	2692.1	2234.4
160.0	113.0	0.82981	473.88	2698.1	2224.2
180.0	116.6	1.0209	489.32	2703.7	2214.3
200.0	120.2	1.1273	493.71	2709.2	2204.6
250.0	127.2	1.3904	534.39	2719.7	2185.4
300.0	133.3	1.6501	560.38	2728.5	2168.1
350.0	138.8	1.9074	583.76	2736.1	2152.3
400.0	143.4	2.1618	603.61	2742.1	2138.5
450.0	147.7	2.4152	622.42	2747.8	2125.4
500.0	151.7	2.6673	639.59	2752.8	2113.2
600.0	158.7	3.1686	670.22	2761.4	2091.1
700.0	164.7	3.6657	696.27	2767.8	2071.5
800.0	170.4	4.1614	720.96	2773.7	2052.7
900.0	175.1	4.6525	741.82	2778.1	2036.2
1×10^3	179.9	5.1432	762.68	2782.5	2019.7
1.1×10^3	180.2	5.6339	780.34	2785.5	2005.1
1.2×10^3	187.8	6.1241	797.92	2788.5	1990.6
1.3×10^3	191.5	6.6141	814.25	2790.9	1976.7
1.4×10^3	194.8	7.1038	829.06	2792.4	1963.7
1.5×10^3	198.2	7.5935	843.86	2794.5	1950.7
1.6×10^3	201.3	8.0814	857.77	2796.0	1938.2
1.7×10^3	204.1	8.5674	870.58	2797.1	1926.5
1.8×10^3	206.9	9.0533	883.39	2798.1	1914.8

续表

绝对压力/kPa	温度/℃	蒸汽密度/(kg/m³)	焓/(kJ/kg)		汽化热/(kJ/kg)
			液体	蒸汽	
1.9×10^3	209.8	9.5392	896.21	2799.2	1903.0
2×10^3	212.2	10.0338	907.32	2799.7	1892.4
3×10^3	233.7	15.0075	1005.4	2798.9	1793.5
4×10^3	250.3	20.0969	1082.9	2789.8	1706.8
5×10^3	263.8	25.3663	1146.9	2776.2	1629.2
6×10^3	275.4	30.8494	1203.2	2759.5	1556.3
7×10^3	285.7	36.5744	1253.2	2740.8	1487.6
8×10^3	294.8	42.5768	1299.2	2720.5	1403.7
9×10^3	303.2	48.8945	1343.5	2699.1	1356.6
10×10^3	310.9	55.5407	1384.0	2677.1	1293.1
12×10^3	324.5	70.3075	1463.4	2631.2	1167.7
14×10^3	336.5	87.3020	1567.9	2583.2	1043.4
16×10^3	347.2	107.8010	1615.8	2531.1	915.4
18×10^3	356.9	134.4813	1699.8	2466.0	766.1
20×10^3	365.6	176.5961	1817.8	2364.2	544.9

附录2　化工原理实验报告样例

流体力学综合实验报告

班级＿＿＿＿＿＿＿　姓名＿＿＿＿＿＿　学号＿＿＿＿＿＿　成绩＿＿＿＿＿＿

实验日期＿＿＿＿＿＿＿＿＿　同组成员＿＿＿＿＿＿＿＿＿＿＿＿＿＿＿＿＿＿

实验设备名称及编号＿＿＿＿＿＿＿＿＿＿＿＿＿＿＿＿＿＿＿＿＿＿＿＿＿＿＿

一、实验预习

1. 实验概述（简述目的、原理、流程装置；写清步骤）

2. 本次实验安全、环保、健康注意事项

（查阅并写出本实验可能用到的试剂、化学品的MSDS，仪器设备安全操作注意事项，实验废弃物处置注意事项，实验人员个人防护注意事项，分析实验过程危险性等）

3. 预习思考题

二、实验过程

实验日期＿＿＿＿＿＿　气压＿＿＿＿＿＿　室温＿＿＿＿＿＿　气象情况＿＿＿＿＿＿

1. 原始数据（包括操作条件、原始数据记录表，注意有效数字、单位格式）

2. 实验现象（实验过程中出现的正常或非正常现象）

三、实验数据处理

1. 数据处理方法（计算举例，案例中的原始数据应区别于同组成员）

2. 数据处理结果（计算结果列表，数据图及表要求计算机绘制、打印粘贴）

四、结果讨论

1. 实验现象分析

2. 结果与讨论（对照已有模型或原理比较实验数据，讨论数据的有效性、应用的局限性）

3. 实验结论

五、自我评估

1. 评估个人在团队中的贡献度，列举个人在实验中遇到的问题及解决办法

2. 对实验项目的建设意见

实验综合评分表：

项目	实验预习			实验过程				数据处理		结果讨论	自我评估	格式规范	总分
	实验概述	安全环保健康	预习思考	课堂讨论	操作规范	原始数据	实验现象	数据处理方法	数据处理结果				
分值	10	2	8	5	10	10	5	10	10	20	5	5	100
得分													

指导教师评阅意见：

教师签名：＿＿＿＿＿＿

日　　期：＿＿＿＿＿＿

参考文献

［1］ 任永胜，王淑杰，田永华，等.化工原理：上册［M］.北京：清华大学出版社，2018.

［2］ 任永胜，田永华，于辉，等.化工原理：下册［M］.北京：清华大学出版社，2018.

［3］ 方芬，范辉，段潇潇，等.化工实验与实训［M］.银川：宁夏人民教育出版社，2016.

［4］ 郭翠梨.化工原理实验：2版［M］.北京：高等教育出版社，2013.

［5］ 屈凌波，任保增，梁新，等.化工实验与实践［M］.郑州：郑州大学出版社，2018

［6］ 杨祖荣.化工原理实验：2版［M］.北京：化学工业出版社，2014.

［7］ 赵晓霞，史宝萍.化工原理实验指导［M］.北京：化学工业出版社，2012.

［8］ 李鑫，崔培哲，齐建光.化工原理实验：3版［M］.北京：化学工业出版社，2019.

［9］ 江体乾.化工数据处理［M］.北京：化学工业出版社，1984.

［10］ 刘智敏.误差与数据处理［M］.北京：原子能出版社，1981.

［11］ 陈同芸，瞿谷仁，吴乃登，等.化工原理实验［M］.上海：华东化工学院出版社，1989.

［12］ 汪学军，李岩梅，楼涛.化工原理实验［M］.北京：化学工业出版社，2009.

［13］ 张金利，张建伟，郭翠梨，等.化工原理实验［M］.天津：天津大学出版社，2005.

［14］ 周立清，邓淑华，陈兰英.化工原理实验［M］.广州：华南理工大学出版社，2010.

［15］ 苏彦勋，梁国伟，盛健，等.流量计量与测试：2版［M］.北京：中国计量出版社，2007.

［16］ 陈卫航，钟委，梁天水.化工安全概论［M］.北京：化学工业出版社，2016.

［17］ 李振花，王虹，许文.化工安全概论［M］.北京：化学工业出版社，2018.

［18］ 赵劲松，陈网桦，鲁毅.化工过程安全［M］.北京：化学工业出版社，2015.

［19］ 朱建军，徐吉成.化工安全与环保：2版［M］.北京：北京大学出版社，2015.

［20］ 袁渭康，王静康，费维扬，等.化学工程手册：3版.北京：化学工业出版社，2019.